2019—2020

中国城市更新年鉴

China Urban Regeneration
Yearbook of 2019-2020

王合群　姚育宾◎主编

经济管理出版社

ECONOMY & MANAGEMENT PUBLISHING HOUSE

图书在版编目（CIP）数据

2019—2020 中国城市更新年鉴/王合群，姚育宾主编 . —北京：经济管理出版社，2020. 11
ISBN 978 - 7 - 5096 - 7523 - 6

Ⅰ. ①2…　Ⅱ. ①王…　②姚…　Ⅲ. ①城市建设—中国—2019 - 2020—年鉴　Ⅳ. ①TU984. 2 - 54

中国版本图书馆 CIP 数据核字（2020）第 163703 号

组稿编辑：郭　飞
责任编辑：曹　靖　郭　飞
责任印制：黄章平
责任校对：王纪慧

出版发行：经济管理出版社
　　　　　（北京市海淀区北蜂窝 8 号中雅大厦 A 座 11 层　100038）
网　　　址：www. E - mp. com. cn
电　　　话：（010）51915602
印　　　刷：唐山昊达印刷有限公司
经　　　销：新华书店
开　　　本：787mm×1092mm/16
印　　　张：26.75
字　　　数：535 千字
版　　　次：2020 年 11 月第 1 版　　2020 年 11 月第 1 次印刷
书　　　号：ISBN 978 - 7 - 5096 - 7523 - 6
定　　　价：98.00 元

编委会名单

编者按

大城崛起，唯求常新

文/姚育宾

在人类发展史上，"城市"已经存在数千年之久，遍布世界各地，伴随着人类文明一路成长。古代城市主要用于筑城保民、商贸交易，功能相对单一。直至工商业文明诞生之后，现代化城市开始打破围墙、城堡局限，快速扩张，迎来突飞猛进发展，打造电子、建筑、能源、金融、电信等供应链枢纽，成为吸引全球资金、资源、人才、技术聚集的平台。

联合国报告预测，全球城市人口估计将于2030年暴增到50亿，2050年世界城市人口还将再新增25亿。目前，城市化水平最高的是欧洲、北美，另外，澳大利亚、拉丁美洲也相对较高。相比之下，亚洲和非洲城市化率偏低，世界农村人口的90%居住在亚洲和非洲。因此，未来新增城市人口主要来自中国、印度、尼日利亚等亚非国家。

由中国社科院和联合国开发计划署共同撰写发布的发展报告强调，到2030年，中国将新增3.1亿城市居民，城镇化水平将达到70%，城市人口总数将超过10亿，城市对国内生产总值的贡献率将达到75%。那么，如此庞大的人口规模、经济体量，需要城市如何去容纳，并且怎样为这些居民提供更加美好的生活空间？这是值得我们思考并需要解决的重大课题。

尤其是进入2020年，面临着百年发展的一个关键节点。虽然中国国力得到极大增强，城市建设也取得了非凡成就。但是，由于受旧城区老化、工厂产能过剩、农村环境落后等因素影响，以及新增土地供应匮乏，城市在前行中不可避免地会出现空间瓶颈。特别是早期城市粗放型的增长模式，带来诸多潜在阻碍元素，尤其在空间合理运用、土地高效运转、资源节约使用等领域，缺乏系统解决方案，甚至对历史文化建筑、风俗都形成无法估量的冲击乃至破坏，这对城市腾飞提出了全新挑战。

从全球范围来看，欧、美、日等发达国家和地区在经历经济、人口高速发展之后，迎来城市改造高潮，并且持续多年推动城市更新进程。而随着中国经济迅猛发展，在城市化的大时代背景下，城市功能不断延伸迭代，以适应社会成长需求。城市升级步入快车道，势必对城市空间与布局提出更高要求。城市更新，由此全面登上中国历史舞台。

中国城市科学研究会公布数据称，我国 20 年以上老旧房地产总面积超 200 亿平方米，并仍在不断增长中。这一现象在北上广深等主要城市更为突出，因此，迫切需要通过城市更新推动其改造与升级。为此，中央也加紧推进老旧小区改造，并提前明确任务目标。

2020 年 7 月 20 日，国务院最新发布《关于全面推进城镇老旧小区改造工作的指导意见》，明确提出 2020 年新开工改造城镇老旧小区 3.9 万个，涉及居民近 700 万户；到 2022 年，基本形成城镇老旧小区改造制度框架、政策体系和工作机制；到"十四五"期末，结合各地实际，力争基本完成 2000 年底前城镇老旧小区改造任务。

结合世界各国情况可知，欧美等发达国家率先启动城市改造，虽然每个国家背景、社会意识、经济水平都有显著差异，但在探索道路上，却提供了大量宝贵经验和深刻教训，成为其他城市成长的借鉴样板。

自改革开放后，中国经济一日千里，城市化高歌猛进，越来越多人口往城市里聚集，城市深深嵌入生活中每个角落。中国城市开发迅速从增量时代向存量时代转变，特别是在土地资源日益紧缺、土地成本逐步高涨的背景下，如何盘活土地使用效率，成为各地全新发展命题。因此，伴随着城市破茧重生，城市更新理念也应运而生，在城市战略转型中扮演越来越重要角色，并且成为当下十分火热的焦点话题。

值得一提的是，在城市更新中，房地产行业起到举足轻重的作用。众所周知，房地产行业最重要的生产资料就是土地，谁手里拥有土地，谁就拥有市场话语权。因此，这也是众多开发商特别是上市房企竞相拓展土储的核心动力。

改革开放四十多年以来，中国房地产发生了翻天覆地的变化，最主要是受土地使用权转让这一改革措施的影响。从 20 世纪 70 年代开始，港资逐步与内地合作进行地块开发，一起合资建房，开启住房商品化进程。到了 1987 年，深圳拍出共和国第一幅土地使用权，中国房地产迎来快速发展阶段，从此进入了土地拍卖时代。

日新月异的新房开发，导致中国住宅增量市场急剧饱和，传统招拍挂模式面临转型。尤其是土地拍卖门槛越来越高，各地频频拍出地王。随后，为了遏制居高不下的地价，各大城市在出让土地时要求开发商提供配建面积，甚至明确提出让开发商竞得地块部分房源不得出售，需要永久自持。

与此同时，城市可开发用地日益减少，新增开发土地储备不足，更让拍地市场日渐式微。受诸多因素影响，拍地不再是房企宠儿。因此，在新一轮经济建设中，借助城市更新契机，开拓可持续发展空间和盈利增长极，成为房地产行业未来新的方向。可以说，大力促进城市更新可持续健康发展，是整个行业的责任与使命。

中国房地产发展，其实是围绕土地使用权展开的，如果说中国房地产上半场获地模式是土地拍卖，那么下半场就是城市更新。在此背景下，城市更新成为房企获得土地资源的重要渠道。

不过，城市更新在不同阶段有着不同的发展意义。最初的城市更新内容以简单的推倒重建为主，而现在随着城市发展和居住方式的巨大变迁，人们对于居住环境、城市生态的需求也越来越高。特别是目前中国的经济转型正在由高速度转向高质量，这也要求城市更新的发展趋势与之相吻合，走向更具内涵的高质量发展阶段，为人民的美好生活贡献更多力量。

中国早期提到的概念更多的是"三旧"改造，意指通过对旧城镇、旧厂房、旧村庄改造，释放大量土地，满足开路、盖楼的需求。但城市发展并不是通过一对一进行土地置换的方式来拓展空间，更需要对产业结构进行升级换代，才能保持社会、经济可持续发展。

因此，现在的城市更新与以前相比，更加注重城市整体空间规划和土地利用、资源配置的均衡以及人居环境的改善等。城市更新的内容和模式，越来越趋向多样化和丰富化。

对于开发商来讲，在城市化进程中，原来的粗放式经营逐渐转向精细化经营，整个房地产行业也在发生剧烈的变化。过去，房地产历经数十年飞速发展，一直是城市发展的有力推动者和重要参与者。而今，随着市场政策收紧、融资渠道变窄、拿地成本升高，城市更新也成为房企创新转型和获取土储的重要路径。各大房企纷纷启动城市更新战略布局，掘金城市更新市场。

2019 年，在乐居举办的城市更新论坛上，不少参会开发商就曾提到："做过城市更新之后，都不太想去土地市场上拍地了，因为体量太小，大部分土地出让才几万平方米、十几万平方米，不好发挥。相比之下，城市更新覆盖面积基本都是几十万平方米、几百万平方米，规模庞大，可以开发多年。而且，能够把各种配套做好，不会只是单纯盖个住宅楼，甚至政府也会支持把周边配套做好，比如地铁、学校、医院等。"

然而，城市更新与以往的房地产开发大相径庭，无论是政策层面还是操作层面，都异常复杂曲折，面临着诸多问题。这些问题主要体现在以下几方面：①从城市更新项目本身来看，特别是涉及旧城区、旧厂房、旧村落，原居群体对周边环境依赖程度高，会涉及历史文化、生态环境、交通设施、医教配套等多种要素；②从城市更新参与企业来看，由于项目需要高投入，动作周期异常漫长，所以参与企业必须具备强大的资金、改造、运营等综合性实力；③从城市更新从业人员来看，综合素质要求高，需要对城市发展、产业布局有着深入认识和系统化解决问题的能力；④从城市更新拆迁补偿来看，异常敏感，开发企业与拆迁户在补偿方案上反复博弈，甚至可能影响整体拆迁改造进度。

针对以上问题，从政策角度，需要更加精细化治理，加大规划统筹力度、提升内涵拓展、规范管理工作、优化服务水平、完善规则制度。从市场角度，多方主体共同参与过程中要更好地保障并发挥其知情权、参与权和监督权，实现共建、共享、共治。

另外，城市更新的成长发展，还需要具备良好的社会舆论环境。曾经有一段时间，每逢改造拆迁，社会舆论关注的焦点都放在"某个村又拆出千万富翁甚至亿万富翁""老旧小区改造，房价要涨"等话题上。

这种舆论导向不仅对城市更新，更对社会发展起到负面引导，使人误认为拆迁户是通过不劳而获、坐享其成的方式获取巨额的社会财富，以至于让很多努力奋斗的年轻人感到社会不公。另外，还有炒房团伙借老旧小区改造，异化成楼市利好，趁机兴风作浪，炒高房价。因此，正确的舆论导向非常重要，需要媒体为社会、为行业、为城市更新传递正能量。

问题虽然不少，但相信在各方努力下，城市更新还是能够克服困难，勇往前行。放眼未来，随着中国城市化进程加快，城市更新发展也将呈现以下几个趋势：

第一，健康趋势。在追求美好生活大背景下，城市更新不再局限于拆旧建新，而会更注重绿色、环保、宜居、宜业的高质量发展。尤其是 2020 庚子年，让曾经异常忙碌的我们，终于停下脚步，腾出时间，更加冷静地思考：究竟什么样的房子才能满足我们的生活需要？长期的居家，使人们越来越意识到健康的重要性。原先居住在旧村握手楼、旧城老破小区、旧厂集体宿舍的群体，也意识到人群密集、通风采光不畅等潜在的风险，迫切期待能够改善居住环境，提升生活质量，保障健康安全。

第二，智慧趋势。5G 时代到来，在云计算、人工智能、AI、大数据等诸多技术越来越成熟的趋势下，城市更新和高科技的融合度更高更强，未来的城市更新也将融入更多智慧元素。中央在老旧小区改造指导文件中，明确提出智慧化改造。此外，各地制定的城市更新细则同样倡导建构智慧产品体系。通过采用智能声控呼梯、人脸门卫识别、智能停车入库、免接触电动移门、智能消毒晾衣架、出入口智能测温摄像机等产品技术，提供智能场景。

第三，多元趋势。城市更新未来将吸引更多有实力的企业和主体参与到该领域，导致业态的多元化，更多新设计、新模式等将全方位赋能城市更新。城市更新的核心已经不再是简单拆旧建新，盖完房子了事，而且是需要从长远规划着手，完善生活配套，优化产业结构，帮助当地村民、居民改善生活环境，提供就业机会，提升交通效率，引进医疗、教育、物联网等多种资源……这都需要各种类型企业、主体共同参与，才能丰富美好生活场景。

总之，中国目前的经济转型在由高速度转向高质量模式，这也要求城市更新的发展趋势与之相吻合。因此，中国的城市更新要走向更具内涵的高品质发展，为人民的美好生活贡献更多力量。

在这个过程中，需要不断总结经验、教训，紧跟时代潮流，不断提升城市更新水平，有鉴于此，萌生了撰写城市更新年鉴的想法，记录这个领域发展历程，作为从业人员、改造业主、参与主体、舆论媒体等各方参考工具书。

本书编写过程中，有幸获得中国房地产业协会、中国科学院广州化学研究所、广东省旧城镇旧厂房旧村庄改造协会、广州市城市更新协会、广州市房地产行业协会等单位的权威指导，上述单位还提供了大量宝贵数据、资料，推动了年鉴编写工作的顺利开展。

借此机会，还要特别感谢中国房地产业协会会长冯俊、广州市房地产行业协会执行会长陆毅亲自为本书题写序言，以及联合国国际生态生命安全科学院院士陈祥福、广东省旧城镇旧厂房旧村庄改造协会秘书长庾来顺、广州市城市更新土地整备保障中心副主任李华、广州市城市更新协会秘书长陈琦、中国台湾房地产政策研究学院秘书长蔡为民等多位专家学者撰稿。正是众多资深人士参与，令本书增色颇多，才使读者能有机会全方位见证城市蝶变焕新。

年鉴撰写期间，得到易居（中国）控股有限公司董事局主席周忻、乐居控股首席执行官贺寅宇、乐居控股副总裁王合群高度重视与大力支持，并且多次提点，使本书内容得到极大丰富。同时，为了促使年鉴编撰工作顺利完成，陈嘉雯、罗金婷、赵盼盼、何缘、方斯嘉、梁舒晴、冯诗铭、郑秋元等团队成员兢兢业业、尽心尽力参与到编委会工作中。此外，还有大量幕后参与人士，因篇幅有限，未能逐一提及，但也在此致以谢意！

最后，由于年鉴筹备时间仓促，而且城市更新涉及范围广泛，情况复杂多变，以及笔者水平所限，难免有疏忽、遗漏、不妥之处，敬请读者批评指正。本书创作团队将虚心受教，在往后版本中完善改进，在此先行致谢！

序言（一）

文/王合群

乐居控股有限公司副总裁兼广深公司总经理　王合群

城市更新，国内俗称"三旧"（旧城镇、旧厂房、旧村庄）改造。近年来成为城市建设一个最热门的词汇。城市也有生命，它像有机体一样，吐故纳新，不断变化。因此，城市更新实际上是一个历久弥新的话题。

《说文解字》："城，以盛民也。"

　　也就是说，城是老百姓生活的地方。城有垣，古代的城都有高大的围墙，用以保护城里的居民。所以，在古代，城墙被毁，或者被人攻入城内，基本上这个城市或者生活在这个城市里的民族也就灭亡了。古代最有名的特洛伊战争，大约发生在公元前1200年，特洛伊城陷落，就是希腊军队通过木马计最后夺取了特洛伊城。

　　《说文解字》："市，买卖所之也。"

　　市，是做买卖需要去的地方。老百姓聚居在一起，就会有社会分工，自然就会发生交易，需要交换产品，渐渐形成集市。有了城，老百姓就可以安安心心在里面开展集市和交易，商务活动越是频繁，城就越大，市就越热闹。

　　在古代，不管城市建设得如何豪华、舒适、宏伟，因为建筑材料大多难以保存，再加上战乱与人为破坏的因素，我们大都只能从历史文献或者断壁残垣领略古代城市的风采。像2000多年前秦始皇修建的阿房宫：蜀山兀，阿房出。覆压三百余里，隔离天日。五步一楼，十步一阁；廊腰缦回，檐牙高啄；各抱地势，钩心斗角……

　　直至今天，我们也难以想象阿房宫当年是何等的壮丽和辉煌。

　　秦朝的强横与骄奢，终至于"戍卒叫，函谷举；楚人一炬，可怜焦土"。举世震惊的阿房宫，经历三个月大火，终成一片土灰。

　　唐朝、宋朝，是中国古代繁荣昌盛的典型时期，当时的城市和建筑，比阿房宫有过之而无不及。然而，历史照样重复，繁华的都市最后都成了一片焦土。

　　值得庆幸的是，明代修建的故宫，没有被一把大火烧掉。而是全盘接受，不断修缮，直至今天，我们才有机会目睹600年前砖木结构的皇宫建筑是如此的气势恢宏。

　　古希腊、古罗马的城市和建筑，留存到今天的遗址，都堪称世界顶级艺术品。目前尚能看到的古罗马斗兽场遗址等，恢宏巨制，令人惊心动魄。由此，我们还能从零零散散的古代遗迹中追寻那些人与兽、生与死的惊悚故事，品味2000年前后古罗马都市的繁华、狂野和丰富多彩的生活场景。

　　耶路撒冷是犹太教、基督教、伊斯兰教三大宗教的圣城，这座拥有3000多年历史的城市，没法统计到底发生了多少次战争。在无数次战争中，耶路撒冷曾先后18次被毁灭，成为废墟后，毁城者还要用犁再铲一遍，灭绝任何让人怀念的种子。但耶路撒冷一次又一次奇迹般地重建，每次复兴后都再次凝聚了浓重得抹也抹不开的人文情怀。耶路撒冷的魅力就在于不同文化、不同宗教、不同阶层同处一城，上演着千年不变的兴亡更替。

　　城市，是人类文明的历史见证。有了城市，就会不断出现建和毁的故事，循环往复，直至今天。每一座城市的城墙，都是由城市居民的鲜血筑就，一座城，就是一个国家甚至一个民族的光辉足迹和血泪史。

　　今天，人们已经跳出了造城、毁城的循环，除了一些当今仍然遭遇战乱、城市和文明仍然经受炮火洗礼的国家。随着经济全球化和人类文明建设程度的不断提高，人们都在主动地对历史和文化进行妥善保护，对城市进行更新改造。把过去的衰败建筑改造成城市广场、高楼大厦或者具有民俗风情的特色小镇。

城市的发展，折射了人类文明和历史的发展。城市不仅是富足的标志，也是文明的象征。目前，全球已经有超过 30 亿人居住于城市。西方发达国家的城市化率已经超过 80%，但发展中国家的城市化率还不足 50%，或者更低。城市化的进程远未结束。

大约在一万年前，人类从森林走出来以后，首先过的是四处游荡的游牧生活，居无定所，食不果腹。渐渐地，随着新月沃土地带的繁荣（美索不达米亚平原至叙利亚一带，形似新月，是人类最早走向定居的沃土。在这里，诞生了乌鲁克、大马士革、贝鲁特、耶路撒冷等著名的历史城市），苏美尔人用人类最早的城市彻底改变了世界。

城市带来了文明，人类的聚居削弱了坚固的宗族纽带，人们开始在城市中与陌生人建立联系，生产与分工成为可能。

受新月沃地的影响，尼罗河谷的埃及文明诞生了底比斯和孟菲斯这样的中心城市。

在黄河、长江流域诞生了安阳、洛阳、开封（古称大梁、汴梁）、西安（长安）、鹤壁（殷商都城朝歌）、武汉等著名的城市。

美国著名人类文化学者贾雷德·戴蒙德（Jared Diamond）在其著作《枪炮、病菌与钢铁》中，对城市的发展做出过精彩的描述：

城市与人类定居生活息息相关。随着野生种子和牲畜的驯化和繁殖，这些地方的人首先过上了定居的生活。食物足够人民食用并且有所结余。随着农业与游牧生活的第一次分离，人类终于可以过上相对稳定的定居生活。定居的生活肯定比四处游荡、食不果腹的生活要好。随着这些定居点的不断发展，越来越多的活动围绕这些生活场所展开，其吸引力也不断扩大，将更多的人吸引到这里来。渐渐地出现了村庄，然后是城市和国家。同时，也有一部分人可以从事粮食生产以外的工作，如制造衣物、建造房屋等，还出现了酋长和国王，也出现了专门保护国王的军人和随从办事机构。随着手工业、商业、服务业的出现，社会阶层不断分化，城市的聚集功能向城市防御、商业交易逐步发展，城市逐渐成型。城市以其远远优于周边荒野的物质和精神信仰环境，源源不断地吸引着人们前往。

城市居民可以轻易获得丰富的食物，不仅是当地的，还有来自更远地方的特产，以及各种各样的娱乐活动。古代城市与周边荒野最大的不同在于生活方式的改变。城市中的居民可以不用像城市外的人们那样从事繁重的农活，也不需要像城市外的人们那样与大自然做抗争。更重要的是，在面对战争的时候，城市中的人们可以得到更好的保护。同样，因为少了繁重的农活，城市居民有更多的时间来安排自己的精神生活。因为城市不仅是人的聚集地，也是文化和礼仪的集聚中心。

美国最著名的城市学家刘易斯·芒福德（Lewis Mumford）认为：城市代表着"更有意义的生活"。每一个聚集在城市的居民，都有各自的梦想。千千万万居民，千千万万个梦想，造就了城市的繁荣昌盛。

刘易斯·芒福德将城市的发展划分为工业文明和生态文明：过去的城市，代表了工业发展的最高成果，高楼大厦，轨道交通，灯火通明，车水马龙；但是，社会的发展路径是工业文明必将被生态文明所取代，城市需要更多的公园、更多的智能配套，让人们的生活更加便捷、更加舒适、更加美好。人类进化的本质除了语言文字，另外一个就是城市。他认为，城市同语言文字一样，能实现人类文化的积累和进化。人类文明每一轮更新换代，都密切联系着城市作为文明孵化器和载体的周期性兴衰更替历史。城市不仅仅是居住、生息、工作、购物的地方，更是文化容器，是文明孕育所。城市的三大基本功能和使命就是：贮存文化、流传文化和创新文化。

可见，城市的发展，到了一定程度，就不仅仅是依据人口数量的多少和高楼大厦来决定它的兴衰成败，而是由它的生态文明和科技发展的程度来决定。也许，我们已经可以把高楼大厦建设到 500 米、700 米、800 米，甚至超过 1000 米。但是，我们不一定能够解决一个小小的下水道的问题。一场不大不小的洪水，就可以让我们的大小城市成为一片泽国；数百万台汽车熄火，数以百万计的城市居民可能成为灾民，亿万财富顷刻间灰飞烟灭。

今天，我们和业界专家、领导、朋友们一起来探讨城市的发展趋势和方向，总结城市建设的经验和教训，目的是不断提高城市综合治理水平，让城市由工业文明向生态文明迈进。

乐居是一家以房地产上下游产业链为研究对象的媒体公司，它肩负着为行业发展方向做探索和研究的使命。在广东省三旧改造协会、广州市城市更新协会、广州市房协等各专业机构的大力支持下，尽管我们在 2020 庚子年里遇到了举世罕见的困难，我们依然坚定地推进城市更新的探索工作。我们的团队花费了大量的时间和精力来收集各种资料，力求在现有研究资料的基础上让大家对城市更新的发展现状和前景有一个初步的了解。

我们的工作刚刚开始，作为第一部有关城市更新的年鉴，错误疏漏之处在所难免。我们期望得到社会各界的批评、支持和帮助。期待我们的城市建设，不断朝向更适合人类居住和社会发展的生态化方向发展！期待我们的明天会更好！

2020 年 7 月

序言（二）

文/陆毅

广州市房地产行业协会执行会长　陆毅

　　新中国经过七十余年建设，特别是改革开放四十多年来，城市化进程日益加快，城市发展布局和结构日趋合理，但同时面临城市开发渐趋饱和、土地资源日益稀缺的现状，地产行业已然踏入存量时代，城市更新成为未来房地产的发展趋势。

自 1998 年房改开始，依靠土地与人口红利，房地产步入了黄金时代，中国城市的发展速度不断刷新人们的想象。然而，城市规模和空间结构都在升级，可供使用和发展建设的土地资源却日渐紧缺。

特别是随着库存逐年上升，市中心土地资源紧缺，购房行为趋于理性，存量时代全面开启。尤其是在一线城市，新增土地供应量逐步紧缩，存量土地改造迫在眉睫，城市更新已成为城市发展的全新命题，更是房企们争相逐航的广阔蓝海。

城市更新不仅是对城市面貌的改善，更是对城市区域功能的拓展及重新塑造。对于一座城市而言，新还是旧，重要的往往不是看建筑，而是由这个城市的生长动能和经济增长来定义。

所以，我们在建设新城市的同时，也要做到对旧机能及时更新，以满足不断前行的城市升级新需要，满足日益提升的居住改善新需求。

粤港澳大湾区的城市更新，在全国一直处于领先地位。早在十余年前，广州、深圳就在全国率先开展"三旧"改造，随后佛山、东莞等多座城市也相继加入城市更新行列。经过不断探索创新，这些城市加快实现了从"城市增长"向"城市成长"的跨越式转变。

目前，无论是大湾区还是全国其他区域，城市更新都取得了许多成果和宝贵经验，其内容和模式也越来越趋向多元化和丰富化。在全民追求美好生活的大环境下，城市更新发展趋势开始走向注重绿色、环保、宜居、宜业的高质量发展。

但城市更新与以往的房地产开发大相径庭，在改造的过程之中，仍有许多问题值得关注。

为此，广州市房地产行业协会积极发挥桥梁纽带作用，特别是针对眼下热门的城市更新话题，开展理论与实践相结合的专题研究，为繁荣发展广州房地产业、提高居住水平、加速城市改造升级、促进和谐社会建设贡献力量。

广州房协在各类城市更新领域研究方面，长期进行探索，例如：如何保留历史传承和文脉延续？不同城市如何因地制宜开展城市更新？房企参与其中该如何推陈出新，构筑竞争壁垒？5G 时代来临，城市更新又将如何与高科技强强融合、更具智慧元素……这些都是我们需要去共同探讨的命题。

值得一提的是，本次由乐居牵头编写的《2019—2020 中国城市更新年鉴》，汇集了主管部门、行业协会、研究机构、房地产企业及媒体等多方力量，由他们共同策划编撰而成，对行业探索和推动城市更新具有一定的参考意义和指引作用。

《2019—2020 中国城市更新年鉴》细致详尽地展现了国内外城市更新的发展历程，对一些珍贵的内容资料以及城市更新标杆项目等，也进行了高度总结和梳理。相信每一位读者，都能从这本年鉴中窥见和领会到一些城市更新的本质和内涵。同时，也足以看出编者们的用心和辛勤付出。

从长远来看，城市更新是城市进化与发展的重要路径，对推动城市下一阶段的可持续发展至关重要。而我们皆是城市更新与城市发展历史的见证者、参与者、助力者。城市发展之路漫漫，无论是政府、企业还是房地产行业相关从业者，未来还需携手且行、且思、且创新，为城市提供更加美好的生活。

2020 年 7 月

目　录

专家论述篇

政策汇编篇

专家论述篇

城市更新：一场始于重建，
忠于文化的运动

文/何缘

古希腊哲学家亚里士多德说过："人们为了生活，聚集于城市；为了生活得更好，留居于城市。"

城市，是人类文明史上伟大进步的重要标志，历经数千年发展，城市由无到有，从小到大，如今已经成为人类生活不可或缺的组成部分。

早在远古时代，人类由四处迁徙到逐步定居。与此同时，社会分工越来越细化，交易开始流行。这一切，都为城市诞生和萌芽提供了重要基础。

进入农牧业经济时代，城市发展有所进展，虽然生产力水平仍旧不高，但是在东西方还是涌现出长安、洛阳、开封、开罗、耶路撒冷、雅典、罗马、君士坦丁堡等多座举世闻名的大城市。

随着工商业经济到来，城市全面崛起，发展迅猛。以美国、英国、法国、西班牙、德国、意大利、日本、澳大利亚等国为代表的发达国家，陆续完成大规模城市化进程，城市化整体水平超过80%。中国、印度、巴西等发展中国家虽然城市建设起步晚，但也在奋起直追，城市化率也在逐年提升。

然而，随着旧城区老化、新城区扩张，城市面临着改造、更新的升级需求，在此背景下，城市更新应运而生。人们将之广泛理解为城市重建、城市复苏、城市更新、城市再开发、城市再生、城市复兴、城市改造、旧区改建、旧城整治等。

可以看到，城市更新是城市发展中必须要经历的过程，但它并不等同于街区的翻新。而是通过维护、改建、重建等方式，对房屋、基础设施和公共设施进行重新规划、设计、改造和土地再利用。

在此过程中，区域的文化历史获得保留、沿袭和更新，城市生活品质也将得到整体提升。

进入 19 世纪五六十年代，很多欧洲城市在"二战"中被毁坏，需要被救治、复建。因此这场由西方国家掀起的城市改造运动，可视为"城市更新"的源头，从英国、美国等发达国家率先启动。

如今人们谈到城市更新的经典案例，英国伦敦码头区便是一个绕不开的项目。19 世纪 80 年代中期，伦敦市政府成立了码头区开发公司，开始改造这一地区，将金丝雀码头从一个河运枢纽转变为金融商务区。

美国城市更新也有多个经典代表案例，其独具特色的空中花园走廊——高线公园，为纽约创造了巨大的社会经济效益，成为国际设计和旧物重建的典范。

前纽约市长布隆伯格曾说："我们没有选择破坏宝贵史迹，而是把它改建成一个充满创意和令人叹为观止的公园，不仅提供市民更多户外休闲空间，更创造了就业机会和经济利益。"

法律思考

与之同步的是，西方发达国家在法律层面对城市更新的完善。早在 19 世纪 40 年代，以英、美为代表的国家就出台了相关法律对城市更新做出了规定，到了 20 世纪 90 年代，基本形成了相对完善的法律框架。

比如 19 世纪 40 年代，英国通过《城乡规划法》和《综合发展地区开发规划法》、美国通过《住宅法》《城市再发展》；到了 1964 年，威尼斯诞生《保护文物建筑及历史地段的国际宪章》，确立了保护文物建筑及历史地段的国际原则；1980 年，欧洲经济委员会发布《城市更新与生活质量》；2000 年，法国颁布《社会团结与城市更新法》……

总体而言，发达国家"二战"后城市更新历经了四个阶段：大规模推倒重建；强调综合性规划，引入公共福利项目；政府主导转向公私合作；倡导城市的多样性、关注社区历史价值和生态安全。

新加坡的城市更新历程和欧美国家大致相当，前期都经历了大规模清除贫民窟的运动，再到中心区商业的复兴，最后是注重整体社会经济效益；在改造思想上，也经历从物质环境的更新改造到社会、经济、人文等全方位的复兴。

日本的城市更新则从修复开始。当时战争对大城市造成了毁灭性破坏，因此日本更多的是从硬件方面加强城市更新。比如注重城市绿化带在城市规划中的运用、注重对地下公共空间设施的更新等。

土地供应紧张的日本，通过城市更新，将街区、社区、单体楼等小幅地块作为重点改造对象，逐步完善配套，提升公共服务。此举旨在盘活土地利用率和提高空间价值，将传统建筑、历史文化与现代城市融于一体，打造新型城市典范。

经过数十年发展，城市更新已经成为日本房地产市场举足轻重的组成部分。数据显示，目前日本 1.2 万亿元（以人民币计）的新房市场里面，接近一半来自于城市更新。

从城市更新实施主体来看，欧美国家以及新加坡、日本基本都经历了从政府主导，到政府与私人合作，再到政府、私人部门和地方团体三方共同进行的过程。这当中可以意识到发挥民间资本的重要作用。

殊途同归

虽然进程不尽相同，但在某种意义上，国内外的城市更新发展历史都称得上殊途同归。在经历了 30 年城市化高速发展之后，中国也开始面临城市更新和产业升级的要求。

脱胎于英国、借鉴美国经验的中国香港城市更新，在诞生之初，受西方影响比较大。在 1884～1905 年，香港就曾进行"贫民区清拆计划"，整个城市更新过程历经零星开展、全面展开、公私合营、公营化四大阶段。

2000 年，中国香港制定《市区重建局条例》作为城市更新的基本法律，并于同年成立市区重建局。其更新过程更加强调"以人为本、社区导向、公众参与、与民共议"，且城市更新的效果更加强调"重建、活化、保育、修复"。

中国内地的"城市更新"得益于香港的宝贵经验，以改革开放为界，历经两大时期。

改革开放前，城市更新更多是在新区的工业化及生产性建设与老区现状维持基础上的公共设施完善。

随着改革开放的深入，城市人口急剧增长，并出现向外围扩展的态势，中心老城区相继呈现老旧、衰败、服务能力不足的迹象。改革开放后，城市更新更多围绕中国的城市空间规划、土地利用规划、房地产业发展及人居环境的改善来展开。

这一时期是中国城市化加速的过程，城市化率从 1978 年改革开放之初的 11.92% 增长到 2018 年的 59.58%。

实际上，城市更新发展到今天，已经不仅仅局限于房地产行业范畴，其正成为城市发展的主要模式。

从美国曼哈顿时代广场、英国金丝雀码头、中国香港天星轮渡码头，再到上海新天地、北京首钢园，当它们以崭新的面貌吸引着人们前来居住、工作、游憩的时候，说明城市更新在城市发展进程中具有不可替代的作用。

举个例子，说到日本城市更新，位于东京的六本木是个绕不开的话题。这座被誉为"未来城市建设的一个典范"的新城，本身就是在旧城的基础上多次改造升级，打造而成的成功案例。

六本木从1986年启动改造，随后14年花费在与拆迁户沟通，争取到原住户的支持上。2000年才启动施工，仅用三年时间，就完成改造。

六本木将小区块土地合并利用，朝纵向空间发展，把居住、办公、配套、文化有序组合，建构起一座紧凑高效而又不失人文色彩的新型城市。

实践深化

目前，中国城市更新较为突出的几大城市仍以北上广深为典型。其中，上海在19世纪40年代已经开启了旧城区的改造，形成当时殖民时期的特殊风貌。

新中国成立之后，中国众多城市在结束战争带来的破坏之后，迎来大规模重建。并伴随着中国工业化发展进程，布局大量工厂在城市之中。

其中，北京迅速建成中国强大的工业城市，工业占GDP比重曾高达64%，仅次于东北工业重省辽宁。

可以说，站在北京城，目之所及，皆有工厂，而高耸的烟囱更是北京城市符号。然而，工业飞速发展同时所带来的污染、能耗、外来人口聚集使得北京宜居性大不如昔，这对一个政治文化中心城市来说，城市定位和发展路径已经有所偏离。

1982年，北京修订城市总体规划，抹去了"工业基地"的城市功能属性，但转型之路并不容易，遗留下来的老工业厂直到20世纪90年代才通过各种方式退出历史舞台。

值得一提的是，在这个过程中，大量旧工厂外迁，腾出众多宝贵地块，也为住宅开发带来契机，建造大量住房，极大改善了北京居住环境，这也拉开了北京新一轮轰轰烈烈的城市更新进程。

当然，真正让城市更新提速要从 21 世纪初算起。在 2007 年以前，中国的城市更新还未被正名，彼时多称为"旧城改建"。如今，中国城市更新的内容正在不断深化，从旧城改建、城中村改造，到产业转型、产业升级带动区域转型。

实际上，城市更新还包括存量土地释放、产业结构升级、经济发展提质增效、城市综合环境整治、城市历史文化保护等指向方面。

加拿大的城市发展领域专家杰布·布鲁格曼在《城变》一书中这样写道：城市化，不只是一个建筑过程，还是一种实现共同利益的方式，城市是高度复杂的利益系统，它推动各个集团以竞争性的方式，去形成他们自己的利益。

深圳是中国最早迈进城市更新时代的城市，2007 年深圳编制的《深圳市城市总体规划（2010 – 2020）》中提出"工作重点由增量空间建设向存量空间优化转变"，并将其作为未来十年的工作模式两个根本性转变之一。

如今，北上广深等一线城市已经在不断尝试，并积累了一些成功案例，城市更新和存量改造已经成为城市发展的主旋律。

例如：北京废旧工厂改造成 798 时尚商业艺术区；上海新天地老式住宅区改造成商业综合社区；上海原远东第一屠宰场改造成 1933 商业艺术风情街等。

2019 年从中央到地方接连出台的政策也给予城市更新更多想象的空间。2019 年，从中央层面开始，就频频在多次会议上提到关于城市更新的内容。

短短一个月内，中央三提城市更新。

6 月 19 日，中共中央政治局常委、国务院总理李克强主持召开国务院常务会议，部署推动城镇老旧小区改造；7 月 1 日，住房和城乡建设部副部长黄艳表示：为进一步全面推动城镇老旧小区改造工作，将积极创新城镇老旧小区改造投融资机制，吸引社会力量参与；7 月 15 日，李克强在经济形势专家和企业家座谈会上提到，要因地制宜推进城镇老旧小区改造，实现惠民生和促发展双赢。

一方面，中央从顶层决策的层面，大力倡导推进城市更新；另一方面，地方也有不少省份在老旧小区改造上做文章。湖北、河北、山东、广东等地都陆续出台城市更新政策，各有亮点。

特别是城市更新走在全国前列的广东省，2019 年 9 月更是正式颁布《关于深化改革加快推动"三旧"改造促进高质量发展的指导意见》，从规划管理、审查报批、整体改造、降低成本、利益分配，到倒逼促改、司法保障、强化监管等多个领域，提出了 19 条明确的指导意见。广东 19 条举措出台，代表"三旧"改造获得政策层面支持，加速了城市更新进程。

广东省"三旧"改造的三年行动方案提到，计划至 2021 年，广东全省新增实施"三旧"改造面积 23 万亩以上，完成改造面积 15 万亩以上。省会城市——广州计划新增实施改造任务面积 5.4 万亩，完成改造任务面积 3.5 万亩，改造任务位列全省之首。

"城市是社区力量和文化的最大集中点。城市文化的承载空间，在文化的诞生、传播和复兴中，都扮演着重要的角色。"美国城市规划理论学家刘易斯·芒福德在《城市文化》一书中写道。

城市更新是一项复杂的系统工程，只有建立在可持续、多目标的综合体系上，才能实现经济、社会和环境等综合效益的提高。

城市更新实践的不断开展以及认识的深化，给城市注入新的活力和带来新的面貌的同时，加大对文化的传承与保护，这将是城市更新活动的发展所在，也应是城市更新的本质所在。

时代赋予新使命
城市更新加速"更新"

文/罗金婷

新的趋势正在悄然改变着城市的模样，尤其是城市更新是当下十分火热的一个话题。自改革开放后，中国城市化进程一路高歌，城市发展取得了举世瞩目的成就。

但与此同时，粗放型的城市增长模式与快速扩张也为城市发展带来了一定的阻碍，比如城市空间利用不合理、土地低效运转、资源过度消耗等问题不断显现，以及随着城市发展，一些地方的历史文化特色遭受破坏和冲击等，这些都成为城市良性发展道路上不得不面对和解决的问题。

随着中国经济进入"新常态"，城市更新作为存量时代重塑城市功能形态和治理格局的路径，也同样进入到全新发展阶段。

相较于过去简单粗暴的推倒、拆除、重建，中国的城市更新已经转变为以人为本、反映新时期要求，包括满足产城融合、功能环境重塑、产业重构、历史文化传承、社会民生改善为重心等综合层面的城市有机更新。

从零星改造到简单拆建

纵观城市更新在中国的发展历程，由于社会历史原因复杂，每个阶段都有着自身的特殊性和复杂性。

新中国成立前，整个国家处于半封建、半殖民地社会，自然经济占统治地位，商品经济濒临崩溃，虽然世界范围内已兴起新一轮产业革命，然而对中国城市发展的推动却微乎其微。在此背景下，中国城市不同程度地反映出计划分配、自给自足的封闭式结构特点。

新中国成立后直至 20 世纪 70 年代，摆脱旧中国遗留下来的贫穷落后是首要任务，因此，这阶段工业生产是发展重点，工业项目也大批兴建，但这些项目大多集中于城市新区。关于旧城的政策，采用的是"充分利用，逐步改造"。

由于旧中国遗留下来诸多城市问题，当时的旧城改造，主要着眼于改造棚户和危房简屋两方面，同时增添一些最基本的市政设施、拓宽打通少数道路等，以解决居民的卫生、安全、合理分居等基本生活问题。旧城区并未进行实质性的更新改造，整体上维持现状。

20 世纪 70 年代后期到 80 年代，我国城市人口快速增长，城镇职工的住房问题已发展成为一个十分严重的社会问题，因此，这一阶段旧城改造的重点转向解决城市职工住房问题，并开始兴建住宅。但那时建设用地大部分仍选择在城市新区，旧城区主要实行填空补实、棚户和危房改善等，旧城风貌变化则甚微，城市发展结构与形态都没有实现质的提升。

纵观新中国成立的头 30 年，由于管理体制和经济条件的限制，以及保护城市历史文化环境观念相对缺位，建设项目存在各自为政、标准偏低、配套不全、绿地受侵占、历史文化环境遭破坏等诸多问题。而旧城改造对象主要为旧城居住区和环境恶劣地区，并依靠国家投资，资金匮乏，改造速度缓慢，标准较低。

20 世纪 90 年代至 21 世纪初期，城市更新则表现出机遇和问题并存。一方面，随着城市整体经济实力的增长、国家推行城市土地有偿使用政策、市场力量和民间资本引入市场等变化，旧区基础设施得到较大改善，旧区土地也大大增值。这一时期涌现出如北京 798 艺术区、南京老城南地区、杭州中山路、深圳大冲村等一批城市更新的实践与探索之作。但另一方面，也存在破坏历史风貌、引起社会矛盾的严重问题。

多元爆发与全面开花

近几年，城市更新的力度和速度可谓前所未有，从中央到地方，各级政府竞相出台各类政策，重点支持旧改，全方位启动城市更新工作。

2020 年，中央发布的两个重要文件，对于房地产行业乃至中国未来 5 ~ 10 年的发展具有举足轻重的影响。分别是 3 月 30 日国务院发布的《关于构建更加完善的要素市场化配置体制机制的意见》，以及 4 月 9 日国家发改委发布的《2020 年新型城镇化建设和城乡融合发展重点任务》。

这两份重量级文件皆提到土地和人口两大核心要素：首先，需要促进户籍制度改革，要求全面降低城市落户门槛，公共服务要覆盖绝大多数常住人口，提倡"以常住地注册户口"。其次，就是要"建立健全城乡统一的建设用地市场"。

不难看出，上述两大要素最关键的特征是自由流动和交易，可以预见的是，此举将推动中国城市化更加壮大，尤其是会大力推动核心城市群及国家中心城市的快速崛起。

目前城市更新主要以一、二线城市和部分三、四线城市为主。以广东省为例，自 2009 年开展旧改以来，10 年间完成改造 42.58 万亩，2019 年广东省自然资源厅印发《广东省深入推进"三旧"改造三年行动方案（2019－2021 年)》，公布了广东省 2019～2021 年的旧改任务，整个广东省新增的旧改体量达 23 万亩，未来旧改空间巨大。

广州和深圳是最早进入城市更新领域的城市。广州从 2009 年在全国率先开展"三旧"（旧城镇、旧厂房、旧村庄）改造试点至今，已有 10 余年城市更新经验。深圳也在 2009 年出台《深圳市城市更新办法》，提出"城市更新"概念，成为国内首部系统规划旧城改造工作的政府规章。

北京由于特殊的政治和历史地位，从 2011 年开始强调旧城坚持整体保护，并制订针对旧城的特殊政策，确立旧城政策特区。而改造的理念也从"成片整体搬迁、重新规划建设"向"区域系统考虑、微循环有机更新"转变。同时，还通过政府主导和市场运作方式，加快环境整治和棚户区改造。

上海在建设"卓越的全球城市"的定位下，在 2015 年发布《上海市城市更新实施办法》，并配套出台涵盖编制、管控、实施、行动各环节的实施细则和工作体系。此后又相继出台一系列细化和完善政策文件，城市更新工作也从探索城市小微空间改造，到系统开展共享社区、创新园区、魅力风貌、休闲网络等，积累一些行之有效的做法和经验。

近年来，北上广深都在加快城市更新的脚步，但各城的发展内涵不尽相同。比如，与广州项目多数规模大、周期长相比，京、沪的城市更新趋向"轻巧化"，主要集中在商业及办公楼领域。

特别是京、沪两地的核心区域已不再准许兴建新的商办项目，因此催生了大批"商改办""旧改办"项目；与此同时，一些老旧的购物中心也面临新的升级。以北京为例。2019 年，北京市商务局确定了十家传统商业的转型试点名单，包括王府井百货大楼、蓝岛大厦、翠微百货、资和信百货、顺义国泰百货等一系列地标性传统商场。

在城市更新的政策导向上，各地也有不同。例如广州强调要"政府主导，市场运作"，深圳重视政府引导下的"市场运作"，上海推崇"政府—市场双向并举"，虽略有不同，但在当前的实践中政府推进仍是根本。

房地产行业下半场看城市更新

从城市更新参与主体来看，房企是重要参与者。近年来，政策支持力度不断加大，城市土地供应有限使得"面粉"变得愈加昂贵，在此背景下，加入城市更新阵营成为房企的必然选择。目前，包括恒大、碧桂园、万科在内，TOP50 房企中有半数以上进入城市更新领域。

众所周知，房地产行业最重要的生产资料就是土地，谁手里拥有土地，谁就拥有市场话语权。因此，这也是众多开发商，特别是上市房企竞相拓展土储的核心动力。

从 1978～2018 年改革开放前四十年的发展历程中可以看到，中国房地产之所以取得翻天覆地的变化，最重要的一项改革便是土地使用权转让。从 20 世纪 70 年代末开始，港商开始与内地合作进行地块开发，一起合资建房，开启住房商品化。尤其是到了 1987 年，深圳拍出共和国第一幅土地使用权之后，中国房地产迎来快速发展阶段，从此进入了土地拍卖时代。

然而，经过数十年发展，土地拍卖门槛越来越高，各地频频拍出地王。随后，为了遏制居高不下的地价，各大城市在出让土地时要求开发商提供配建面积，甚至明确提出让开发商竞得地块部分房源不得出售，需要永久自持。与此同时，城市可开发用地日益减少，新增开发土地储备不足，也让拍地市场日渐式微。受诸多因素影响，拍地不再是房企宠儿。

中国房地产发展，其实是围绕土地使用权展开，土地是核心资源。在此背景下，城市更新应运而生，成为房企获得土地资源的重要渠道。如果说中国房地产上半场获地模式是土地拍卖，那么下半场就是城市更新。

不少开发商表示，参与过城市更新之后，都不太想去土地市场上拍地，因为体量太小。很多土地出让才几万平方米、十几万平方米，不好发挥。而城市更新大多数都是几十万平方米，甚至几百万平方米，规模庞大，可以开发很多年，而且能够把各种配套做好，不会只是单纯盖个住宅楼，政府也会支持把周边配套做好，比如地铁、学校、医院等。

除了开发商之外，大量的资本方也开始密切关注城市更新和旧楼改造。比如高和资本、弘毅投资等经验丰富的投资机构也涉足城市更新领域。早在 2012 年，国开金融与高和资本就收购了上海中华企业大厦，随后两家又联手进行了上海老旧厂区改造加新建的梦中心项目。

而城市更新发展至今也拥有众多细分市场，如老城复兴、老厂房改造、商业升级、新办公与新居住等。

微改造、高质量成新趋势

时代不断向前，城市更新的理念与技术亦如此。可以看到的是，目前中国城市更新已从传统的注重物质层面与拆旧建新过渡到以功能环境重塑、产业重构、历史文化传承、社会民生改善为重心的有机更新阶段。

实际上，"有机更新"概念早在 1990 年就已提出。第一位倡导者是吴良镛先生，在他看来，城市就像一个生命体，自诞生之日起就存在"新陈代谢"。城市更新正是城市的新陈代谢，它是城市保持生命力、增强整体机能的一种自我调节机制。

因此，城市更新要按照内在发展规律，顺应城市之肌理，采用适当规模、合适尺度，依据改造内容和要求，妥善处理目前与将来的关系，不断提高规划设计质量，使每一片的发展达到相对的完整，这样集无数相对完整之和，即能促进整体环境得到完善，达到有机更新的目的。

"微更新"是推进城市有机更新的一个重要模式。目前很多城市的更新都倾向采用"微更新"的方式，在保持城市肌理的基础上，对已有城市空间进行小范围、小规模的局部改造，从而达到空间活化与地方振兴的目的。

广州的永庆坊就是"微更新"的一个典型案例。永庆坊占地 11.37 万平方米，这里是广州市 26 片历史文化街区之一，诸多历史古建筑坐落于此，如李小龙故居、詹天佑故居、八合会馆、宝庆大押等。

2015 年，永庆坊启动旧城改造，改变过去"推倒重来、大拆大建"的做法，保持原有城市肌理，为老街留下了"广味"。2018 年 10 月，习近平总书记在视察广东时曾到永庆坊，对这种能留下城市记忆的做法表示肯定，并提出广州要实现老城市新活力的要求。如今，永庆坊二期改造首批示范段、骑楼段也正式开放，让广州恩宁路上有着 80 多年历史的老骑楼重新焕发崭新活力。

实际上除了在老街区或老城，"微更新"还运用到多种场所，比如北京 751 时尚设计广场、上海 M50、深圳 OCT – LOFT 华侨城等，前身多为废弃或闲置的厂房，经过设计、艺术文化元素的融入以及微改造后，变为美术馆、展览馆、书店、联合办公室等文化空间。有的还成为新文化地标，不仅美化城市，更提升空间品质。

近年，中央经济工作会议上多次提及的"高质量发展"，成为当前和今后一个时期确定发展思路、制定经济政策、实施宏观调控的根本要求。在高质量发展的语境下，已进入加速阶段的城市更新，也正迈向高质量发展的阶段。

城市更新高质量发展，离不开高质量制度设计与政策支撑。作为最早进入城市更新领域的城市之列的深圳，便在 2019 年 2 月公布了《关于深入推进城市更新高质量发展的若干措施（征求意见稿）》，针对当前更新工作的实际问题对症下药，其中提出要从"改差补缺"向"品质打造"、从"追求速度"向"保质提效"、从"拆建为主"向"多措并举"转变，实现城市更新机制更加科学健全、城市更新管理更加规范有序。

而广东省也在 2019 年 9 月颁布《关于深化改革加快推动"三旧"改造促进高质量发展的指导意见》，提出 19 条针对性的改革措施，以五大实招助推高质量发展。

智能与健康加速城市更新步伐

2019 年，中国提前一年实现 5G 商用，这也给智慧应用带来全新机遇。值得关注的是，在建设新基建、智能、可持续发展的城市中心的浪潮下，城市更新在走向高效化、智能化。

比如，借助 5G，北京就打造首个新型智慧社区。建于 20 世纪 80 年代的北京志强北园小区，是典型的老旧小区，设施建设和服务管理都较为落后。在应用 5G 搭载各种智能物联网技术后，小区可实现垃圾箱具备满溢告知功能、人脸识别门禁实现无感通行、井盖装有移动水位监测设备等，让老旧小区管理更显便捷和智能化。

当然，智能化还运用到城市更新多个领域。包括对城市路桥、管网、照明、建筑物等设施进行智能化改造，多功能信息杆柱、智慧管网、车联网设施、多标合一终端等智能设施的建设等。

进入 2020 年，一场罕见的困难席卷全球。老旧小区、老旧村庄因为人口密集、居住环境恶劣，容易成为病毒蔓延的温床，使得更新改造更是迫在眉睫。

在此期间的居家隔离生活，使人们对生活环境的关注达到前所未有的高度。人们越来越意识到健康的重要性，对健康防疫性能提出更高的要求。而这些都会影响人们居住观念的转变，比如，过去重视地段、升值潜力等外在因素，而现在"内在健康"成为关键词。

一些老旧小区、旧村庄卫生条件不佳，通风环境也不好，室内空间拥挤，很多小区因为缺少智能系统，业主依旧冒着被病毒传染的风险，使用芯片刷卡进门、手动按电梯。上述情况的存在使得被感染概率增高，有严重的健康安全隐患。不少城市就有确诊案例发生在老旧居住区，包括旧小区、城中村等地方。

所以，加速城市更新，不仅是为了发展经济，更是为了保障国人的身体健康。

2020 年 4 月 14 日，国务院常务会议明确提出加大城镇老旧小区改造力度，推动惠民生扩内需。会议计划：今年各地计划改造城镇老旧小区 3.9 万个，涉及居民近 700 万户，比去年增加一倍，重点是 2000 年底前建成的住宅区。

由此可见，老旧小区改造将是 2020 年政府投资发力的重要方向。根据住建部披露的数据，全国共有老旧小区 17 万个，涉及居民超 4300 万户，人口多达 1.2 亿，建筑面积约 40 亿平方米。

初步估算老旧小区改造投资总额将达 5 万亿元，如改造期为 5 年，每年可新增投资约 1 万亿元以上，是 2018 年房地产投资完成额的 8%，建安投资的 13%（旧改基本无土地购置费用）。另外，老旧小区改造还可以撬动 2～3 倍的社会投资，带动整个经济发展。

需要特别注意的是，本轮老旧小区改造，不像十年前广州、北京为了亚运会、奥运会，主要是穿衣戴帽，改装得更加漂亮。此次改造会加大涉及的大数据、5G 技术、人工智能等新兴信息技术的有机结合，加大新基建在传统投资中的占比，并让国人的健康居住环境更加有保障。

可以预见的是，如今城市更新已经从追求速度向追求质量转变，除了提高空间利用效率、完善城市功能外，还将在城市绿色发展、历史文脉延续、品质提升、智慧城市等建设方面发挥更大的作用。特别是 2020 年将成为健康人居元年，健康也是房地产市场、城市更新的主旋律，成为人们美好生活场景中不可或缺的重要组成部分！

而城市更新作为城市生长的新力量，也在不断推动城市人口、产业、文化、生产要素向更高阶演进。随着政府大力引导支持、城市更新政策体系的不断完善以及社会各界的积极参与，新时期、新形势下的城市更新将进入崭新的发展阶段。

但是，无论是政府还是开发商，在积极参与城市更新的同时，都必须顺应时代发展趋势，在以高质量城市更新重塑城市功能形态和城市格局的同时，更要使城市发展具有可持续性，这是需要特别注意的问题。

因此，在时代不断赋予新使命的背景下，城市更新的理念也在不断"更新"升级！

城市更新政策：从轮廓初现到全面"爆发"

文/赵盼盼

改革开放以来，中国经济飞速发展，城市建设日新月异，世界历史上规模最大、速度最快的城镇化现象应运而生。

国家统计局发布的"新中国成立 70 周年经济社会发展成就报告"显示：1949 年中国常住人口城镇化率为 10.6%，1978 年末常住人口城镇化率也仅为 17.9%，2011 年，这个数字首次超过 50%。到了 2018 年末，我国常住人口城镇化率已经达到 59.6%，比 1978 年末上升 41.7 个百分点。

城镇化进程不断加快，城市化水平持续提升，中国城市发展取得了举世瞩目的成就。但与此同时，粗放的城市增长模式与快速扩张也为城市良性发展带来了一定的阻碍，城市空间利用不合理、土地低效运转、资源过度消耗等问题不断显现。在此背景下，城市更新开始成为城市新的发展主线。

从国际经验看，城市更新是城市发展到一定阶段面临的需要，从城市发展来看，城市更新作为一种调节机制，将对推动中国城市下一阶段的可持续发展产生至关重要的作用。

一、从城市更新政策透视城市未来发展机遇

在城市更新改造过程中，相关政策的异同与变动，成为影响城市建设和城市未来发展的风向标，同时也为各路参与方带来风险与机遇。因此，想要高效参与和完成城市更新业

务，必须先掌握城市更新政策。

1984 年，中国第一部有关城市规划、建设和管理的基本法规《城市规划条例》（以下简称《条例》）正式公布，为当时还处于恢复阶段的城市规划和更新工作提供了现实指导。《条例》指出，"旧城区的改建，应当遵循加强维护、合理利用、适当调整、逐步改造"。

20 世纪 90 年代以后，随着《国务院关于深化城镇住房制度改革的决定》公布，以及单位福利分房制度的结束，全国掀起了住宅开发热潮。与此同时，旧城改建、居住区改造等运动也相继展开。

城市更新的议题开始引发学界的高度关注，有关"旧城更新"的学术研讨会在西安、无锡等城市召开，一批专家学者结合中国实践，先后出版了《北京旧城与菊儿胡同》《现代城市更新》和《当代北京旧城更新》等著作。

2009 年，广东省与国土资源部开展部省合作，推进节约集约用地试点示范省建设，发布了《关于推进"三旧"改造促进节约集约用地的若干意见》《办公厅转发省国土资源厅关于"三旧"改造工作实施意见（试行）》等。一场轰轰烈烈的"三旧改造"就此拉开序幕，此后十年间，广东省政府又多次出台有关城市更新的引导支持政策，并制定了更新改造目标，在城市更新方面积累了丰富的实践经验。

城市更新是一种将城市中已经不适应现代化城市社会生活的地区作必要的、有计划的改建活动。不仅对城市硬件设施进行改造，也对城市居住生态、文化环境、产业结构等进行延续与更新。

2014 年 3 月，《国家新型城镇化规划（2014 - 2020 年）》提出，按照改造更新与保护修复并重的要求，健全旧城改造机制，优化提升旧城功能。有序推进旧住宅小区综合整治、危旧住房和非成套住房改造，全面改善人居环境。

2015 年的政府工作报告中，李克强总理表示，要发展智慧城市，保护和传承历史、地域文化，加大公共设施建设。同年 12 月召开的中央城市工作会议上提到：有序推进老旧住宅小区综合整治；推进城市绿色发展，提高建筑标准和工程质量。

2016 年 2 月，国务院发布《关于进一步加强城市规划建设管理工作的若干意见》：有序实施城市修补和有机更新，解决老城区环境品质下降、空间秩序混乱、历史文化遗产损毁等问题，促进建筑物、街道立面、天际线、色彩和环境更加协调、优美。

2017 年底，住房和城乡建设部在厦门、广州等 15 个城市启动城镇老旧小区改造试点；2018 年底，106 个试点城市老旧小区被改造，惠及 5.9 万户居民；2019 年 6 月 19 日，国务院常务会议再次提出加快推进城镇老旧小区改造……对此，有市场专家估计称，"旧改"能带动的投资总额，可能会达到 4 万亿元。

近年来，上至中央、下至地方，城市更新政策相继推出，为城市更新改造具体实施作出指引。政策利好下，城市更新不再只是城市建设中的"锦上添花"，而是正式走向台前挑起了大梁，成为城市发展的新增长点。

尤其是 2019 年以来，社会各界对城市更新的关注度空前提升，中央和地方政府连续出台城市更新相关政策，加快推进城市老旧小区改造，城市更新"全面爆发"。2019 年也由此被称为城市更新元年。

以下为 2019 年以来出台的城市更新相关政策梳理：

（一） 中央层面相关文件或政策

2019 年 3 月，《政府工作报告》提出：城镇老旧小区量大面广，要大力进行改造提升，更新水电路气等配套设施，支持加装电梯，健全便民市场、便利店、步行街、停车场、无障碍等生活服务设施。

2019 年 4 月，住建部发布《关于做好 2019 年老旧小区改造工作的通知》，通知表示，2019 年起将老旧小区改造纳入城镇保障性安居工程，给予中央补助资金。

2019 年 6 月 19 日，国务院常务会议提出"加快推进城镇老旧小区改造"，文件指出：老旧小区改造涉及居民上亿人，能够促进住户户内改造并带动消费。据住建部统计，目前，全国各地上报需要改造的城镇老旧小区共有 17 万个，涉及居民上亿人。

紧接着，在 2019 年 7 月国务院政策例行吹风会上，将城镇旧改上升到国家层面，既保民生又稳投资，同时拉内需。改造内容分为基本、提升和完善公共服务三类，先从保基本开始。

同月，国务院举办的经济形势专家和企业家座谈会上再次提出：要因地制宜推进城镇老旧小区改造，实现惠民生和促发展双赢。

2019 年 8 月，国家统计局原局长、阳光资产首席战略官邱晓华分析，从旧城区、老城区改造来看，现有 17 万个城区小区需要改造，涉及的市场规模初步测算在 3 万~5 万亿元。

2019 年 9 月，财政部、住建部印发《中央财政城镇保障性安居工程专项资金管理办法》，首次将老旧小区纳入支持范围，主要用于老旧小区水电路气等配套基础设施和公共服务设施改造，小区内房屋公共区域修缮、建筑节能改造，支持有条件的小区加装电梯等。

在政策支持下，各地城市更新改造如火如荼。2019 年 10 月 17 日，全国城镇老旧小区改造试点工作座谈会在北京召开，浙江省、山东省、宁波市、青岛市、合肥市、福州市、长沙市、苏州市、宜昌市"两省七市"被住建部列为新一轮全国城镇老旧小区改造试点省市。

2019 年 12 月的中央经济工作会议上，再次提出要加强更新和存量住房改造提升，做好城镇老旧小区改造工作。同月，住建部座谈会上也表示，要以城市更新为契机做好老旧小区改造，指导各地因地制宜开展工作。

（二）部分省级层面相关文件或政策

1. 河北省

2019 年 3 月，河北省"双创双服"活动领导小组办公室印发了《2019 年全省老旧小区改造工程实施方案》，方案指出，2019 年全省改造老旧小区 2779 个、面积 4468 万平方米，改造主要从安全、居住功能、治理环境三方面开展。

实际上，在 2018 年河北就启动了为期三年的老旧小区改造行动，并先后印发一系列配套文件，明确分年度目标任务，规范各地改造的内容和标准。2018 年河北全省已改造老旧小区 1591 个，涉及老旧楼体 8200 余栋，47.1 万户老旧小区居民从中受益。

2. 湖南省

湖南省在 2018 年也印发了《城市老旧小区提质改造三年行动方案（2018－2020）》，要求各地要完成摸底调查，制定政策方案，编制 3 年工作规划和年度计划，率先提质改造环境条件较差、配套设施破损严重、群众反映强烈的老旧小区。

2019 年湖南省住建局发布《2019 年湖南省城镇棚户区改造项目表》：2019 年湖南全省城镇棚户区改造任务 80000 套，其中下达长沙市城镇棚户区改造任务 5731 套。全市共涉及 71 个项目，总投资约 591.49 亿元，年度投资 140.07 亿元。

3. 湖北省

2019 年 3 月，湖北省城市建设工作会议召开，全面启动老旧小区改造等民生工程。2018 年的《湖北省城市建设绿色发展三年行动方案》还提出，至 2020 年城市老旧小区改造率达 50% 以上。湖北省的老旧小区改造，除了补齐水、电、气、管网、路灯、电梯基础设施以外，更强调绿色发展，严控城市出入口景观过度建设和城市过度照明。

4. 河南省

河南省自 2016 年开始展开百城建设提质工程，重视老旧小区改造工作。2019 年 10 月，河南省政府明确把老旧小区改造作为下一步全省百城建设提质工程重点任务。同月 28 日，河南省政府通过《关于推进城镇老旧小区改造提质的指导意见》，提出到 2021 年 6 月底前，全部完成 2000 年以前建成的城镇老旧小区改造提质工作。

5. 山东省

2019 年 9 月，山东省政府办公厅印发了《大力拓展消费市场加快塑造内需驱动型经济新优势重点任务细化落实分工方案》（以下简称《方案》）。《方案》提出，要加大城市老旧小区改造提升力度，重点改造建设小区水电气路及光纤等配套设施，有条件的小区可加装电梯、配建停车设施。

6. 广东省

2019年9月4日，广东省发布《广东省人民政府关于深化改革加快推动"三旧"改造促进高质量发展的指导意见》，出台19条针对性改革措施，从政策层面大大推动了旧改前期的一些难题解决。

同日，广东省自然资源厅发布《广东省深入推进"三旧"改造三年行动方案（2019-2021年）》，提出至2021年，全省新增实施"三旧"改造面积23万亩以上，完成改造面积15万亩以上，投入改造资金5000亿元以上（社会投资约占85%，市县级财政投入约占15%）。

7. 安徽省

2019年12月，安徽省政府发布《推进城镇老旧小区改造行动方案》：三年计划整治改造老旧小区2600个左右。其中：2019年600个、2020年1000个左右、2021年1000个左右。2021年以后，着力开展疑难复杂项目攻坚，持续推进老旧小区整治改造。

（三）部分市级层面相关文件或政策

1. 西安市

2019年2月，西安市政府印发《西安市老旧小区综合改造工作升级方案》：2019年西安各区县、开发区开展摸底排查，建立既有住宅（小区）信息平台，制定老旧小区改造"清零"计划。

根据《方案》，2019年西安实施200万平方米以上的综合改造任务。2020年至2021年，基本完成主要道路沿线、重点区域老旧小区综合改造，全面消除"三无小区"脏乱差现象。2022年，基本完成全市具备条件的老旧小区综合改造任务。

2. 佛山市

佛山市于2018年出台《关于深入推进城市更新（"三旧"改造）工作的实施意见（试行）》，明确了以"城市更新单元计划、城市更新单元规划"为核心的城市更新规划体系，并在供地方式等方面提出了创新，激发了市场主体的参与热情。

进入2019年，佛山南海、禅城、顺德也根据各区特点相继出台了实施办法和目标。比如，禅城在4月份公示2019年"三旧"改造年度实施计划，共54个项目，涉及42个自然村，31个意向改造为商住项目。

3. 东莞市

2019年4月，东莞市自然局公布《东莞市城市更新单元划定方案编制和审查工作指引（试行）》（以下简称《指引》）。为破解土地资源瓶颈，保障民生服务设施以及重大产业项目实施，《指引》对大型改造片区统筹、更新模式、更新方向、用地贡献和公共配套设施以及 TOD 范围等特殊情况更新单元划定作出规定。

4. 重庆市

重庆市住房城乡建委、发展改革委、财政局于 2019 年 7 月联合印发《重庆市主城区老旧小区改造提升实施方案》，明确了主城区老旧小区改造总体要求、实施内容与标准、实施程序、保障措施等。截至 2019 年 12 月底，重庆全市已启动老旧小区改造和社区服务提升项目 1113 个，占项目总数的 15.1%；面积约 1100 万平方米，占总面积的 10.8%。

5. 杭州市

2019 年 8 月，杭州市政府印发《杭州市老旧小区综合改造提升工作实施方案》：2019 年底前，开展项目试点，优化政策保障，建立工作机制。至 2022 年年底，全市实施改造老旧小区约 950 个、居民楼 1.2 万幢、住房 43 万套，涉及改造面积 3300 万平方米。

6. 长沙市

长沙 2019 年持续推进棚改新三年行动计划，计划完成城镇棚户区改造和老城区有机更新 13500 户、提质改造老旧小区 50 个以上、建成历史文化步道 34.9 公里、打造 197 个 15 分钟生活圈，从多个方面促进城市品质提升，改善群众居住条件，提高居民幸福感。

7. 沈阳市

沈阳在 2018 年公布了《沈阳市居民小区改造提质三年行动计划（2018 - 2020 年）》，决定利用 2018 ~ 2020 年三年时间，对沈阳尚未进行过改造的 796 个老旧小区开展居民小区改造提质行动；对已改造的老旧小区，通过"回头看"进行整改完善。

8. 深圳市

2019 年 8 月，深圳发布《2019 年度城市更新和土地整备计划》：2019 年度深圳在城市更新方面将新增实施改造任务不少于 9000 亩，完成改造任务不少于 5600 亩。在旧工业区综合整治规模上，年度全市完成建筑面积不少于 120 万平方米。土地整备方面，2019 年度安排土地整备资金 180 亿元。

9. 广州市

2019 年 8 月 13 日，广州市住房和城乡建设局对《广州市城市更新专项总体规划（2018 - 2035 年）》项目进行公开招标采购，布局全市范围未来 15 年的城市更新工作：仍以"三旧"用地为主，并综合考虑老旧小区、政府公房等其他城市资源以及需要整合连片的范围。

8 月 14 日，《广州市住房和城乡建设局城市更新项目现场监督巡查工作（2019 - 2020 年度）公开招标公告》及《2019 年广州市全面改造项目影响资料制作项目公开招标公告》

发布，对"三旧"改造（旧村、旧厂、旧城）项目进行巡查，建立监督平台并进行管理的数字化应用。

10. 郑州市

2019 年 11 月，郑州市印发《郑州市老旧小区综合改造工程实施方案》，根据《实施方案》，2021 年 6 月底前，郑州将全面完成市内五区老旧小区综合改造，其中 2019 年完成全部改造任务的 35%。为确保年度目标按时完成，目前郑州正加大力度推进老旧小区综合改造。

二、地方城市更新演进特征与发展内涵

据中国城市科学研究会统计，我国 20 年以上老旧房地产总面积超 200 亿平方米，上海、北京、广州、深圳等重点城市尤为突出。老城区、旧村落等亟待通过存量焕新、内涵增值重新焕发生机，城市更新浪潮陡然掀起，并为城市可持续发展带来蔚然可观的价值与机遇。

但不同的城市在历史演进中由于地理位置和政治文化的不同，而呈现出独特的城市秉性。因此，在开展城市更新的同时，城市与城市之间在实践认知上虽有相似性，在发展内涵上却存在些许差异。

（一）北上广深："因地制宜"

1. 北京：延续与优化并存

北京作为国家首都和政治文化中心城市，一直都起着城市发展的领头作用。新中国成立以来，北京城市建设日新月异，经济发达市场繁荣，传统与现代、历史与创新，在这座城市里相生共融。

随着城市化进程的加速，北京自 20 世纪 90 年代初提出十年完成危旧房改造的计划，掀起一轮危旧房改建高潮。21 世纪后，为了不失历史文化传统魅力和京城特色，北京城市更新由"大拆大建"进入"渐进式更新"模式，并相继颁布了《北京旧城 25 片历史文化保护区保护规划》《北京历史文化名城保护规划》等政策。

核心问题是将历史文化资源进行存续利用，使之融入现代城市生活。因而，在此后的城市更新改造运动中，北京侧重于延续和优化传统国都的城市功能和布局，并注重城市新功能区的开发创新，以保持旧城中心的繁华与活力。

"十二五"以来，北京开启了"老旧小区整治"计划，对老旧小区进行升级改造，效果显著。2018年3月，北京市人民政府办公厅印发了《老旧小区综合整治工作方案（2018－2020年）的通知》，通知要求全市深入推进老旧小区综合整治工作，不断提升城市治理水平，改善人居环境。并提出对老旧小区实施"六治七补三规范"的综合整治内容。

2019年全年，北京市老旧小区综合整治开工项目86个，涉及住户达5.9万户，楼栋数768栋，面积477.8万平方米。据北京市住建委主任王飞透露，在2020年老旧小区综合整治仍然是北京市住建委的"1号"工程。

北京的城市更新实践，一方面保留传统帝都的历史文化精华，延续和发展了城市活力；另一方面利用现代化设施改善人居环境，并打造繁华的核心区，使城市功能及布局得到了一定程度的调整和优化。

表1　北京部分城市更新政策

2011 年	《北京市国有土地上房屋征收与补偿实施意见》
2013 年	《北京市旧城区改建房屋征收实施意见》
2014 年	《北京市人民政府关于加快棚户区改造和环境政治工作的实施意见》
2016 年	《关于进一步加快棚户区和城乡危房改造及配套基础设施建设工作的意见》
2017 年	《北京市2017年棚户区改造和环境政治任务》
2018 年	《关于加快推进老旧小区综合整治规划建设试点工作的指导意见》
2018 年	《老旧小区综合整治工作方案（2018－2020年）的通知》

2. 上海：精细化有机更新

上海东面靠海，西面则夹角于江苏和浙江两个大省，特殊的地理属性使其新增用地空间十分有限，盘活存量成为上海城市发展的重要课题。上海的城市更新主要以旧区改造和工业区改造为主，其城市更新政策及法规也多围绕这两大更新对象进行制定。

20世纪90年代至21世纪初期，为全面改善城市面貌，上海开启了大规模的旧城改造运动，并鼓励中心城区的工业用地转型，大量工业用地转变为住宅、商业、办公等用地。从2003年开始，上海出现了田子坊、8号桥、红坊等一批老旧厂房改造为"文化创意产业园"的案例。

2008年上海出台了《关于促进节约集约利用工业用地、加快发展现代服务业的若干意见》，提到"积极利用老厂房，促进现代服务业健康发展……在符合城市规划和产业导向、暂不变更土地用途和使用权人的前提下，兴办信息服务、研发设计、创意产业等现代服务业"。

2014 年上海推出《关于本市盘活存量工业用地的实施办法》，对工业用地更新转型政策不断进行微调，为城市更新工作提供更多指引。2015 年上海发布《上海市城市更新实施办法》，并下发了一系列相关配套文件，涉及规划、土地、建管等各个方面，上海城市更新进入以存量开发为主的内涵增值时代，并开展了徐家汇商圈等十几个城市更新试点。

之后，上海又启动了"城市更新四大行动计划""城市微更新"等改造行动。这些实践对上海城市建设和治理机制产生了重要影响，也使其城市空间和发展模式发生转变，走向高质量精细化之路。

戴德梁行曾表示，与以往"大拆大建"外延式扩张的发展老路不同，上海的城市更新已步入了以反映新时代要求、承载新内容、重视新传承等为特点的"有机更新"阶段。

值得关注的是，《上海住房发展"十三五"规划》中明确提出，到 2020 年为止，上海旧住房综合改造面积需达到 30 万户，中心城区二级旧里以下房屋改造面积需达 240 万平方米，各类旧住房修缮改造面积达 5000 万平方米的硬性指标。

表 2　上海部分城市更新政策

2015 年	《上海市城市更新实施办法》
2016 年	《关于加强本市工业用地出让管理的若干规定》
2016 年	《关于本市盘活存量工业用地的实施办法》
2017 年	《上海市城市更新规划土地实施细则》
2017 年	《关于深化城市有机更新促进历史风貌保护工作的若干意见》
2017 年	《关于坚持留改拆并举深化城市有机更新进一步改善市民群众居住条件的若干意见》
2019 年	《上海市虹口区发布关于提升旧区改造和城市有机更新行动计划（2019—2021）》
2019 年	《上海市政府办公厅关于成立上海市城市更新和旧区改造工作领导小组的通知》

3. 广州：以政府为主导

广州自古就是岭南重镇、广东省府，拥有上千年的商都底蕴，历来开风气之先，市场经济活跃。在近年来城市更新浪潮火遍全国之时，广州已经积累了大量的实践经验。

2009 年广东省出台"旧城镇、旧厂房、旧村庄"（简称"三旧"）改造政策之后，广州也开始了有组织性、系统性的"三旧"改造工作，先后制定《关于加快推进"三旧"改造工作的意见》《关于加快推进"三旧"改造工作的补充意见》等一系列政策，并形成以政府为主导、村集体和市场共同参与的更新改造模式。

2016 年 1 月，广州出台《广州市城市更新办法》，正式将"三旧"改造的工作内容统一纳入城市更新。随后，广州市政府又公布了这一法规的三个配套办法，即《广州市旧村庄更新实施办法》《广州市旧厂房更新实施办法》《广州市旧城镇更新实施办法》。

由此广州形成了"1+3+N"的城市更新政策体系，其中，"N"代表城市更新地块改造方案和规划控制导则等，为广州旧改市场提供了明确的政策支持。

在更新改造方式上，广州的城市更新分为全面改造和微改造两种。其中全面改造以拆除重建为主，如当年轰动全国的猎德村改造、杨箕村改造；微改造则以局部更新及功能置换升级为主，如老旧小区功能更新、恩宁路永庆坊微改造等。

根据《广州市老旧小区微改造三年（2018－2020）行动计划》，到2020年，重点推进全市779个功能配套不全、建设标准不高、设施设备陈旧、基础设施老化、环境较差的老旧小区微改造项目。

此外，2019年9月广东省自然资源厅发布《广东省深入推进"三旧"改造三年行动方案（2019－2021年)》，在2019~2021年三年期间，广州新增实施改造任务面积为5.4万亩，需要完成的改造任务面积为3.5万亩，在全省区各地市中改造任务量最大。

从2009年至今，广州的城市更新已开展十年有余，大量的更新改造实践为广州积累了丰富的经验，也为新时期下的广州城市发展提供了新的指引和重要路径。

表3 广州部分城市更新政策

2009 年	《广州市人民政府关于加快推进"三旧"改造工作的意见》
2010 年	《关于加强旧村全面改造项目复建安置资金监管的意见》
2011 年	《关于印发进一步规范城中村改造有关程序的通知》
2012 年	《广州市人民政府关于加快推进三旧改造工作的补充意见》
2012 年	《关于印发广州市"城中村"改造成本核算指引的通知》
2012 年	《广州市"三旧"改造涉税政策执行指引》
2016 年	《广州市城市更新办法》
2016 年	《广州市老旧小区微改造实施方案》
2016 年	《广州市城市更新总体规划（2015－2020 年）》
2017 年	《广州市 2017－2019 年城市更新土地保障计划》
2017 年	《广州市人民政府关于提升城市更新水平促进节约集约用地的实施意见》
2018 年	《广州市老旧小区微改造设计导则》
2018 年	《广州市老旧小区微改造三年（2018－2020）行动计划》
2019 年	《广州市深入推进城市更新工作实施细则》
2020 年 2 月	《广州市住房和城乡建设局关于印发广州市城市更新安置房管理办法的通知》

4. 深圳：市场化程度高

深圳是改革开放后依靠政策迅速发展起来的新型城市，其发展之快，令世界瞩目。在城市更新上，深圳同样走在全国的前列。2004 年，深圳开始了有关城市更新的探索，并出台了《深圳市城中村（旧村）改造暂行规定》《深圳市公共基础设施建设项目房屋拆迁管理办法》等政策。

之后深圳又出台了《关于工业区升级改造的若干意见》《关于推进我市工业区升级改造试点项目的意见》《关于加快推进我市旧工业区升级改造的工作方案》等政策，探索工业区的改造路径。这一时期，深圳的城市更新进展相对缓慢，旧工业区、居住区的改造甚至处于停滞状态。

2009 年，深圳颁布全国首部《城市更新办法》，在国内首次正式引入"城市更新"理念，随后还配套出台了一系列的实施措施，为深圳城市更新提供了强大的政策支持。相较于广州，深圳城市更新市场化程度更高，开发商自主性较强，与项目资源持有人的谈判空间也较大。

2016 年，深圳开始启动以旧城改造为重点的大规模城市更新，吸引了大量资本的关注及投入。证监会 2016 年公布的数据显示，"深圳地区管理规模达 100 亿的股权私募迅速增长至 19 家。同时，包括私募在内的各个金融机构通过产品创新与构建资金平台等方式，向城市更新项目'输血'，保障全市城市更新规划目标的实现"。

统计数据显示，2016 年至 2018 年深圳城市更新土地供应量高达 1.8 万亩，为一级土地成交量的 1.5 倍。截至 2019 年 9 月，深圳已列入城市更新计划项目 805 个，已通过城市更新专规批复项目 469 个，通过率 58.3%，实施主体确认公示项目 306 个，实施率 38.1%。

2019 年，深圳又发布了《深圳市 2019 年度城市更新和土地整备计划》《关于深入推进城市更新工作促进城市高质量发展的若干措施》等政策，城市更新政策体系不断完善。

表 4 深圳部分城市更新政策

2004 年	《深圳市城中村（旧村）改造暂行规定》
2005 年	《关于深圳市城中村（旧村）改造暂行规定的实施意见》
2007 年	《关于开展城中村（旧村）改造工作有关事项的通知》
2007 年	《关于工业区升级改造的若干意见》
2007 年	《深圳市公共基础设施建设项目房屋拆迁管理办法》
2008 年	《关于推进我市工业区升级改造试点项目的意见》
2008 年	《关于加快推进我市旧工业区升级改造的工作方案》
2009 年	《深圳市城市更新办法》
2010 年	《关于试行拆除重建类城市更新项目操作基本程序的通知》

续表

2010 年	《深圳市人民政府关于深入推进城市更新工作的意见》
2010 年	《拆除重建类城市更新项目房地产证注销操作规则》
2010 年	《深圳市城市更新单元规划制定计划申报指引（试行）》
2011 年	《城市更新单元规划审批操作规则（试行）》
2011 年	《深圳市城市更新项目保障性住房配建比例暂行规定》
2012 年	《深圳市城市更新办法实施细则》
2012 年	《关上加强和改进城市更新实施工作的暂行措施》
2013 年	《深圳市城市更新单元规划审批操作规则》
2015 年	《深圳市城市更新清退用地处置规定》
2016 年	《深圳市人民政府关于施行城市更新工作改革的实施意见》
2016 年	《深圳市城市更新项目保障性住房配建规定》
2016 年	《深圳市城市更新项目创新型产业用房配建规定》
2016 年	《关于加强和改进城市更新实施工作的暂行措施》
2016 年	《深圳市人民政府关于修改〈深圳市城市更新办法〉的决定》
2017 年	《深圳市城市更新办法实施细则》
2018 年	《深圳市综合整治旧工业区升级改造操作规定》
2018 年	《深圳市城中村（旧村）总体规划（2018－2025）》
2019 年	《关于深入推进城市更新工作促进城市高质量发展的若干措施》
2019 年	《深圳市 2019 年度城市更新和土地整备计划》

（二）新一线城市：全面加速

近年来，除了北京、上海、广州、深圳等一线城市相继出台计划推进城市更新外。在新一线城市中，如西安、南京、武汉、重庆等也竞相发力，因地制宜加快城市更新改造进程。

2019 年 11 月，西安市委、市政府印发《西安市老旧小区改造工作实施方案》，将用两年时间，重点对绕城高速范围以内、2000 年以前建成、符合规定的老旧小区实施改造，目标到 2021 年 6 月前完成绕城高速以内 80% 的老旧小区改造工作。

2019 年，南京提出未来三年将集中力量解决当前住宅小区领域的突出问题和主要矛盾，到 2021 年，实现全市住宅小区管理覆盖率 100%，完成老旧小区综合整治 400 个，有效疏解小区车辆停放矛盾，让小区更和谐、安全、有序，让百姓更幸福。

2019 年武汉市拟制老旧小区改造三年行动计划，明确了基本类、提升类和公共服务类三类 18 项老旧小区改造内容。准备用 3 年时间，基本完成全市 914 个老旧小区、35.58 万户居民、2834.3 万平方米房屋改造任务，建立完善市级统筹、区级负责、街道实施、居民参与的工作机制。

重庆目前完成已启动实施 1113 个项目、1100 万平方米改造任务，2020 年力争再启动实施 1700 个项目、3000 万平方米的改造任务。从 2020 年起，用 3 年时间，到 2022 年，重庆将全市 7394 个老旧小区项目、1.02 亿平方米的改造任务全部纳入改造范围，并形成持续推进老旧小区改造和社区服务提升长效工作机制……

可以预见，随着政府大力引导支持、城市更新政策体系的不断完善以及社会各界的积极参与，中国城市更新将全面提速，进入崭新的发展阶段。

健康生活与城市更新

文/庾来顺[①]

　　健康中国，是 2017 年 10 月 18 日，习近平同志在党的十九大报告中提出的发展战略。人民健康是民族昌盛和国家富强的重要标志，要完善国民健康政策，为人民群众提供全方

---

　　① 庾来顺，广东省旧城镇旧厂房旧村庄改造协会秘书长。

位全周期健康服务。城市更新可以通过改善人居环境，完善健康设施等公建配套，实现人们对美好生活环境的向往，让人们过上更加健康的生活。

一、健康生活对城市更新提出了新要求

历史总能给人教诲和启迪，冷静思考，深刻反省，快速城镇化忽略了什么？美好生活还要有什么？近些年几次重大的公共卫生事件都提示人们要敬畏自然、尊重自然、保护自然。人在自然之中，不在自然之外，更不在自然之上。"人法地、地法天、天法道、道法自然"。借此，我们可以重新审视人与自然的关系，重新审视人类的自身行为。城市更新要处理好人与城市的关系，提倡精细化、健康型的规划设计，确保城市的健康发展。以健康城市、韧性城市、生态城市、园林城市、公园城市、山水城市为价值导向，建设安全与活力、隔离与通风、封闭与开放的健康友好型、安全卫生型社区，做好医疗设施配套和开放绿色空间。塑造和维护好这样的场所，是我们城市更新的目标和责任。这就是健康生活对城市更新的新要求。

二、城市更新能够为健康生活环境带来哪些变化

（一）整治生活环境脏、乱、差

从脏、乱、差到干净豁亮，从私搭乱建到井然有序，城市更新让老旧小区"旧貌换新颜"，给老城市带来新活力。让城市留住记忆，让人们记住乡愁。经过城市更新的不少地方，居民生活环境大幅改善，幸福感、获得感、安全感大大提升。

"老旧"不等同于"破败"。抗击重大公共卫生突发事件，我们需要清晰地认识到良好人居环境对防控的重要作用。随着全国重大公共卫生事件防控进入常态化，最大限度消除治理盲点，从根本上解决一些老旧小区长期存在的"脏乱差"问题，本身就是在铲除病毒滋生的土壤。因此，持续抓好城市更新，也是统筹推进重大突发公共卫生事件防控与经

济社会发展工作的重要战略抓手。

改变的是环境，凝聚的是人心。城市更新不是搞形象工程，而是以完善公共设施、改善人居环境为重点，不仅撑了面子，还修了"里子"，以增进老百姓的幸福感为目标。在改造中，不仅实施了绿化、亮化、美化工程，还铺设了供水、排水、排污等设施，使老村"逆生长"出新家园。

（二）增加健康生活公共配套

城市公共配套的重要性不言而喻。完善的公共配套，不只是带来生活上的便捷，更关乎生活其间市民的幸福感。目前，不少旧城镇、旧厂房、旧村庄的城市公共卫生、人居环境、公共服务、市政设施、产业配套等方面仍存在不少短板弱项，综合服务保障能力仍然较弱，离满足人民美好生活需要存在较大差距。城市更新体现民生优先，多举措助力公共配套设施建设，可以更好保障健康生活需要。

（三）提升健康生活空间品质

近年来，随着城市建设步伐不断加快，空间品质建设要求得到加强，但中心城区，特别是老城区，仍存在公共空间规模不足、品质不高等问题，难以满足市民生活需求。做得好的城市更新项目拓展了生活空间、转型升级了业态，同时提高了城市承载力、竞争力，像广州琶洲、深圳大冲等优秀案例，获得社会各界的赞誉认同。

广东已完成的改造项目中，为建设城市基础设施和公益事业项目提供用地 6.2 万亩，新增公共绿地 9234 亩，建设各类保障性住房共计 4.95 万套，通过"三旧"改造保护与修缮传统人文历史建筑 777.06 万平方米。

三、实现健康生活的城市更新发展趋势

20 世纪 90 年代以来，中国逐渐扩大健康城市建设试点范围，截至目前已有 38 个试点。这些试点实践为中国积累了许多宝贵经验，同时也取得了显著成果，2019 年中国人均期望寿命为 76.1 岁，比 2000 年提高了 4.7 岁。现今，一线城市的人口流动问题必须引起高度的重视。一线城市的人口过度集聚和快速流动对城市健康生活是个考量。例如，广东省作为中国常住人口和流动人口第一大省，汇集了中国 8.13% 的常住人口，流动人口总量超过 3400 万人。其中，广州、深圳、东莞和佛山集聚了广东省超过 80% 的流动人口。这一现象使得城市医疗体系结构脆弱，是社区治理的重负。我们的城市更新就要解决这种趋势性的问题。

（一）城市更新规划在编制上将综合考虑人们健康生活的要求

规划上要补足城市规划建设和社会治理不适应的短板。健全完善城市健康体系建设，特别是将公共卫生应急管理体系，纳入更新改造规划内容。提高规划设计标准，增强城市抵御自然灾害能力，甚至在规划上预留应急避难场所。应充分考虑城市公共基础设施和公共安全体系的人口承载力，避免人口过度在核心城市集聚。这就要求适度引导人口向新城区或周边中小型城市疏散，以缓解大型城市中心城区的人口压力。

（二）建设高品质环境，建设高品质住房

随着信息时代的到来，人们生活方式、工作方式发生了很大变化，居家生活办公在将来可能成为常态。城市更新一定要建设高品质的环境，建设适应居家办公的房屋结构。建设智慧城市，适度提供绿色公共空间，预留应急建设空间，构建慢行交通系统，加强环保与污染治理，建设完备小区，满足居民的多元化需求，改善城市人居环境，强化城市防灾减灾能力，从而提高城市整体健康水平，为城市增加"韧性"。

随着时代的更迭，我国正逐渐进入二次城市化时代，城市更新作为二次城市化主要抓手，将为更多城市采用及实施。2019 年中央经济工作会议首次强调了"城市更新"这一概念。会议提出，要加大城市困难群众住房保障工作，加强城市更新和存量住房改造提升，做好城镇老旧小区改造，大力发展租赁住房。城市更新也是建设健康城市的需要。相信不久的将来，人们的城市生活将更加安全健康。

消费振兴 20 条下城市更新的机遇

文/李华[①]

　　2008 年以来全国建设用地供应始终保持高速增长态势并于 2013 年达到用地高峰，2014 年国家调整用地发展战略，对新增建设用地供应实行较为严格的管控制度。广东省从

　　① 李华，广州市城市更新土地整备保障中心副主任。

2018 年起除重点基础设施及民生保障项目外，不再向珠三角地区直接下达新增建设用地指标，实行"以存量换增量""改三奖一"等政策，珠三角地区要获取指标必须通过盘活存量建设用地。广州等城市通过新增土地扩张城市规模的道路越走越窄。加大存量用地盘活，促进土地节约集约成为国内土地供应趋势。城市更新作为存量土地开发重要途径，在解决广州经济发展及产业转型升级带来土地瓶颈问题上起着重要作用，是广州由高速增长阶段转向高质量发展阶段的重要保障。

一、消费振兴与城市更新

投资、消费、出口是拉动经济的三驾马车，受 2020 年罕见的困难影响，消费的重要子行业如餐饮、旅游和汽车等行业皆受重创。在外部环境不确定性加大影响进出口、投资增速放缓且边际效应递减的背景下，促消费扩大内需，提振中国经济越来越成为共识，这对释放内需潜力、推动经济转型、保障和改善民生，都具有十分重要的意义。2019 年，国务院办公厅印发《关于加快发展流通促进商业消费的意见》（以下简称《意见》），提出了20 条稳定消费预期、提振消费信心的政策措施。其中，"活跃夜间商业和假日消费市场"成为重点，未来释放的消费需求也很大，新政的出台为城市更新发展带来新机遇。

夜间商业和市场是实现老城市新活力、释放消费潜力的新举措。通过主要商圈和特色商业街与文化、旅游、休闲等紧密结合，适当延长营业时间，开设深夜营业专区、24 小时便利店和"深夜食堂"等特色餐饮街区。而这一举措需要旧城的更新来打造场所、完善夜间相关配套，提高夜间消费便利度和活跃度。这与《意见》提到的"鼓励经营困难的传统百货店、大型体育场馆、老旧工业厂区等改造为商业综合体、消费体验中心、健身休闲娱乐中心等多功能、综合性新型消费载体""改造提升商业步行街"可以深度结合。

在全域旅游发展背景下，城市周边微度假与乡村振兴相结合，也为乡村旅游发展带来新机遇。尤其是随着国家"带薪休假""2.5 天小长假"等政策推动，会进一步释放旅游消费。《意见》指出要拓宽假日消费空间，鼓励有条件的地方充分利用开放性公共空间，开设节假日步行街、周末大集、休闲文体专区等常态化消费场所，包括特色农村休闲、旅游、观光等消费市场，组织开展特色促消费活动，探索培育专业化经营管理主体。旧村更新的不断深化，为乡村振兴、乡村旅游的发展奠定了良好的基础。围绕乡村旅游在食住行游购娱和配套服务等方面，可为旧村改造提供更多业态发展空间，在改善居民生活环境的同时也能提高其经济收入。

2020 年是"十三五"规划的收官之年，脱贫攻坚迎来大考验。今年，国家发展改革委印发了《消费扶贫助力决战决胜脱贫攻坚 2020 年行动方案》，指出要实施文化旅游提升工程，加大对贫困地区旅游基础设施和服务设施的支持力度，提升交通通达性和游客体验度；鼓励有条件的村庄将人居环境整治与发展休闲农业、乡村旅游相结合。发展乡村旅游是城乡共赢的一种扶贫模式，农村有资源，市民有需求，通过不断的消费，进行物质循环，形成一种内生动力。可以说，随着脱贫攻坚最后关键时刻的到来，乡村振兴将全面起势。

二、消费振兴下的城市更新机遇

城市更新是当下非常热门的一个话题，尤其是在一线城市，亟须通过大规模城市更新来对存量空间资源进行潜力挖掘和优化调整，为城市注入新的活力、为产业提供发展空间，让城市发展方式由外延式扩张向内涵式增长转变。欧美等发达国家早在上百年前就完成了大规模的房地产开发，进入到存量资产阶段，更新、运营和改造是房地产行业重要的市场之一。对中国而言，城市经济有大量的存量资产还没有发挥其价值，未来机会很大。

（一）城市更新上升到国家政策层面

2019 年 12 月中央经济工作会议首次强调了"城市更新"这一概念：提出加强城市更新和存量住房改造提升，做好城镇老旧小区改造，大力发展租赁住房。近日发布的《国务院关于构建更加完善的要素市场化配置体制机制的意见》指出，要充分运用市场机制盘活存量土地和低效用地，建立健全城乡统一的建设用地市场，完善城乡建设用地增减挂钩政策，为乡村振兴和城乡融合发展提供土地要素保障。国家发展改革委印发的《2020 年新型城镇化建设和城乡融合发展重点任务》提到，加快实施以促进人的城镇化为核心、提高质量为导向的新型城镇化战略；要加快推进城市更新，老旧小区、老旧厂区、老旧街区、城中村。当前，广州市委市政府正全面贯彻落实习总书记视察广东重要讲话精神，创新城市更新工作思路，以城市更新为核心抓手，加快推进九项重点工作，推进"四个出新出彩"实现老城市新活力的发展目标。可以说，城市更新已经成为一种新常态，未来城市更新将大规模、规范化铺开，这既是新时代激发城市创造力和市场活力的主要手段，也是未来广州可持续发展的主要方向。

（二）户籍制度改革带动消费升级

《2020 年新型城镇化建设和城乡融合发展重点任务》指出要提高农业转移人口市民化质量：推动城区常住人口 300 万以上城市基本取消重点人群落户限制，推动城区常住人口 300 万以上城市基本取消重点人群落户限制；《国务院关于构建更加完善的要素市场化配置体制机制的意见》指出要深化户籍制度改革：推动超大、特大城市调整完善积分落户政策；探索推动在长三角、珠三角等城市群率先实现户籍准入年限同城化累计互认；放开放宽除个别超大城市外的城市落户限制，试行以经常居住地登记户口制度。大中城市就业机会多、收入高，户籍背后的公共服务好，能够大量吸引农村人口进入大中城市。作为一线城市的广州，如何把握户籍制度改革所带来的发展机遇成为城市管理者需要重要考虑的问题。可以通过城市更新工作来保障新居民的住房权利和享受教育、医疗、出行、消费等城市服务，尤其是中心城区的住房和公共服务保障。

（三）城市更新工作走向常态化、系统化和制度化

城市更新时代的来临，无疑向城市管理提出了新的和前所未有的挑战。在国土空间规划体系框架下，城市更新相关法律法规将进一步健全，建立起贯穿国家—地方—城市层面的城市更新政策体系。同时，政府加大统筹力度，通过土地整备、片区统筹、棚户区改造等多种存量开发实施手段，构建丰富多样的城市更新方式。通过城市更新理论、制度、技术和方法等的创新，使城市更新工作走向常态化、系统化和制度化。在大力提倡消费振兴的当下，完善的政策体系和多元的更新模式对推进城市更新来说既是挑战又是机遇。

（四）城市更新是对消费振兴背景下人们生活模式的更新

我国社会的主要矛盾已转变为"人民日益增长的美好生活需要和不平衡不充分的发展之间的矛盾"。这对国家各个方面、各个行业的工作提出了新的要求，使各行各业的发展有了新的取向。在即将来临的"十四五"期间，城市更新将大概率成为"十四五"的重要发展方向。面对新形势，城市更新也需要创新求变，细分领域，加快转型升级步伐。新时代的城市更新不仅仅是房地产，更是对消费振兴背景下人们生活模式的更新。总的来说，有以下几方面可以参考：

首先，城市更新与特色地产融合。将文化创意、养老服务、创新办公、长租公寓、文化旅游等特色地产项目的改造运营与城市更新联系在一起，把促进产业升级、提升项目核心竞争力和形成特色经营管理之道结合起来，从多方面实现城市更新的目标。

其次，城乡融合。顺应商业变革和消费升级趋势，充分发挥发达的流通体系，结合乡村综合整治和土地整备等更新方式，探索城市周边旅游发展，培育特色农村休闲、旅游、观光等消费市场，实现乡村振兴发展。积极响应国家乡村振兴发展战略，由城市建设者向城乡更新综合服务商发展。

最后，推动城市公共运营服务发展。随着城市的发展和人口的增加，现有的城市基础配套和公共服务很难满足人民日益增长的美好生活需要。《国务院关于构建更加完善的要素市场化配置体制机制的意见》提出要"扩大国有土地有偿使用范围"，其扩大范围重点为公共服务项目用地由无偿划拨方式调整为有偿使用的协议出让或租赁方式供应。可以看出在土地供应体系中，未来可能会探索公益性、非营利性用地等以有偿方式供应，未来公共服务用地将更加市场化。通过城市更新鼓励市场积极参与、创新商业模式，可以很好地解决公共住房、教育、医疗等配套不足的问题。

广州市城市更新发展方向的探讨

文/陈琦[①]

　　作为一名从事广州城市更新时间不长、服务城市更新具体技术工作的从业者，我受邀写点自己工作的心得体会，深感荣幸。我觉得这个行业有多年参与制定政策的政府官员，

　　① 陈琦，广州市城市更新协会秘书长、广州市城市更新规划研究院总工程师。

也有多年奋斗在项目一线，从事法律、评估或相关行业的从业人员，他们对于这个行业的发展应该比我的认识更加深刻和精准。但是我想，每个人岗位不同，体会可能也不一样，有机会把自己工作的点滴体会分享给大家，不管这些对还是不对，拿出来讨论还是可以的。毕竟愿意花时间写，说明内心还是希望能为行业做一点贡献。另外，既然是自己的心得体会，我觉得把我心里的真实感受写出来就可以了，不必非得按照"八股文"的格式去写（特别说明的是文中有些数据只是个大概，并非不负责任，只是觉得如果一个个认真去核对、提供精确的数据的话，反而不一定合适）。

一、对城市更新发展阶段的认识

从"三旧"改造到城市更新，再到国家层面出台存量建设用地再开发的相关政策，政府对于存量土地的开发一直在探索中前行。我们通常将广州城市更新的演变历程归纳为四个阶段：2009年前的初步探索阶段（以零散危破房改造为主）、2009年至2014年的"三旧"改造阶段、2015年至2018年的"城市系统和谐更新"阶段、2019年以后的"战略引领和有序推进"阶段。每个阶段的特点、政府出台的相关文件大家应该非常熟悉，我也不再做赘述。

就目前而言：首先，城市更新是一项创新的工作，从大的方面来说，城市更新体现了"五大发展理念"：一是创新发展，探索存量用地开发新路径；二是协调发展，促进城乡建设一体化；三是绿色发展，保障资源环境的可持续性；四是开放发展，推动改造方式多元化，创新形式多样的"三旧"改造模式；五是共享发展，合作共赢，通过"三旧"改造搭建利益共享平台，充分保障各方权益。

其次，城市更新工作在实践过程中有一种"在夹缝中求生存"的感觉，地方政府为了该项工作制订了一系列的政策文件，但是在操作层面，很多方面寻求不到国家上位法律的支持，甚至受国家上位法律的制约。

最后，城市更新具体工作涉及发改、土地、规划、法律、税收、产业等，各部门针对这项创新工作的支持力度、政策创新力度都需要进一步加强。

谈到城市更新，这几年确实很火。每每聊起来，大家抱怨也挺多的，比如抱怨审批时间长、部门之间合力不够、市区政府之间认识有差别、村民利益诉求太大导致拆迁难、用地报批操作起来难（哪怕是因为转坐标导致有一点误差也会影响进度）……但是抱怨归抱怨，这几年大的开发企业都相继成立了专门的城市更新机构（集团或中心），企业高层领导普遍认识到，在广州这样的一线城市，城市更新是挖潜存量土地的未来发展方向，大家都不愿意错过这一轮存量土地黄金时期。

二、广州城市更新现状情况的认识

目前广州城市更新有几个板块：社会资本投入的主要是旧村全面改造，国有旧厂或村级工业园的改造提升，针对有特色的名镇、名村植入产业开展的乡村振兴（这个跟政府媒体公开的说法有些区别）；政府投入的主要是 2015 年以来开展至今的广州特色老旧小区微改造。对于市场主体，本人觉得有几个初步的数据需要考虑：

（1）从 2009 年至今，过去的十年，广州已经全面改造成功的村有 9 条，包括琶洲、杨箕、猎德、林和等；

（2）目前广州已经批复实施方案的旧村有 56 条，每条村复建村民住宅、复建集体物业、复建融资住宅或商业物业都有一个具体数字的建设量；

（3）据相关机构或媒体初步统计 2018～2019 年通过公共资源交易平台选择了合作企业的村有 30 多条；

（4）纳入 2015～2018 城市更新年度计划、2019～2021 城市更新三年行动计划的村基本也都纳入了城市更新项目库（其中包括部分综合整治类的村）。

为什么强调上述几个数字呢？大家可以回顾一下广东省政府 2009 年 8 月 25 日出台的《关于推进"三旧"改造促进节约集约用地的若干意见》（粤府〔2009〕78 号），这份文件出台后广东省各地级市相继出台相关政策文件，但是在操作层面都不尽相同，这是由每个地级市的经济发展情况、对于土地财政的依赖程度不同所决定的。

在 2012 年前后广州对市场参与"三旧"改造工作进行了约束，直至 2015 年广州市城市更新局成立，出台"1+3"配套文件……政府在推进城市更新改造（特别是旧村全面改造）工作时一定会兼顾政府主导的土地出让工作，力求在两项工作的节奏间寻求一种平衡。

基于上述，就不难理解广州为什么要开展"城市更新项目储备库"的建设工作。政府认为通过 2017～2019 年的发展，广州旧村全面改造有些四面开花，中心区域的改造反而进展迟缓不理想，需求没那么迫切的外围区域各市场主体反而更引人关注。所以广州需要加强旧村全面改造的管控，引导地方政府和社会主体，集中精力将中心城区环境"脏乱差"、与城市发展格格不入的村改造好，避免广州"远看是座城，近看像个村"。2019 年市住房和城乡建设局针对旧村全面改造建立了基础数据调查库和核查库：第一，要求新开展的旧村全面改造项目纳入项目储备库，入库后基础数据调查资金要求由政府预算安排；第二，通过摇珠选择调查单位和核查单位。结合以上分析，有必要提醒相关市场主体，目前没有纳入项目储备库的旧村全面改造项目要不要改，值不值得近期投入资金？需要企业慎重考虑。

三、广州城市更新未来方向的看法

老城区多元化的人群和高密度、小尺度的街巷空间是广州重要的城市竞争力和吸引力。项目遍地开花、过度发展外围会导致城市中心地区各类要素的分流，降低核心区的发展动力，没有动力之下的老城区就会衰退。从政府管控的角度来看，要落实国土空间规划发展战略、保持中心城区活力就必然要实行区域差异化更新策略，以旧村改造为例，城市中重点功能区内的旧村以全面改造方式为主，非重点功能区的旧村以微改造方式为主，城郊与生态保护区的旧村以综合整治、打造特色小镇为主，历史文化名镇名村及岭南乡村建筑较集中的旧村要注重保护与活化利用。

（一）响应中央经济工作会议的精神，围绕广州"老城市·新活力"做文章

看一个行业未来的发展方向，一定要看中央通过领导人活动、会议精神释放出来的政策方向。2018 年 10 月 24 日下午，习近平总书记来到广州市荔湾区西关历史文化街区永庆坊，沿街察看旧城改造、历史文化建筑修缮保护情况，并走进粤剧艺术博物馆了解粤剧艺术传承和保护情况。党中央、国务院高度重视城镇老旧小区改造工作：李克强总理在 2019 年《政府工作报告》中指出"城镇老旧小区量大面广，要大力进行改造提升"；2019 年中央层面多次部署推进城镇老旧小区改造，12 月 10 日至 12 日的中央经济工作会议首次强调"城市更新"这一概念：提出加强城市更新和存量住房改造提升，做好城镇老旧小区改造，大力发展租赁住房；12 月 17 日，中共中央政治局常委、国务院副总理韩正在住房城乡建设部召开的座谈会上表示，要以城市更新为契机做好老旧小区改造，指导各地因地制宜开

展工作，尊重群众意愿，满足居民实际需求。2020 年 4 月 17 日，中央政治局会议明确，要积极扩大国内需求："积极扩大有效投资，实施老旧小区改造，加强传统基础设施和新型基础设施投资……"

广州是最早进入城市更新领域的城市之一。从 2009 年在全国率先开展"三旧"改造试点至今，广州已有 10 余年城市更新经验。2016 年创造性提出"微改造"的城市更新模式，放弃大拆大建，改为循序渐进的修复、活化、培育；2017 年广州入选住建部全国老旧小区改造试点城市，探索形成广州经验和广州模式，得到国家住建部的认可并在全国推广。但目前广州老旧小区微改造主要是财政投入，这一方式不可持续，且存在公共财政公平性的问题。

广州旧城全面改造还在探索阶段，《广州市人民政府办公厅关于印发广州市深入推进城市更新工作实施细则的通知》（穗府办规〔2019〕5 号）第（十七）条有指导性的条款："旧城连片改造项目，经改造范围内 90% 以上住户（或权属人）表决同意，在确定开发建设的前提下，由政府（广州空港经济区管委会）作为征收主体，将拆迁工作及拟改造土地的使用权一并通过招标等方式确定改造主体（土地使用权人），待完成拆迁补偿后，与改造主体签订土地使用权出让合同。"目前广州也在学习上海等地的经验，由市住房和城乡建设局牵头制定"中改造"的相关政策和流程，引导国企作为参与主体开展"中改造"（类似旧城全面改造）相关工作。当然，目前已有一些市场主体已经参与到这项具体工作中了，能否吃到"头啖汤"还有待观察。要实现老城市新活力，仅靠政府投资的微改造远远不够，政府势必要通过政策引导更多的市场主体参与到旧城区的改造建设当中来。我觉得围绕广州"老城市·新活力"做文章，是广州城市更新从业者应该关注的一个方向。

（二）旧村全面改造近期见效与远期储备要采取不同的企业发展战略

根据本人从事广州城市更新基础数据调查和规划策划的职场感受，2015 年 12 月 1 日《广州市城市更新办法》（广州市人民政府令第 134 号）及 2015 年 12 月 11 日《广州市人民政府办公厅关于印发广州市城市更新办法配套文件的通知》（穗府办〔2015〕56 号）出台后，市场主体除对旧厂（包括村级工业园）改造表现兴趣外，对于旧村全面改造大多仍在观望。直至 2017 年 6 月 5 日《广州市人民政府关于提升城市更新水平促进节约集约用地的实施意见》（穗府规〔2017〕6 号）文件的出台，市场主体表现了积极的响应。首波企业关注的旧村大多是交通区位优良、不存在土规规模和指标限制的问题（因为如果涉及调整土地利用总体规划，调整程序会花费比较长的时间；另外地方政府在农转用指标本身就比较紧张的情况下，腾出指标用于旧村全面改造也是非常困难的事情）。经过 2017 年至 2018 年的"跑马圈地"，很多大的房企意识到之后广州旧村全面改造的机会，已经只剩下地段比较边远，且需要政府在用地上给规模或给指标才能平衡的旧村了。所以我个人的建议是企业如果需要在广州旧村全面改造方面尽快取得成效，且在第一轮没有选择到条件比较好的村，不妨从政府已批的 56 条村和目前已经通过公共资源交易平台选择了合作企业的村去寻找合作的机会。目前没有纳入城市更新项目库的村，建议谨慎投入，实在要投入也是为企业的长期发展做储备，很难马上见效。

（三）通过科技回归、文化复兴促进中心区旧城、旧厂或村级工业园改造提升

首先我在这里引用中国城市发展智库"华高莱斯"的创始人李忠先生的观点：在知识经济时代，构成城市发展的三大要素：产业、城市、人才，三者之间的关系较之以往发生颠覆性的变化。在以往的城市发展逻辑中，起步是产业招商，招来企业并吸引到足够多的产业工人之后，再开始建设生活配套，慢慢地变成一个城市也即"旧地理"的"产—人—城"的城市发展模式。知识经济时代，逻辑变成了"城—人—产"，先把城市塑造成为非常宜居的城市，它能吸引来许多优质的人才，而优质的人才将来又能带动很多优质的产业。"哪里更宜居，知识分子就选择在哪里居住；知识分子选择在哪里居住，人类的智慧就在哪里聚集；人类的智慧在哪里聚集，最终人类的财富也会在哪里汇聚。"

知识经济时代，城市发展的逻辑变化了之后，大家就可以很容易地理解为什么全国各地都在制定"抢人落户"的优惠政策。很显然城市发展的逻辑变化后，我们城市更新的思维是否应该跟着变化？城市更新的目标应该转为如何建设更加美好宜居的城市环境、吸引优秀人才在城市聚集？产业如何做到聚集（聚集产生规模效应）？目前，广州的城市更新工作重点关注如何重塑存量的老旧空间，对于软环境的建设关注不够。通过科技回归、文化复兴促进中心区旧城、旧厂改造提升也是一种城市更新很好的途径。

2019 年本人也有幸接触了从事城市更新基金的从业者，在他们眼里，所谓的城市更新可能仅仅是城市中心区里面的旧厂升级改造（比如改为创意产业园等），从基金管理的角度来说，他们对于广州旧村全面改造之类的项目融资参与仍比较谨慎。

四、广州旧村全面改造实操方面的一些体会建议

（一）旧村全面改造要注意"两个联动"

作为市场主体比较关注的旧村全面改造项目，按照广州目前制度设计的逻辑，要基于翔实的基础数据调查，编制片区策划方案（包括成本核算和一些专项评估），再由下而上反推改造地块各项规划指标。因此，前期基础数据调查和方案编制两项基础工作需要做得非常扎实，否则，会给项目的后续推进埋下很多隐患。通过这几年的实践，本人觉得在这几项技术工作中，要注意两大联动促进项目转化落地：一是旧村全面改造过程中基础数据与方案编制联动；二是规划方案编制与城市设计、建筑设计联动服务。我很遗憾，也很不解的一点是，很多企业在具体开展工作的过程中，选择服务团队往往基于一些特有的关系，选择的都不是最懂政策、经验最丰富的团队，导致工程实施起来不是拖时间就是给后面埋隐患。

（二）企业要建立合理的绩效考核体制机制

大家都知道，旧村全面改造项目一般周期都比较长，一个项目少则需要花费 6～7 年，多则十几年。上面也说了，前期基础数据调查和方案编制两项基础工作需要做得非常扎实。作为企业的最高决策者，需要建立一套完善的机制去评价项目能否顺利落地，不能只针对工作的某些节点进行考核，这样很可能会导致前期人员只想怎样完成基础数据调查，怎样确保片区策划方案通过。等方案批了之后，前期工作人员绩效奖金已经拿到了，后期项目能否顺利实施已经不关他们什么事情了。这样就会为后面的具体实施工作埋下诸多隐患，有些因素对项目能否顺利开展还是致命性的。这样的案例现实中确实也比较多，项目最高决策者一定要注意。

广州城市更新，助推产业转型创新

文/江浩[①]

一路摇摆，进入常态。

这八个字，是对广州过去十年城市更新的总结。它经历了以下四个阶段：

① 江浩，广州现代城市更新产业发展中心（GRID）执行院长。

第一阶段（2008～2012 年）：先试先行需求爆发。

拆除重建的房产开发思维；对产业导入与运营关注较少。

第二阶段（2012～2015 年）：应储尽储自改受抑。

土地收储、连片改造；"腾笼换鸟"产业转型升级。

第三阶段（2015～2018 年）：适度放开重视产业。

全面改造＋微改造；支持产业转型升级高端化发展。

第四阶段（2018 年至今）：产城融合常态更新。

城市更新与产业升级互促有序共进；城产人文融合发展。

目前，基于产城融合的大背景，我认为产业转型升级是推动城市更新的原动力，国内大多数一线城市已进入存量优化发展阶段。

其中，粤港澳大湾区是继"一带一路"之后又一项举世瞩目的国家战略，其发展强调城市更新与产业转型协同融合以及双向需求匹配。

可以看到，粤港澳大湾区"9＋2"城市的城市更新与产业协同融合将带来巨大的新动能，城市重新定位分工，产业转移集聚，大量产业需求将倒逼和推动空间优化调整再造，粤港澳大湾区正在经历一场由产业内容推动空间形态更新的供给侧改革。"老字号新品牌、老环境新场景、老建筑新功能、老体系新管理"，让年轻人爱回老城。

广州作为千年商都，如今面临着以下状况：

（1）有供给、有需求、有政策、有趋势、有企业，广州正在全面进入产业时代。

（2）广州各区产业特色格局正在形成：越秀荔湾聚文化，海珠聚创意，天河聚商，黄埔聚智，白云聚货，番禺聚人，南沙聚创新。

（3）广州产业发展有基础，市场需求强活跃度高，但集约度低显示度差，正处于新旧产能转换的转型期，需要加强"四新经济"市场化，推动传统和新兴产业的有机融合。

（4）广州产业发展要摆脱传统路径依赖，既要推动传统产业转型升级，又要积极对接吸引飞来产业，提高产业丰富度、显示度。

如何让广州这座老城市实现新活力？首先，要做到以下三点：

（1）每个城市都应结合自身的发展历程与产业特征制定城市更新特色战略，老广州的甦式有机更新鼓励适度拆建，强调功能转换，是实现老城市新活力的重要路径。

（2）甦，一点一点地复活，发生改变。广州作为千年商都，需要绣花功夫激发新活力，通过这些微改造，从局部到区域、从空间改造到人的改造，一点点改变，老城才不失传统优雅，而又富有生机活力。

（3）街区活化物业盘活，让年轻人爱回老城是老城市出新活力的关键，推动老字号新品牌、老环境新场景、老建筑新功能、老体系新管理，老广州没有老！不怕老！

实际上，实现老城市新活力，是总书记交给广州的重要政治任务，是广州当前和今后一个时期的头等大事。

早在 2018 年 10 月，习近平总书记在视察广东时，要求广州实现老城市新活力，在综合城市功能、城市文化综合实力、现代服务业、现代化国际化营商环境方面出新出彩。

"机"在何方？广州等不起慢不得。我们不妨从已公布的《粤港澳大湾区发展规划纲要》，找到广州发展的前进方向。

一、广州新活力的核心是要破解当下老城空心化困局

虽然老城区文化灿烂，科教文卫资源丰富，但随着广州过去粗放式、扩张式发展，不断地开辟新城区，使得老城区目前正面临"空心化"的困局，具体表现在以下三方面：

（一）发展环境老旧化，城市机能急需修补

在广州城市化进程中，由于现代都市中心的转移，老城区发展日渐放缓，基础设施陈旧，城市环境老化，区内配套老旧无法匹配发展需求，面临着交通治理待优化、城市面貌待改善等问题。如，因为人口密度大导致原有基础设施长期超负荷运转，变得老旧而又更新滞后，由于后期不适当的修建，区内新老建筑交错，导致空间混乱，许多旧房老化问题严重；公共环境空间匮乏，绿地狭小不足；区内公共服务设施、消除体系、给排水、电力、电信等市政配套设施亟待完善，居民居住条件亟待提升。

（二）人才固化老龄化，发展急需智慧活力

广州虽有大量高校和科研机构资源，但受传统科研机制束缚，研发和生产两张皮现象严重。2016 年《中国城市创新指数》排名显示，广州创新指数排名全国第七。且将有限资源过多投入传统行业，是阻碍广州创新发展的重要原因。

近年来广州人才引入呈疲软态势，在 2017 年城市年轻指数及人才净流入率等方面，广州排名均靠后，且整体呈现人口老龄化和高龄化特征，老年人口比重达 17.8%，预计还将以 5% 的速度增长，增速高于全国平均水平。

（三）传统产业路径依赖严重，发展急需创新升级

从历史上看，广州是一个港口型"重商"城市，拥有大量活跃民间资本和商业经济

体，但这些产业市场原生性强，绝大多数是民营经济，关联度不高，品牌度不强，一直以来呈现出"高度分散低度整合，星星多月亮少"的碎片化状态。如，在荔湾 62.4 平方千米土地上，聚集了超过 200 家专业市场，涉及水产、茶叶、鞋业……虽然各个市场活跃度高，但交易方式较落后，且占用了大量土地资源，利用率也很低，很可能上十个批发市场的产值和税收还不如一家占地面积很小的五星级酒店。虽然第二产业已形成汽车、电子、石化三大支柱产业，工业总产值位居全国前列，但高技术制造业、科技服务业、信息服务业规模较小，新引进的 IAB 产业项目多处在建设初期，加之受土地资源紧张、土地政策不灵活的约束，广州短时期内缺乏新兴产业实体企业、大量研发生产配套和人才保障，以及作为助推器的科创企业和金融企业的大资本支撑。

二、"抓人才，抓服务，抓显示，抓集聚"是保障老城市出新活力的手段

老城市出新活力，要聚焦，要倒逼，要显示，要带动，建议多"抓人才，抓服务，抓显示，抓集聚"。通过一批永庆坊项目把年轻人请回来，并引入大量"不要地，要市场，小载体，大平台"的高端人才、资源和机构，保障活力。

（一）抓人才

依托中科院等"大院大所"集聚国家院士、骨干、青年学者等，以设大咖工作室、重点实验室等形式发展。同时，依托中心老城区完善的教育、医疗、交通、居住等配套及厚重文化历史和归属感，吸引海内外优秀人才。

（二）抓服务

老城区载体有限，只能通过更新做内容，还要减量提质做内容，可以不求全、不求大，但求精、求高端，服务业开放是大势所趋。一是依托粤港澳大湾区建设机遇，提前谋划，做好与香港在智慧政务、精准医疗、高端服务、检验检测等方面的资源对接。学习引进其高端服务的模式、标准、规模等。二是结合实际打造科创飞源。三是建设共享技术转化服务平台、组建技术地，争做科创试验田或示范区，对接国外优质资源联盟、产业联盟等，支持科技类行业协会发展，推动老城区传统产业转型升级。

（三） 抓显示

从目前广州整体发展格局来看，各区发展特色已经凸显：白云聚货，番禺聚人，天河聚商，黄埔聚智，海珠聚创意，荔湾越秀聚文化，等等。老城区在注重区域产业差异化发展时，也应重点提高区域特色产业显示度、区域文商旅结合度和服务专业度。如，荔湾作为广佛同城建设的前沿和主阵地，建议抓住"1+4"广佛高质量发展融合试验区建设机遇，重视高端服务，与其他区做好差异选择，不要一味提 IAB、NEM（战略性新兴产业）。一方面引导现有专业市场升级做一些智慧商贸、交易中心，另一方面基于其悠久的西关文化、水秀花香茶香等现状特色，结合文创、大健康等有基础、有发展潜力的产业继续做大做强。

（四） 抓集聚

积极构建区域产业生态集群，摆脱靠土地和载体招商的传统模式，打造科技谷和人才谷形成特色行业（科技+教育、医疗等传统优势行业）集群效应和吸引力中心，推动低端物业高端化、专业市场做孵化，实现市场在外、研发和驱动力在内。支持龙头企业建设价值创新园，通过一两家龙头企业带动一堆有生命力的中小企业抱团发展，如，越秀可想方设法做大中科院的生态关系谷，通过设大咖工作室和实验室，把教育和医疗行业的配套保障体系和科技结合体系做出来。

三、老城市出新活力要让年轻人多回广州

新活力是指要多一些年轻人的活力，要吸引更多年轻人回老城工作、消费、生活。老城市有历史积淀，有文化传承，但是不能故步自封谈保育，不能束之高阁不改造。要结合新时代、新发展、新需求，通过抓人才，抓服务，抓显示，抓集聚等手段，实现城市更新和产业转型的高度互动，让老城区真正焕发新活力。

"城市更新与城市未来发展趋势"
高峰论坛成功举办

　　2019 年 11 月 5 日，在中国房地产业协会、广东省房地产行业协会、广东省旧城镇旧厂房旧村庄改造协会、广州市城市更新协会、广州市地方志学会指导及中国科学院广州化学研究所合作下，由乐居与广州市房地产行业协会联合主办的"城市更新与城市未来发展趋势"高峰论坛在广州隆重举行！

"城市更新与城市未来发展趋势"高峰论坛现场

"城市更新与城市未来发展趋势"高峰论坛现场（续）

本次峰会旨在探索和记录中国新时代下的城市焕新之路，展现筑造未来城市的革新力量！峰会邀请到政府部门领导、行业专家、学术与研究机构专家、企业高管等200多位嘉宾亲临现场，共同探索和展望城市未来发展趋势，助力城市更新健康可持续发展。

前瞻：赋能城市新生　走向高质量发展

目前，中国经济转型正由高速度转向高质量，这也要求城市更新发展趋势与之相吻合，走向更具内涵的高质量发展道路，为人民的美好生活贡献更多力量。

在本次峰会上，中国房地产业协会会长、原住房和城乡建设部总经济师冯俊指出，目前城市更新话题引发公众关注主要有三大原因，同时也面临着七个问题，还需要花时间和精力去解决。

他认为，在追求城市建设或者满足视觉需要时，不能忽视人文核心本质美和人对心灵的需要。同时，在城市发展当中还要关注生态环境、健康保障、人际关系、城市风貌、公共参与等各个方面。

中国房地产业协会会长、原住房和城乡建设部总经济师　冯俊

广州市房地产行业协会执行会长陆毅表示，粤港澳大湾区的广州、深圳，新增土地供应量逐步紧缩，开发商现在获取土地资源越来越艰难，存量土地改造和升级迫在眉睫。但他坚信，中国房地产是在不同环境下茁壮成长的。

广州市房地产行业协会执行会长　陆毅

　　乐居控股有限公司首席执行官贺寅宇说道，在城市化进程中，原来的粗放式经营逐渐转向精细化经营，整个房地产行业也在发生剧烈变化，增量市场方兴未艾，存量市场呼之欲出。在这样的背景下，房企如何与城市发展结合，实现高质量发展，成为这个时代的一个重要课题。

乐居控股有限公司首席执行官　贺寅宇

　　他强调，乐居作为房地产行业的一家媒体平台，希望在产业升级换代的重要时期，继续扮演好媒体角色，也希望能够联合跟城市相关的各方资源力量，搭好舞台讲好中国经济发展、中国城市发展和中国城市更新的故事。

对话：留住城市记忆　连接文化传承

　　在峰会现场，联合国国际生态生命安全科学院院士陈祥福作"经济全球化，城市建设高层化：探索未来建筑发展走势"的主题演讲。他指出，未来建筑发展拥有两个走势，一是向高层空间发展，二是向地下空间发展。

他提出中国城市建设未来发展走势：首先为总体规划，从城市规划到统筹城乡规划，涵盖振兴乡村，不局限于城市；其次为城市化率，他建议城市化率发展到一定程度可以适当降速；最后为新农村建设、城镇化建设、新型城镇化建设、小城镇建设，探索各种不同的城镇发展模式。

联合国—国际生态生命安全科学院院士、国际生态安全合作组织首席科学家、
中国城市建设理事会理事长、中科院广州化学西部研究院首席科学家　陈祥福

台湾房地产政策研究学院秘书长、复旦大学地产运营研究所原所长、资深房地产研究学者蔡为民则以"城市更新的台湾经验"为例，从台湾城市更新的缘起与内涵、标志性事件及其产生的影响、相关条例的发起与修订等多方面进行剖析和解读，希望能为大陆城市更新提供相应借鉴。

在他看来，土地越卖越少、房屋越盖越多，城市更新是存量时代下的必然产物，但"存量改造"的难度远超"增量开发"，更新改造的内容和过程极为复杂。由此他认为，规划贴近、正向引导，满足多数原住户之所需、所思、所想，会更有利于城市更新的推进。

台湾房地产政策研究学院秘书长、复旦大学地产运营
研究所原所长、资深房地产研究学者　蔡为民

观点：倾听城市新声　探寻发展机遇

本次峰会还邀请到多位大咖，他们来自不同领域，有着不同的身份，或服务地产媒体，或深耕地产开发，或潜心旧改多年，或专研城市发展……峰会现场，大咖们从自身领域出发，思想碰撞，观点交锋，对城市更新与城市未来发展趋势进行深入探讨。

针对中国城市更新经历的主要阶段和发生的显要变化，广东省土地整治中心班子成员、广东省旧城镇旧厂房旧村庄改造协会秘书长庾来顺表示，在计划经济时代，城市的发展建设功能，主要以满足人们最基本的生活需求为主要目标；改革开放后，中国城市建设进入飞速发展时期，城市不断向外围拓展，与此同时，老旧小区的改造需求凸显。

他认为，目前中国房地产市场已进入存量时代，城市更新将促进居民生活更加美好。

中国城市更新历经不同阶段发展至今实属不易。广州现代城市更新产业发展中心执行院长、高级城市规划师江浩认为，城市更新最大难处是如何平衡各方利益，以及在这过程中，政府扮演着怎样的角色。

广东省土地整治中心班子成员、广东省旧城镇旧厂房旧村庄改造协会秘书长　庾来顺

在江浩看来，在城市更新发展过程中，政府、社群和企业三者应达到多赢的局面。只有把各方利益都考虑到，才能推动城市更新。

广州现代城市更新产业发展中心执行院长、高级城市规划师　江浩

　　土地资源对实现城市可持续发展至关重要，然而在城市更新过程中，土壤污染问题成为亟待解决的一大障碍。广州市人民政府参事、华南理工大学环境与能源学院副教授潘伟斌，呼吁参与城市更新土地再开发利用的相关企业、研究人员引起关注，提前介入土地的前期调查、评测、修复等工作。在他看来，要达到城市更新目标，不能避开的一个核心内容是以人为本。

广州市人民政府参事、华南理工大学环境与能源学院副教授　潘伟斌

　　在未来城市更新发展过程中，可谓是机遇与挑战并存。星河华南城市更新集团规划报批中心总监冯正汉说，城市的未来就是更新，更新是永恒的主题，发展成熟的城市一样会有更新重建。同时，作为企业来说，对美好生活的提供就是企业赢得未来的保证。

　　乐居控股有限公司副总裁王合群也表示，城市更新是企业未来寻求有序发展的重要渠道，城市更新未来市场具有很大空间，而广州作为千年商都，未来肯定会面临城市建筑、老旧城区等方面的更新改造，通过城市更新，广州必然会焕发崭新活力。

星河华南城市更新集团规划报批中心总监　冯正汉

乐居控股有限公司副总裁　王合群

城市更新将成为城市发展新增长点

文/冯俊[①]

当前，我国经济社会的发展正处于非常关键的转型时期，发展模式由投资拉动转向消费拉动，经济增长正逐步从依靠第二产业向第三产业转移。

转型期间，城市空间布局需重新构建，与新型产业发展相适应。另外，人们的生活方式和要素也在发生着变化，以满足人们对美好生活的需要。

而我们的城市在近几十年的发展过程当中，基于原来对经济社会构思、城市要素、居住生活环境和健康表现条件，都不能适应现在全新需要。

然而，在城市规模有限的背景下，我国大城市已从增量时代进入存量时代，这也意味着，城市更新将成为城市发展的新增长点。

城市更新是正在开展的重要城市建设内容，早期城市建设缺乏前瞻性，新经济快速发展、人民收入的提高对幸福追求发生的变化等，都成为了推动城市更新的动力引擎。

因此，城市更新成为各界广泛关注的热门话题，主要有三大因素。另外，推进过程中也存在七点思考，还需要花费时间和精力去解决。

首先，来谈谈近些年，屡屡导致城市更新引发热议的原因：

第一个原因，由于人的认知局限性对未来的预见能力不足，原来的城市设施建设与现有的需求不相适应了，需要改变现有的建设格局。

第二个原因，在经济发展当中，新的经济增长动力逐渐在替代旧的动力，这就要求城市的资源配置、空间布局能够适应增长的动力的转换或者替代，为未来城市的增长能力提供合适的空间。

---

① 冯俊，中国房地产业协会会长、原住房和城乡建设部总经济师。

第三个原因，随着生活水平的提高，人们对生活的追求内涵发生了变化，对城市的生态环境、保障安全和健康能力的要求，都今非昔比，且还处于不断提高的过程当中。我们的城市要能够满足不断增长的需要。

城市更新需要做什么呢？这有许多方面的内容需要研究，比如在追求城市建设或者满足视觉需要的时候，实际上忽视了人文核心的本质美，或者忽视了人对心灵的需要。所以，我提七点思考供大家一起探讨。

第一点思考：要从更大的地域范围考虑自然的配置和空间布局。城市的发展已经不是单个城市孤立的发展了，城市群是当前城市发展的突出表现，城市间的联系，城市间资源效益和要素效益的相互作用或者触觉就变得十分重要了。尤其在珠三角地区、粤港澳大湾区，这种情况显得更为突出了。

第二点思考：充分考虑就业的因素。人到城市干什么，当然是为了工作。新型城市功能定位为休闲养老，也得有人服务，没有人服务，养老休闲也无法进行。就业问题涉及产业构架，包括产业今后发展，应该是充分就业。不仅仅是就业机会，还有人的择业偏好满足，就业能力适应性，与人的劳动贡献相适应报酬等。

第三点思考：在城市空间布局上，就业岗位与居住要尽可能合理配置，或者说考虑通勤的问题。现在城市越来越大，人在上下班路上时间消耗越来越长，意味着生命有效时间被缩短了。那么我们的建设或者我们未来的城市发展能否为人的居住地点的适配性、提高人的生命时间的效率做点事情。

第四点思考：确保安全。不是社会治安带来的安全，我讲的安全是消除城市基础设施对人的行为的不安全因素。有个北大教授在演讲中提到："40年来我们建设了许多城市，但危险也随之而来"，这话虽然有点耸人听闻，但是城市里面确实有不少的安全隐患。城市建设的美观很重要，但是对人的安全保障更重要。城市的发展要坚持以人为本的理念，安全是人最基本的需要。在马路上，家里，小区里面，到处都可以碰到不安全的因素。

第五点思考：要有充分、平等、开放的公共服务。城市更新有一个重要的作用是改善公共服务，增加公共服务的提供能力。作为城市建设来说，要提供足够的公共服务设施。但是建设足够多的公共服务设施，是否可以认为公共服务能够被满足？是否所有人都有资格均等地得到公共服务？这个设施是否是对公众开放？事实恐怕不是如此。数量是一个方面，开放的时间是另一个方面。大家都生活在城市里面，众所周知，图书馆、体育馆等是公共服务的设施，但是人上班的时候，图书馆也上班，体育馆也上班；人下班的时候，图书馆也下班，体育馆也下班；什么时候能去图书馆看书、去体育馆锻炼？公共设施是对公众的广泛开放具有可获得性，而不是建起来摆在那里。

第六点思考：舒适的居住条件。房屋居住环境，首先是住房的可获得性，还有住房的功能、环境能够满足人的需要。这个可获得性包括三层含义：一是供应要充分，有足够的住房提供给居民；二是供应结构要跟得上，比如租售的比例、租售的需求；三是与人的支付能力相适应，我们建的房子再好，人们租不起，买不起，那也不能保证人的居住条件。

第七点思考：自然灾害突发事件的预防处理能力。当然不希望自然灾害或者突发事件的发生，这些情况的发生，不以人的意志为转移，可能对人的安全以及生产带来影响。所以，自然灾害方面的预防非常重要。

当然，在城市发展当中还有生态环境、健康保障、人际关系、城市风貌和特色、公共参与等方面需要研究，这些问题都是大家比较关心的，可以进一步探讨。

（乐居根据冯俊会长在"城市更新与城市未来发展趋势高峰论坛"上发言整理）

探索城市更新背景下未来城市建筑的发展趋势

文/陈祥福[①]

随着经济社会快速发展，演进和更新是城市发展的必然进程。然而，伴随城市化率进一步提升，城市土地资源现状却不容乐观。在此背景下，城市发展开始从快速扩张模式慢慢转变为内在生长模式，粗放的城市开发逐渐被摒弃，以城市更新为代表的精细化经营变得更加有价值。

但由于城市可应用的土地资源十分有限，提高土地利用率，成为当前城市更新的重大课题。因此未来城市建筑发展主要有两个走势：一是向高层空间发展，二是向地下空间发展。目前管理城市建设主要是现代化和智能化，整个建筑发展同样是这两个趋势。

其中，向高层空间发展即建设高层建筑和超高层建筑。尤其是对于城市更新项目来说，让有限的土地资源发挥出更大的作用，高层建筑发展将是必然。目前，中国正在掀起一股建设天下第一高摩天大楼的热潮。

相关统计显示，中国拥有非住宅类摩天大楼总数470座，在建332座，规划516座。美国现有同类摩天大楼533座，在建6座，规划24座。预计至2022年，中国摩天大楼总数量将达1318座，是美国536座的2.3倍。在超高层建筑结构上，国外的经验值得我们借鉴。

[①] 陈祥福，联合国国际生态生命安全科学院院士、国际生态安全合作组织首席科学家、中国城市建设理事会理事长、中科院广州化学西部研究院首席科学家。

一、国外超高层建筑结构设计要点

目前，从全球来看，超高层建筑超过 50 层以上，大都采用钢结构体系，占 70% ~ 80%；钢筋混凝土结构体系占 10% 左右。这些钢筋铁骨般的结构体系，是支撑起超高层建筑的重要内在力量。

另外，由于"9·11"事件影响，加之建筑结构工程的不断发展及新材料、新技术的广泛应用，当前超高层结构采用型钢、钢管混凝土结构体系越来越多，备受欢迎。尤其是超高层建筑结构的高度与安全、舒适的关系研究越来越得到重视。其原则是在确保安全和人体舒适的条件下，不断突破其高度。

还要看到，超高层结构由竖向弯曲型结构体系，逐步发展为轴向拉压—竖向弯曲混合型结构体系。同时，超高层结构由单筒体到筒束（多筒体）结构体系发展，并且超高层结构采用高强混凝土（>C100）和钢筋。

需要特别注意的是，现在十分重视深基础的稳定、沉降和承载力三大难题研究。一般来说，"基础"根据埋置深度分为浅基础和深基础，深基础埋入地层较深，结构形式和施工方法较浅基础复杂。

二、城市建设高层化发展的必然性

首先，这是经济全球化发展的必然结果。随着世界经济的快速发展和现代科学技术的进步，国家综合实力不断提升。与此同时，建筑工程作为经济发展的支柱产业之一，也得到迅猛发展。对于国家和城市来说，建设高层建筑和超高层建筑，不仅仅是其经济实力和社会发展成就的最集中显示，也大大提升了国际形象和全球竞争力。

其次，也是全球城市建设面临的共同难题。包括人口膨胀、资源枯竭、环境恶化、生态安全。除此之外，也面临着住房紧张局面。加之土地稀缺、土地资源越来越少，开发存量用地成为趋势。当然，交通拥堵更是各大城市面临的难题，还有看病难、上学难等现状。

特别是人口与土地资源的矛盾不断加剧，最后逼着城市往地上和地下空间发展。尤其是在城市更新和旧城改造中，要注意合理利用有限空间和资源，激发城市动能，助力城市走向高质量发展。

三、高层建筑与经济危机

从国外来看，国外高层建筑建设鼎盛时期，就是经济危机时期。我们现在拥有的高层建筑数量在全世界排名第一，最高建筑排名第二，预计十年后，中国将拥有 1318 座摩天大楼，成为拥有摩天大楼最多的国家。

如果按照规律，中国在高层建筑鼎盛的时候，怎样规避经济危机产生？我们总结了五个条件：①有利条件；②防止金融风险；③宏观科学调控；④投资规模最佳比例；⑤科学合理规划。

有了这五个条件，规避了经济危机的发生，我们在城市发展和建设过程中，才能保证城市化率的不断上升。

四、中国城市建设未来发展走势研究

（1）总体规划。以前只考虑城市规划，而现在要注意考虑城乡规划，城市更新也要包括振兴乡村、城乡规划，所以现在城市更新应该讲城乡、乡镇，或者是镇。

（2）城市化率。我们城市化率每年按照 1% 的增速发展，这个 1% 的增长率到一定时候是会下降的，我的建议是 0.9% ~1%，现在的发展也正是如此。

（3）新农村建设，之后是城镇化建设、新型城镇化建设、小城镇建设。这些发展过程虽然取得很大的成绩，但也有一些弊端值得我们调研、考察。

（4）绿色建筑。以前搞工程的人，建筑用绿色、红色、黑色等颜色来描述，绿色建筑重点是节约能源、节约材料。在城市更新建设中，引入"绿色"观念，以城市生态优化为前提，创造美好人居环境，推动城市可持续发展，很有必要。

（5）特色小城镇建设。早在 2016 年，国家发改委、住建部等多部门联合发布文件，确定"到 2020 年，争取培育 1000 个左右各具特色、富有活力的特色小镇"的目标。并规定特色小镇要有特色鲜明的产业形态、和谐宜居的美丽环境、能够彰显特色的传统文化、便捷完善的设施服务、充满活力的体制机制，明确了建设特色小城镇的战略方向。

我们看到，城市更新中也有一些地区或者村子，结合当地文化特色打造特色小镇，挖掘和传承历史文化内涵。这种方式很好，但目前特色小镇要做出成功案例，还需要努力。

（6）智能（含机器人）、智慧、数字、大数据、物联网城市建设。城市建设和城市更新里面，要注入最新的科学技术，加入智慧元素，同时也要注意这些科学技术对城市以及生活在城市里的人的一些影响。现在搞智慧城市，我主张从智能交通入手，研究交通拥挤、道路连接和人口有什么关系，和经济发展有什么关系。

（7）海绵城市建设。海绵城市主要是从城市基础着手，包括它的构造、做法、整体的规划等，全面提升城市排水防涝能力，极大地改善城市水环境。将海绵城市理念融入到城市更新建设中，可以促进城市功能和生态景观的蝶变重生。

（8）城市地下管廊。地下管廊现在出现一些问题，例如我们要求它可以使用 100 年，但达不到 100 年。如果地下管廊很潮湿，安全便会有问题。我们提倡的一些东西和技术储备要跟得上，而实际上往往技术储备不够。

（9）装配式建筑。要求 2 年占比 20%、3 年占比 30%。需要做装配式建筑的推广，它非常好，值得推广。而现在技术储备没有跟上去，需要下功夫攻克这个问题。

（10）生态安全、生态与建筑、健康建筑。生态不是种花种树，是人最基本的生存状态，包括几个重要因素，如空气、水、食品、建筑等。人们大部分生活在建筑里面，但现在所有建筑对人体都有不同程度的伤害，对我们的寿命都有不同程度的影响。因此，必须要重视和研究生态与建筑，健康建筑和建筑健康，要从中国传统的风水迷信逐渐过渡到科学。另外，国家很重视生态，把生态安全和生活文明建设提到战略高度，我们不能小看这个，也不能简单理解为种树种草。

以上是对中国城市建设未来发展走势的一些看法。最后，想跟大家建议一下，城市更新或者旧城改造，不能理解为大拆大建，就好像房地产以前是平地建房子，现在是把旧房全部拆掉建新房，特别要注意旧城的一些改造征程。有些不行的要拆掉，有文物的还要保住。

（乐居根据陈祥福院士在"城市更新与城市未来发展趋势高峰论坛"上发言整理）

城市更新的台湾经验

文/蔡为民[①]

在中国的台湾地区，城市更新称都市更新，除不能拆除重建外，其他包括折旧、整治、维护、保养等都能进行。

台湾地区的城市发展相较于大陆，更早进行了大规模建设，历经长时间发展，大量建筑物已经非常老化。再加上台湾处于地震带，对城市的维护保养变得非常重要。所以，台湾城市更新开始也较早。

1998年，台湾完成城市更新条例，但是可以发现，最近九年时间，台湾的都市更新条例基本上处于停滞状态，因为这里面碰到太多人为障碍。很多专家学者都提到，城市更新要往哪个方向发展，未来的发展趋势是怎样。

但事实上，从中国台湾地区来看，最困难和核心的问题是如何让原住民心甘情愿地离开原本居住的小区，在改造之后再进入或者以置换的方式来取得相应的权益。

城市更新是城市风貌"新陈代谢""去芜存菁"之有机调节过程。不管是城市更新还是都市更新，基于时代的发展，城市老旧建筑或者风貌必须更新的时候，地方政府或开发商主动推进，城市更新才开始正式启动。

数据显示，全台湾30年以上老旧房屋达384万户以上，如果以三口之家计算，至少1/3家庭居住在"危老"房子。台湾采取的措施是拆除重建（规划）、历史建筑保护、危老建物修复。

2012年3月28日爆发台北市士林区（文林苑）事件。文林苑的地段条件较优越，当时该项目都市更新的相应法令法规部分已经完成。按照规定，85%的原住户通过就可以进

---

① 蔡为民，中国台湾房地产政策研究学会秘书长、复旦大学地产运营研究所原所长、资深房地产研究学者。

行更新。"文林苑"共 38 户，36 户同意，同意率达 95%；对于开发商而言，这样的同意率已是胜券在握。

但因拆迁安置费用太高，开发商最终协调未果，并申请市政府代拆。政府协商过程中，先行发放建造执照。同时进行强拆，最终引发抗争。

此次事件对台湾地区都市更新进程造成了巨大的负面影响，最终造成了满盘皆输的局面。

2013 年，台湾提出都市更新条例部分条文有违宪法要求的正当行政程序，于是当地政府启动修法。

其中包括以下几个重要内涵和变动：首先，调节各方利益，柔性面对，不要只是依法行政，要考虑人，给予更多柔情。其次，健全协商机制——避免多数"暴力"80%。再次，解决实务困境——压制少数"夺利"20%。最后，强化程序正义，设立"3＋1"门槛，即：公听会之后，是实施者协调，包括期日、方式、安置等。再之后是政府协调，这个时候政府必须出面协调。在过去的都市更新条例当中，政府扮演旁观者和仲裁者甚至扮演球员和裁判的角色。新的修正案规定政府只能扮演协调者以及法院裁定后执行人的角色。

都市更新条例也做了相应调整，特别提出由政府主导都市更新，成立都市更新推动小组。并且明确奖励内容，在沟通权益分配时，明确总容积。值得注意的是，"文林苑"条款中提出"本于真诚磋商精神予以协调"，此举充分体现了人文关怀。

除此之外，还扩大赋税范围、推出减免税费等措施充分协调各方利益，其中土地增值税、房屋税的优惠减免，最长可达 12 年。这些政策对都市更新有重要推动作用，因为在台湾地区每块土地都要缴纳地价税，每栋房屋都要缴纳房屋税，如果土地或房屋很多年没有过移转，那么相关税费会很高，这让很多老旧地区的居民不愿配合都市更新。

相对而言，都市更新条例难度比较大，就推出简单易行、门槛低的法律条文——危老条例。都市更新条例与危老条例之间相互促进。比如哪怕仅有一栋建筑物，都可以申请拆除重建，最高容积奖励可以额外加到 40%，促进更多在没有办法进行大面积城市更新之下的小面积变动，而小面积老旧建筑物可以进行有效的更新。除容积奖励，另有房屋税 12 年减半征收、地价税 2 年减半征收等配套优惠。

最后，需要关注的是，在城市更新中关键问题还有私人财产是否应该受到保护，以及私人财产和公益之间如何取舍。我一直建议所有做城市更新的开发商一定要进行前期的调研，把城更区域老百姓的想法做彻底有效的排查，明确地掌握他们的所思、所想、所需，这样城市更新才更容易推进，从而达到各方利益的平衡。

（乐居根据蔡为民先生在"城市更新与城市未来发展趋势高峰论坛"上发言整理）

星河：璀璨星河　引领城市运营

文/方斯嘉

从改革开放的前沿城市出发，星河控股在时代风口摸爬滚打。

历经 32 年不断耕耘，星河的总资产超过千亿元，业务涉及地产开发、城市更新、商业运营、酒店管理、产业运营、物业服务、金融投资等多元领域。业务覆盖珠三角、长三角、京津冀、中西部四大重要城市经济圈，布局广州、深圳、天津、南京等 29 座城市。

现已开发面积超过 5000 万平方米，并握有位于中国重点城市核心圈的土地储备 3300 余万平方米。其中，星河在粤港澳大湾区的建设中深度发展，累计土地总储备面积超 2000 万平方米，在建规模已超 1500 万平方米，助力湾区经济新动能。

如今的星河，已发展成全国大型的综合性投资集团。构筑了"产业为引领，金融为护航，商业为驱动，地产为根本，物业为保障"的自循环生态圈，从土地运营、商业运营、产业运营、资本运营等多维度深入参与城市化发展进程。

在恒者恒强的市场格局下，星河是如何凭借城市更新寻求破局的？从星河近年的发展路径中，或许能得到启示。

一、璀璨星河：用智慧引领城市运营

数十年来，在这座飞速发展的城市中，涌现了一批又一批具有时代精神的优秀企业。星河作为企业多元化转型的先行者，以"深圳速度"，与深圳并肩前行，实现自身跨越发展。如今，星河已经成长为一家特色显著、实力强大的综合性企业集团，业务覆盖全国29座城市，总资产超千亿元，拥有超过8000人的精英团队。星河控股集团创始人、董事长黄楚龙表示，星河将始终坚持"共创、共担、共享"的方针，和合作伙伴一同创造了"做一个成一个、一个比一个好"的星河精品。在数十年的发展中，星河精品战略始终贯穿其中。以住宅为起点，逐步涉足商业、写字楼、酒店、产业园区，在不同建筑业态的建造过程中，星河以精品理念为指引，不断挖掘升级产品，释放空间应有的价值。

诚信壮星河，品牌献祖国。

（一）"三十而立"的璀璨星河：新生、成长、壮大、繁茂

作为一家全国性的大型投资企业，星河旗下有地产、金融、产业、置业、物业五大业务集团，业务主要分布在粤港澳大湾区、长三角、京津冀、成渝经济区等全国29座城市，总资产1300多亿元，员工8000多人。业务范围涉及地产开发、城市更新、产业发展、金融投资、商业运营、酒店管理、物业服务、能源开发、文化创意等领域。

1. 新生（1988~2003年）：以品质奠定地产基业

回顾星河成立32年，可以总结为新生、成长、壮大、繁茂几个阶段。星河的前身为深圳市怡和企业公司，从住宅开发起家，秉承精品之道，致力于房地产开发、服务全链条的星河，获国家一级房地产开发企业资质，自此，星河品牌初现。在1999年，星河智善生活前身——深圳市星河物业管理有限公司正式成立，这标志着星河正式进入物业行业。

2. 成长（2004~2008年）：以地产+商业创新模式

星河以略超前半步的理念深耕品质，2003年，星河在深圳开创性地融合休闲商业与高端住宅，星河品牌效应显现。在这条路上，星河首创的情景式休闲购物中心为人称道。

与此同时，深圳星河国际开创性地在高端住宅中配套休闲商业空间，成为引领深圳中心区住宅市场的标杆项目。2004年，星河组建专业的商业运营管理团队，踏上地产开发与商业运营结合的发展之路。

当时的星河，在深圳已站稳脚跟，成为深圳龙头企业。此后，星河湾扩大布局，开始进军珠三角，取得广州南沙、惠州淡水等多块储备用地。2006年，深圳福田星河COCO Park开业，在全国首创情景式休闲购物中心，至今仍为深圳市地标级商业。

3. 壮大（2009~2015年）：以多元雄图布局全国

2009年，是星河的扩张元年，这一年，全国楼市回暖，各路资金涌入，星河在投资上取得巨大成功，星河拿下阳光保险股份，成为阳光保险集团的第一大股东，并相继参股深圳市创新投资集团，成为仅次于深圳国资委的第二大股东，参股深圳福田银座村镇银行，成为其第二大股东。

此外，星河还不断开拓新市场，试水珠三角、长三角、华北区域，乃至全国。从纯住宅到"房地产综合开发＋商业地产经营＋金融投资"三元模式，星河全国化多元发展战略日渐提速。

2014 年，深圳星河 WORLD 亮相，突破传统产业园区单一开发模式，形成全方位、多业态、可持续发展的产融联盟新城。2015 年，联合多名院士共同发起设立的星河·领创天下创新创业平台于深圳正式投入运营，首创"租金/服务/产权换股权"模式，提供创业加速服务。与此同时，天津北部区域的顶级豪宅力作星河时代开盘，星河进一步深化天津市场。

高标准化运营的星河，开始关注到酒店行业。星河知道，酒店的营运，最终都关乎品质、服务商。于是，被称为"豪宅"专家的星河以顶级的服务标准，正式入驻酒店业，迎来深圳星河丽思卡尔顿酒店的隆重开业，以其优质管理及"有温度的服务"，多年保持强劲市场竞争力。

4. 繁茂（2016 年至今）：以综合运营焕新生态

房地产行业在经历了十余年发展后，早已成为一个成熟的产业圈，足以应对市场的大风大浪。大量头部企业在寻求多元化转型的道路上，开始了"去地产化"的进程。

星河分别参股前海母基金、国家中小企业发展基金，成为合伙人；推出首个整租社区"CCB 建融家园·星河荣御"；与零售巨头 Costco 联合成功获取上海浦东新区项目，引入并落地中国第二个 Costco 项目；打造星河（惠州）人工智能产业园和东莞黄江星河人工智能小镇；进军南京、重庆等城市……

三十载岁月峥嵘，星河已破茧成蝶，随着星河多元化产业逐渐成熟，2016 年，星河控股集团创立，旗下地产、金融、产业、商业、物业、酒店等多元业态共驱、共融、共生，星河生态圈悄然绽放。

（二）六大集团业务多元发展：构筑自循环生态系统

如今的星河，已不再是一个简单的地产商，而是多元业务均衡发展，互为依存，担任了"城市运营引领者"的角色。

星河集团连续九年获地产百强、产业 6 强、商业 10 强、物业 30 强。金融自有投资金额超 200 亿元，资本投资企业 158 家，投资上市成功率 17.42%，17 年城市更新经验，将 50 个更新项目推向市场。

1. 星河地产

星河始于地产，深耕地产开发行业三十余年，致力于让每一寸土地更具价值。目前已开发面积超过 5000 万平方米，土储面积逾 3300 万平方米。主要深耕于粤港澳大湾区和长三角核心城市。

产品范围涉及住宅、别墅、公寓、酒店、写字楼、商场和产业园等。项目分为以星河 WORLD 代表的总部系；星河丹堤、星河山海湾一类的资源系；星河盛世、星河荣御等精品系；星河国际、星河时代等城心系。

2. 星河金融

2009 年，星河入股阳光保险，成为当时第一大股东，自此开启对金融领域的探索。截至目前，星河金融自有资金投资金额超 200 亿元，资产管理总规模超 400 亿元。星河是深圳市创新投资集团、深圳福田银座村镇银行第二大股东，目前也是阳光保险、天津金融资产管理有限公司的重要股东。

星河始终与巨人为伴，站在巨人的肩膀上优中选优做投资，星河自有资金投资金额累计近百亿元，资产管理规模超 300 亿元；累计投资 157 家企业，其中 28 家企业登陆主板、中小板以及创业板，14 家企业在新三板挂牌。

星河践行金融地产化之路，产融结合，以融助产，打造具有星河特色的综合金融服务平台，以债券业务、境外业务两大板块为重点布局。

3. 星河资本

过去十年，是中国经济辉煌发展的十年，星河眼光卓越，在 2009 年以战略投资阳光保险集团开启股权投资之路，成为中国房地产行业中最早布局股权投资的民营企业之一。

十年间，星河的股权投资从初出茅庐的新人发展水平，发展成为自有资金投资和在管规模"双百亿"的行业领先水平。

4. 星河产业

星河是中国产业地产 6 强，是国内优秀产业投资运营商。产业基金规模超 200 亿元，引入企业近 1100 家，运营及在建面积近 150 万平方米。星河产业深耕粤港澳大湾区，重点布局长三角、京津冀、成渝经济圈等产业发达区域。

星河产业智慧持续向全国范围输出，拥有产融联盟新城、双创社区、特色小镇、中心系商务综合体四大重要产品形态。以"产城投融"创新运营模式，运用联盟共享理念，铸就创新经济新引擎。

2014 年，深圳星河 WORLD 亮相，突破传统产业园区单一开发模式，形成全方位、多业态、可持续发展的产融联盟新城。

目前，星河·领创天下管理运营面积管理规模位居全国前列，已与广州、东莞、惠州等地政府签署合作开发协议。

5. 星河置业

中国商业地产品牌 TOP10。管理运营包括商业、酒店、公寓、影院及星河趣汇在内的各专业板块，以多元业态及完善的商业运营链条，构建城市综合体自主运营管理和全价值链整合体系。已向近 40 个商业项目提供商业运营服务，总合约面积约 300 万平方米，积累 1000 余个商业品牌资源；管理客房超过 2000 间，自持经营的酒店包括深圳星河丽思卡尔顿酒店、常州星河万丽酒店、深圳星河吉酒店、巽寮湾星河星温泉度假酒店、深圳星河东山珍珠岛酒店等，致力于为顾客提供尊贵的酒店服务；星河斥资 150 亿元，打造了全国首个整租社区 "CCB 建融家园·星河荣御"。

星河置业集团持续扩展城市运营纵深领域，不断向居住生活、商业购物、休闲娱乐、酒店会议、影院投资等多元领域深耕。

6. 星河智善生活

星河智善生活成立于 1999 年，是国家一级物业管理企业、全国物业百强企业等。目前，成立 "智善科技" "智美生态" "星河美居" "WE 来星" 四家专业子公司。

多年以来，秉承 "星服务，心托付" 的服务理念，智善生活已发展为集全方位物业服务、小区智能化工程服务、物业租售服务、绿化工程、物业管理顾问及会所经营为一体的专业化物管企业。

发展 20 余年，星河智善生活在管服务面积已超 3000 万平方米，是国内物业管理类型最丰富的企业之一。截至 2019 年，星河智善生活已成立 14 家分公司，总人数达 5000 余人。

二、星河城市更新：从 0 到 2000 万平方米致力提升每一寸土地价值

品牌先行，服务第一，做更新就是做人品。

稳扎稳打的星河，每一步，都跟随城市发展、时代变化成长。

21 世纪初，当中国各城市处于 "摸着石头过河" 的初转型阶段。星河控股集团率先扬帆，于 2004 年正式涉足城市更新项目。作为国内最早涉足城市更新业务的企业，星河城市更新依托星河控股集团丰富的城市综合运营经验，改造类型涵盖旧村居、旧城镇、工改居，占据城市更新行业第一梯队的市场位置。

星河的城市更新专业团队共计约 600 人，涵盖政策规划研究、投资管理、拆迁管理、法律风控等，拥有丰富的实操经验，针对城市更新项目中出现的问题提供完善解决方案。

星河秉承"村民利益第一、村集体利益第二、星河利益第三"的原则，造就了星河国际、星河天地、星河 WORLD、星河荣御、星河智荟等一批传奇项目。

星河在近二十年的区域深耕过程中，不断创新锐意进取，积累了丰富的城市更新经验，锻造精细化运营水平，建立高效率管控体系，现已打造成为专业化的土地运营服务商。

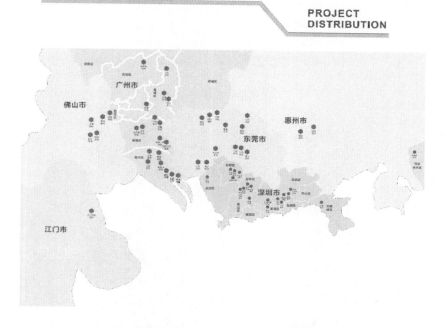

目前在粤港澳大湾区运作项目达 80 多个，已有 50 多个项目成功推向市场，累计更新改造面积超 2000 万平方米，为超过 10 万村民、村集体及企业提供了土地更新改造服务。

（一） 星河精品精神

星河擅长打造标杆的基础，源于星河控股集团创始人黄楚龙"做一个成一个，一个比一个更好"的引导。星河的标杆案例有星河国际、星河世纪、星河盛世、星河传奇、星河智荟、星河荣御、星河WORLD、深圳星河天地等。其中，不乏富有故事性的改造案例。

星河国际改造前为东山小区（非整个东山小区），东山小区建于20世纪八九十年代，是国有建安公司生活办公基地，房屋破旧拥挤，物业价值较低。星河接手后，将北地块3.4多万平方米的旧改，变身CBD国际生活领域——星河国际，引入首创国内首个公园情景式购物中心——星河COCO PARK，开创了高端住宅中配套休闲商业空间，成为引领深圳中心区住宅市场的标杆项目。项目2003年2月开盘均价约8000多元/平方米，截至2016年均价已达94000多元/平方米。

改造前：东山小区

改造后：星河国际

　　星河世纪改造前是深圳著名城中村——岗厦村（部分），位于福田区深南大道与彩田路交界处，2005 年，星河接手后，将其改造为集甲级写字楼、定制式公寓、大型商场为一体的综合体。该项目首创商业返租模式，将返还村民的商业返租，与星河自持商业统一设计、招商、经营管理，打造成为深圳首家一站式奢华家居主题购物中心——第三空间。星河每年两次返还村里一笔稳定现金流，既提升了村里的固定分红，也为星河打造了属于自己的品牌价值，实现物业价值最大化，双方共赢。

改造前：岗厦村

改造后：星河世纪

　　星河盛世前身——民乐山庄，地处深圳宝安区交通要塞，东邻梅观高速，西靠梅龙路，南近梅林关，北临民乐路。民乐山庄作为深圳 70 个历史遗留旧改项目之一，这个建筑物"烂尾"伫立原地长达十年之久，因其位置显眼，而被当地居民所熟知。2011 年左右，星河接手民乐山庄，大刀阔斧将其改造成集居住、购物、休闲、娱乐等为一体的综合性商业住宅综合体典范，2012 年单盘销售超过 40 亿元。

改造前：民乐山庄

改造后：星河盛世

（二）星河运营力：落后厂区变身城市新贵

众所周知，深圳原是一座工业大城，余留下的工改、村改项目数不胜数。为此，星河以城市更新为切入口，搭上深圳新一轮产业结构性改革、着重强调城市更新的重要性的快车，在大本营深耕城市更新。星河凭借强大产业运营实力，将落后厂区改造成城市新贵，也有不少经典案例。

1. 国内首个整租社区——星河荣御

沙井金达工业区原为金达塑胶五金制品（深圳）有限公司，该厂房自 2012 年搬迁至宁波之后，场地一度空缺，成为建筑破败、垃圾遍野之地。该项目位于宝安区沙井街道。2014 年，星河获得该厂房土地使用权后，将其打造成深圳西部城市次中心，集居住与醇熟商业配套于一体的综合性大社区——星河荣御，2017 年，中国建设银行与星河控股签约，正式推出"CCB 建融家园·星河荣御"长租社区，这也是深圳目前唯一整体租赁的长租社区。

改造前：沙井金达工业区

改造后：星河荣御

与众不同的是，相比其他企业以城市更新获取土地，开发住宅项目的单一模式不同。在星河，早已实现了以城市更新为切入口、以产投融创新为运营模式。

2. 产投融创新典型范本——星河 WORLD

星河 WORLD 改造前为雅宝工业区，此前，厂房众多、粗放式经营、规划管理落后，束缚了厂区的发展。2007 年 1 月，星河集团战略性拿到该项目，与此同时，深圳市政府颁布《关于工业区升级改造的若干意见》，雅宝工业区改造成为深圳十大重点工程之一。

星河 WORLD 占地约 62 万平方米，总建筑面积约 160 万平方米。该项目运用产融联盟理念，打造"园区 + 金融"双闭环总部基地，铸就联盟共享典范，共创"引人才，聚产业，留税收"的产城社区。

值得注意的是，在星河 WORLD 项目上，星河不仅以工改的形式，切入深圳土地存量发展的时机，更通过"产城融投，股权投资"的形式，在城市更新的开发序列中，适当切入实体经济与高科技产业的产业运营方式，为星河带来多元化的发展收益。

同时，该项目荣膺广东省及特色小镇、深圳市十大重点工程、全球创新企业直通车合作机构、深圳市留学人员创业园、2018 年度中国产业园区金项目 20 强（位列全国第 2）等多项殊荣。项目全部建成后，将集聚 1000 家企业，提供 7.5 万个就业机会，创造年产值逾 1000 亿元，新增税收 100 亿元。

最终，星河将实现由旧工业区向产融联盟新城转变。

在此表现下，星河将此产投融模式在全国进行推广，陆续与佛山、天津、南京、郑州、成都、重庆等多地政府签订了战略合作协议。星河 WORLD 又一项目在南京玄武区落地，将利用星河的资源整合能力，打造无人机、人工智能、云计算产城融合创新孵化集群。这也意味着，星河"产城融投"的模式已具备较为成熟的复制推广能力，将助力加快各省市的城市更新步伐。

除大本营深圳外，星河一直在寻找入驻大湾区其他战场的时机。

广州南沙区金洲村是有名的上访村，欠外债近亿元，星河接手后，首创推出"货币 +

物业"的政策指导，与金洲村委合作开发，提高村集体收益，提高土地价值，目前金洲村的欠债已全部还清。除此之外，广州南沙区东湾村、大涌村均通过星河旧村改造，在保障村民居住环境的前期下，大幅提升了村集体收益。近期，星河正着手于广州东涌珠宝文旅小镇项目、广州大涌项目、广州罗边村、东莞黄江人工智能小镇项目等。

以地产开发为根本，以产业、商业、金融、资本和物业为支撑。星河正以强大的操控力，实现"提升每一寸土地更具价值"的运营智慧。

星河湾：进军城更领域　黄埔萝峰村打响头炮^①

文/冯诗铭

城市更新的头炮，星河湾选择在发家地广州打响。

仅一年多的时间，星河湾旧改的首发战已触及令人艳羡的高度。一年多的时间创出"萝峰速度"。

素以高品质著称的头部品质房企星河湾走进城市更新领域，对业内来说，是一个不可忽视的信号。

而事实上，星河湾也用"萝峰速度"打破了旧村改造拆迁时间长、进展拖沓的"魔咒"。仅用了58天，让村民叹为观止的萝峰旧村改造项目展示中心就已建成，星河湾携手萝峰，将把新萝峰建设为"旧村"改造的样板工程和典范。

萝峰旧村改造项目展示中心（图源星河湾官微）

---

① 本文效果示意图仅供参考，最终以政府部门批复为准。

萝峰旧村改造项目展示中心园林实景图（图源美丽萝峰官微）

黄埔区萝峰旧村邻近广州科学城，与开创大道、香雪大道共同构成黄埔中心区城市公共服务综合发展轴，串联城市重要功能布局。项目总用地面积 79.44 公顷，建筑面积约 236.53 万平方米。

萝峰旧村改造项目规划设计效果图（图源美丽萝峰官微）

2019 年 3 月 6 日，《萝峰旧村改造实施方案》获得广州市黄埔区政府批复；同年 4 月，《萝峰村旧改实施方案》动员大会召开；5 月 28 日，萝峰村迎来正式开工；6 月 5 日，萝峰旧村改造项目展示中心开放；10 月 25 日，萝峰村 200 栋已签约房屋被集中拆除；2020

年3月28日，项目复建区一期举行动工仪式；2020年4月6日，项目整体签约率突破9成；2020年7月16日，项目复建区举行萝峰旧改拆迁动员大会。

截止到2020年7月下旬，萝峰旧改项目签约率突破95%，累计拆除楼栋已超1500栋，可谓天天有成效，周周有突破。

萝峰旧村改造项目动工仪式（图源星河湾官微）

萝峰旧村改造项目展示中心开放（图源星河湾官微）

"城市更新一定要做到'三赢'——村民赢、企业赢、政府赢。要把村民利益最大化，建设美丽新区，改变城市面貌"。黄文仔对城市更新有着自己的一套要求。

这套要求，在萝峰村旧改中体现得淋漓尽致。

改造前的萝峰村，几乎有着所有城中村的痛点：下雨天积水、房屋楼距过窄、房屋通风采光不理想……甚至还有存在诸多安全隐患的危房。

而改造后的萝峰村，是令人憧憬的。

据悉，星河湾将始终贯彻"品质为王"的要求，在项目建设中保持超宽楼距，保证每个户型都能有良好的采光和通风。同时，改造后的复建房还具有完善的消防和安保设施，最大化降低安全隐患，配备的电梯也能让老人家更方便上下楼。

萝峰旧村改造项目复建地块景观效果图（图源美丽萝峰官微）

至于村民最期待的回迁复建房，星河湾也给出了范本。

萝峰旧村改造项目的回迁复建房共有 51～233 平方米一房到五房的多款户型，每个户型都延续了星河湾高品质的传统，摒弃了传统回迁复建房的密集型板式结构，保证到每一户都拥有较宽的楼距和视野。

以 233 平方米大平层级别的五房回迁复建房为例，该单位配有 2 个套间、3 个卫生间、南北双阳台，甚至还有中西厨房，完全超越了一般商品房的品质。

更让人惊喜的是，回迁复建房层高为 3.1～3.3 米，刷新了行业空间标准。

萝峰旧村改造项目回迁复建房样板房实拍（图源星河湾官微）

除了居住环境的改善，对于村民来说，更重要的是旧村改造后，集体物业的收益更为持续稳定，他们的收入也得以保障。

此外，在一些细节上，星河湾也将人文关怀体现得淋漓尽致。

在启动萝峰村改造初期，星河湾已第一时间摸清了萝峰村老人基本情况，并于 2019 年 10 月起，根据老人意愿，为超过 70 岁的高龄老人安排入住临时安置区。

即使是临时安置区，条件也绝不马虎，房内设施齐备，一应俱全，拎包即可入住。

此外，星河湾还派出了星河湾酒店专属服务团队悉心照顾，开展义剪及义诊等系列关怀活动，温馨守护各位老人。

星河湾服务人员为老人测量血压（图源星河湾官微）

而在 7 月 23 日，星河湾还为老人安置区内的长者举办了一场别开生面的生日会，有老人表示，这是有生以来过得最开心的一次生日。

星河湾举办的萝峰社区长者生日会（图源美丽萝峰官微）

归根结底，旧改，最终就是推动城市高质量发展。

经星河湾精细"打磨"后的萝峰村，将使得整个黄埔片区配套、环境更上一个档次：

其一，星河湾将保留村庄原有人文风貌，以"文化复兴"引领旧城新生；

其二，将绿色生态、可持续发展、优化产业布局等优质理念引入城市旧改，推动区域综合运营水平的提升；

其三，融入与周边市政、交通、景观等一体规划，实现项目与广州乃至大湾区的无缝接驳。

此外，萝峰旧村改造项目还规划了高端商务酒店、涵盖幼儿园到高中等多所学校，黄埔有轨电车 2 号线与规划中的地铁 23 号线（萝峰站）也将穿越规划区，形成双轨道出行，为居民提供快捷便利的出行方式。

萝峰旧村改造项目商业中轴景观效果图（图源美丽萝峰官微）

城市更新，是每个地产企业必须承担的社会责任。如今星河湾不仅承担了这份责任，还用自己的方式让城市有机更新，在保护城市原有肌理的基础上推动城市文化复兴、焕发存量资源新生，做到对每一块土地价值负责，对所进入城市的人居水平提升负责。

新的十年起跑线高品质仍是王道

在星河湾城更路上，萝峰旧村改造无疑是打下了坚实基础，甚至为中国城市建设贡献"星河湾经验"。

在过去的 20 年，星河湾以高品质口碑和强大的影响力占领了北上广、二三线城市市场高地。在新一个十年的征途起跑线上，它会在城市更新领域闯出怎样的一番天地，也颇值得深思。

"星河湾的品质，由无数细节组成，每个细节都经过反复的研究、改进与创新，这些高品质产品的背后，有无数细节和要素的支撑，别人难以模仿。因此，在品质赛道上，星河湾的优势，在未来几年会越来越明显。"星河湾集团董事长黄文仔说道。

保利：打造城市更新样本

文/梁舒晴

作为改革开放的前沿阵地，广州四十年来飞速发展、沧桑巨变。步入存量时代，城市原有的建筑格局已不能满足美好生活、创新发展需求，城市更新应运而生。

翻开广州城市更新的历史卷宗，保利作为旧改之路的领头羊，从 2007 年广州启动旧村改造开始，至今已经摘牌琶洲村、冼村、小新塘、中新村、亭角村等城区位置绝佳的旧改村，同时还介入红卫村、东风村、三滘村、大塱村、赤沙村、柯木塱村、渔沙坦村等十余条村。

历经十余年浩浩荡荡改造之路，保利锤炼出一套独具特色的城市更新范本"琶洲模式"，目前在广州涉及旧改版图超一万亩。

一、十年蝶变，琶洲上演"造城记"

作为率先投身广州城中村改造的企业，保利操刀的琶洲村至今仍被奉为经典。截至目前，琶洲村改造项目已接待 257 个来自全国各地的参观团，累计参观考察人数超过 12000 人。

琶洲村位于珠江南岸，紧邻国际会展中心，与广州国际金融城隔江相望，交通网络便捷，区位优势得天独厚。2008 年，在广东省委、省政府关于"三旧"改造的统一部署下，广州市把琶洲村列入 2010 年亚运会前必须改造的九条城中村之一。

与珠江新城隔江相望的琶洲

2009 年 10 月，保利通过招拍挂的方式摘牌琶洲村地块，获得旧村改造主导权。2010 年 3 月，保利接受村联社委托，驻村全面启动动迁签约工作，"造城运动"轰轰烈烈开展。2012 年底实现首批回迁房结构封顶，2014 年琶洲村回迁房全面完工，向村民集中交付 6000 多套回迁房。

项目改造用地面积约 76 万平方米，改造后总建筑面积超过 185 万平方米，总投资近 200 亿元。涉及村民超过 2000 户，改造前房屋约 2500 栋，改造规模居全国前列①。

十年蝶变，回看琶洲的"变迁史"，可以说，这是一场足以载入城市更新史册的"造城记"。

改造后的琶洲，高档住宅、311 米超甲级写字楼、五星级酒店、地铁上盖大型商场、学校、医院、养老等高端业态如雨后春笋般冒出。酒店、写字楼和地铁口商场约有 20 万平方米，改造后集体商业租金翻了约 8 倍，每年为村集体带来约 2 亿元净收入②。

琶洲岛上矗立的保利天幕广场、保利中悦广场、万胜广场、叁悦广场、保利洲际酒店等饮食、购物、健身、休闲、电影院业态，改变昔日"住在海珠，消费在天河"的局面。如今谈起琶洲，人们大多想到的是"高端""繁华"等词。

从 2010 年接手琶洲村旧改项目，到 2014 年琶洲回迁房分房，保利仅仅用了四年时间，便让广州海珠琶洲这个小渔村，蜕变为坐拥广州"金三角——珠江新城、金融城、琶洲"的新兴宜居圈，成功打造琶洲 CBD，集酒店、公寓和商场等各大产业业态于一身。

---

①②"保利城市更新"微信号。

二、可复制"琶洲模式"

城市更新，可以称作"百年"项目，需要有实力的开发商，才能参与这场"马拉松"。央企保利深耕城市更新领域，完成了全国首个由开发商主导的规模最大的城中村改造项目——琶洲村。

在广州城市更新改造探索阶段，琶洲村改造项目首次引入企业（保利）合作开发，最早形成"村为主体、政府支持、市场运作"三方合力共赢的改造模式，以规模最大、清拆速度较快、改造过程和谐、社会效应良好、满意度高创造了旧改领域的"琶洲模式"，至今仍是不少企业的城市更新范本。

与其他房企在城市更新中关心的方向不同，保利对改造项目的核心理念是尊重历史文脉，保留城市记忆，打造公共空间，激发城市活力，做城市有机更新。

"琶洲模式"注重本土情怀与创新融合。高楼林立的琶洲新村，代表宗族血脉和村文化根基的郑氏祠堂和徐氏祠堂就坐落其中，至今得到完整保留，日日香火不断，为村民宗亲交流、舞狮、吃龙船饭等民俗活动提供场所。

琶洲村改造成功的背后，与保利"创造美好人居"的理念不无关系。超甲级写字楼、五星级酒店、地铁上盖大型商场、公寓、住宅相互融合，保利打造一座产城人融合的综合体，所有人都能在这座"大城"内安居乐业。

在这座"大城"里孕育诞生的精品住宅项目——保利天悦，坐落于阅江东路琶洲塔公园旁，是广州核心区最大的江景豪宅社区。保利天悦拥有双地铁上盖大型购物中心、风情商业街、幼儿园、九年一贯制学校等配套。据悉，2012 年首度开盘，两小时内销售额突破 10 亿元。

三、以琶洲样本为起点，保利扩张城市更新版图

旧村改造涉及多方利益，是块难啃的"硬骨头"。得益于琶洲旧村改造的成功，保利

城市更新版图继续扩展。尤其是 2019 年，这一年是保利旧改成功大丰收之年。这一年 3 月，红卫村以超过 97% 的改造意愿表决通过；5 月，冼村二期回迁房摇珠分房圆满结束；6 月，小新塘村 6000 多套回迁房首次摇珠分房，冼村三期回迁房全面开工建设；7 月，柯木塱高票表决保利作为旧改合作意向企业①。

在保利扩展旧改版图中，小新塘和冼村的改造同样是浓墨重彩的一笔。

小新塘改造十个地块，分别位于天河智慧城核心区、天河智谷片区、广州科学城内，串联广深科创走廊"一核、两节点"。天河智谷是广深科技创新走廊重要科创与文创节点，未来要打造信息技术与文化创意价值创新园。

2010 年，小新塘旧改启动自主改造，新塘、新合两村方公司为改造主体。2015 年，保利地产成功中标，成为项目合作开发企业。保利进驻一年后，项目基本实现签完、拆平，进入全面建设阶段。2019 年，小新塘村首批回迁安置房实现交付。四年回迁，234 万平方米的大体量改造，小新塘改造可以说是"琶洲模式"的又一复制。

小新塘摇珠分房现场

① "保利城市更新"微信号。

小新塘回迁房

小新塘打造的项目——保利天汇，同样以品质住宅为定位。项目位于广州第三中轴的黄金地段，靠近珠江创新服务带，周边规划约 30 万平方米商办配套，包括商业区、超市、商业写字楼等，附近环绕优托邦奥体店、天河百货城等大型商场。

保利天汇项目效果图

无独有偶，保利主导的另一核心区域经典案例——冼村旧改项目，位于广州 CBD 珠江新城，前期改造进程缓慢，困难重重。2011 年，保利成为冼村旧改合作方，期间与政府工作组及村方进行良好协作，推动改造进程。目前，一二期回迁房已回迁入住，三期回迁房即将封顶，各项成果树立行业标杆。保利主导下的改造模式再次展现其魅力。

四、深耕大湾区，保利城市更新版图 涉及 11 个省份、18 个城市

自 1992 年成立以来，保利深耕房产领域 28 载，以"和者筑善"的品牌理念扎根广州，布局全国。保利勇担央企社会责任，融合"和者筑善"的品牌理念，在更新改造过程中赢得广大街坊的良好口碑，打造有活力、有温暖、有记忆的城市新地标和项目。

保利自 2009 年响应号召，积极探索城市更新业务，经过十多年深耕，保利城市更新业务版图已涉及 11 个省份、18 个城市，形成以粤港澳大湾区为重点，辐射华中、华北、西南、西北的业务布局。涵盖旧村、旧厂、旧城（含棚户区改造）、留用地开发及一级土地整理，规划建筑面积超 1 亿平方米，预计货值超万亿元，涉及改造户超 10 万户，城市更新业务规模稳居行业前列，成为推动区域经济保持高质量发展的重要力量[①]。

当下，城市更新呈现出以产、城、人融合发展趋势。在这个综合性改造中，保利还实现城市兼容并包，也注重生态化，对社会责任有所担当，保利发展拥有十二大业务板块，涵盖地产、建筑、物业、经纪、商业、公寓、会展、康养、教育、文旅、金控以及科创等多个城市发展服务维度，基本满足服务城市功能需求。

未来，保利将依托平台的广阔资源，为城市更新全程护航，实现居民美好生活的跨越式发展。

---

① "保利城市更新"微信号。

中泰：城市更新"实力突围者"

文/罗金婷

城市更新市场群雄逐鹿。在这竞争激烈的赛道上，中泰集团始终保持着良好发展节奏，默默深耕，凭借成功经验，获得业界与市场认可。

资料显示，中泰集团成立于1992年。值得一提的是，1992年在房地产行业发展进程中有着特殊的历史地位。《中国地产四十年》一书中有提到，1992年是中国房地产发展史上第一波房企创立大潮，除92派企业家兴办的绿地、保利、建业等房地产公司之外，在这一年，金融街、北大资源、珠海华发多家房地产企业竞相成立，组成92届房企阵容。这批企业，为中国波澜壮阔的房地产发展势头增添一道亮丽风景线。

中泰集团正是这一批92派房企大军中的一员。在地产行业深耕28载，如今已发展成综合性集团，形成深耕粤港澳大湾区，辐射全国的战略布局。业务布局已涵盖城市更新与房地产开发、物业经营与服务、海外电信运营与移动互联网、现代物流、健康休闲等多个板块。

近年来，中泰集团在城市更新布局上持续发力。为了顺应社会发展趋势，配合政府进一步做好城市更新工作，中泰专门成立城市更新集团，投身一级土地开发领域。集团的成立，也使得企业的业务凝聚力更加强大，架构设置更加完善，业务水平达到了一个全新高度。

一、不唯"规模论"

城市更新市场呈现群雄逐鹿局面。然而，有别于常规的房地产开发，城市更新项目往往需要高投入，回报周期也较长，对企业的耐力、持续发展能力、全盘操作经验等都提出更高要求。欣欣向荣背后呈现出种种"乱象"，参与城市更新的企业鱼龙混杂，几家欢乐几家愁，因盲目进入而导致项目难以为继的案例比比皆是，而成功的案例却是屈指可数。

目前，业内普遍认为，城市更新是未来房地产行业的下半场。但不同于传统地产行业，城市更新并不以规模论成败，更多是考量企业综合实力。就拿传统的二级土地开发与旧改的一级土地开发为例，前者多是土地使用者经过开发建设，将新建的项目进行出售或出租；而后者相对更复杂，除了将项目建成后出售或出租，还涉及前期必须符合政府规划、涉及农用地征收、拆迁、安置、文化保护等多个环节。因此，拥有旧改成功案例以及旧改经验，则是对一家企业具有旧改实力最好的证明。

在具有成功案例的少有企业中，最值得一提的是中泰集团，作为在广州深耕多年的本土房企，中泰集团嗅觉敏锐，早已将城市更新作为集团战略，运筹帷幄发力布局，以高品质和开发过程的高效率，在众多企业中脱颖而出。

相比其他公司，中泰集团最大的优势在于具有全盘操作成功经验、储备优质、改造高效率、注重高品质等。目前，中泰已在广州、中山、东莞等城市打造多个城市更新经典之作。近几年，中泰集团在城市更新领域持续发力，在全国布局多个优质旧改项目，土地储备丰厚。

二、品质＋高效率推动

在城市更新这个兵家必争之地，中泰集团早已占得一席之位。深耕多年，成功打造广州中泰天境、东莞中泰峰境、中山中泰上境等旧改项目。

以中泰集团参与改造东莞田美社区（现项目名：中泰峰境）为例，在项目改造前，由于经济发展，田美社区大量村民外迁，村内出现严重空心化、房屋老旧等现象。

中泰集团与村集体达成合作改造后，不仅解决改造资金短缺的问题，同时，还完善田美社区的交通规划、道路改造、公园升级等多个亮点工程，有效改善了社区环境，大幅度提升了土地价值。

值得关注的是，中泰峰境项目也成为东莞市第一宗旧村改造成功案例。

通过"三旧"改造途径，彻底解决了"农民公寓无产权"的问题，返还村集体和村民物业近15万平方米，村民实现了从旧民房搬进商品房的梦想，自身物业性质的改变，使得村民既可买卖变现，又能享受物业增值，同时还可以享有村集体物业收益分成。

　　同时，经过中泰精心打造后，项目变成集购物、娱乐、休闲、交通及教育等完善配套于一体的理想生活社区，受到大量购房者青睐。2017 年项目一期正式开盘，凭借自身的临深、配套、产品、品牌等优势，吸引超 3000 组客户到场，创造"开盘 90 分钟售罄"的纪录。

东莞中泰峰境项目实景图

　　广州中泰天境项目位居广州东部山水新城核心区，改造前为旧厂房，用地效率低下。

　　中泰集团与原业主达成合作改造，原业主以参与权益面积分成形式获取收益。改造后项目成为集高层洋房、公寓、商业综合体、幼儿园于一体的高品质住宅社区。目前该项目已完成精装高品质交付，项目更成为广州市黄埔区第一宗旧改成功案例。

广州中泰天境项目实景图

中山中泰上境位于中山西区休闲文化公园旁，改造前为厂房。中泰集团通过收购原权属企业的全部股权，独立开发建设项目。改造后为集联排别墅、阔景洋房、商业街、小学和幼儿园为一体的低密度高端别墅小区。该项目推出后，从品牌口碑、品质到地段等，均得到广大置业者的认可，2017年度内四次开盘均售罄，屡次打破中山楼市销售纪录。

中山中泰上境项目实景图

不难看出，中泰集团在所参与的旧改项目中，都是以城市优化布局，提供优质的居住及服务配套，推动城区功能的完善和环境品质提升为导向。而在整个改造过程中，中泰集团表现出品质和速度上的保障，也体现中泰在城市更新项目改造中的品牌效益和实力。

三、未来重仓布局旧改项目

在多年旧改项目的累积下，中泰集团不仅摸索出村民、村集体、政府、企业"四方共赢"的模式，同时，在城市更新上也积累了全盘操作的丰富经验，并逐渐形成自己的品牌效益。

实际上，中泰集团在城市更新的亮眼表现，与其多年在行业扎实深耕不无关系。一路厚积薄发，中泰集团实力不容小觑。目前，中泰已发展成综合性集团，形成深耕粤港澳大湾区，辐射全国的战略布局。业务涵盖城市更新与房地产开发、物业经营与服务、海外电信运营与移动互联网、现代物流、健康休闲等多个板块。

在地产开发领域，中泰集团坚持精品战略，已研发出"国院""上境""天境""峰境"等经典系列产品，产品覆盖高端洋房、甲级写字楼、高档公寓、山地高尔夫别墅等多种业态，深耕粤港澳大湾区，辐射全国，形成华南、华中、西南三大核心区域地产战略布局。

如今各个城市更新项目正如火如荼地展开，中泰集团也将始终坚持坚守"以匠心定义品质，用经典诠释品牌"的使命。

搭乘粤港澳大湾区战略，中泰集团在大湾区城市更新布局不断扩大。据悉，中泰集团已全面进驻广州、东莞、中山等湾区城市，签订合作协议数十个。

未来，中泰集团还将高品质的优良基因延续在城市更新领域，并以集团多板块实力支撑，助力城市有机焕新，为城市注入更多经典作品。

合景泰富：城市更新让城市活力生长

文/赵盼盼

城市更新是城市功能的重新定位，也是城市动能的重新发现。在城市规模有限的背景下，我国大型城市已从增量时代进入存量时代，城市更新将成为城市发展的新增长模式。

合景泰富集团应时而动，成立城市更新集团，秉承"让城市活力生长"的愿景，先行布局粤港澳大湾区，将关于未来生活的构想融入居住环境、建筑风格以及人文交流，剑指旧改，审视"时与势""取与舍""破与立"，力求构筑宏大的城市发展图景，焕发城市新的魅力。

一、以实践成就城市更新之道

20 世纪 90 年代的广州，刚跨过城市化快速发展的阶段，在繁华的外表下，"城中村"的问题开始凸显，严重制约了广州市区的发展。2006 年，广州提出"中调"战略：在推动城市可持续发展的基调下，广州的城市发展方式逐渐由外延扩张向中心优化提升方向转变。城中村更新改造便是城市中心优化的重要举措之一。

广州猎德村，占地面积约为 470 亩，南临珠江，是珠江新城中央商务区的黄金地段，地理位置十分优越。2007 年，为了迎合广州亚运会的举办，实现完整的中心规划，猎德村以其优越的区位条件成为广州第一个进行整体改造的城中村。同年 9 月 29 日，猎德村以 46 亿元拍卖出桥西地块，最终由合景泰富和富力地产联合取得，猎德村旧村改造工作迅速开展。

据了解，猎德村纳入改造面积约 55 万平方米，拆迁面积共 68 万平方米，项目于 2007 年 5 月启动拆迁工作，并于 2010 年 9 月村民回迁入伙。短短三年，猎德村发生了翻天覆地的变化。

改造后的新猎德，安置区总建设用地 13.1 万平方米，由 37 栋高层住宅、一所九年义务教育学校和一所幼儿园组成，绿地率由 5% 提高到 30%，建筑密度由 60% 降低到 28%，增加商业、公共服务设施的建设。同时，村民自有的房屋价值和房屋出租收益得到极大的提升，村集体年收入从改造前 1 亿元提高到 5 亿元，村民年均分红亦大大提升。改造以后，猎德村一跃蜕变为广州新贵。

十余年过去，猎德村改造依然是广东乃至全国旧改项目的成功典范。而猎德项目的成功，也为合景泰富布局城市更新打下了坚实的基础。

二、精雕细节·追求品质生活

立业 25 年，合景泰富始终坚持顺应当代城市人居理念的进化节奏，以先行者的姿态，不断创建高品质、高附加值的物业，实现人们追求美好家居的梦想，推动城市生活水平的进步。在城市更新板块，合景泰富依然以宽阔而多元的生活理念，为人们创造更多的期望空间！

（一）宜居·筑公园社区与城市共融

合景泰富将宅居美学文化融入建筑设计，对居住空间进行合理规划，并通过教育资源的整合、园林绿化的改造、公共设施的配建为城市居民营造舒适、宜居的全龄生活社区。

（二）多元·造缤纷商城与城市共荣

遵循城市规划的多元化、精细化发展要求，合景泰富着力打造交通枢纽式商业综合体、高端写字楼、商业展览中心、长租公寓等项目，背靠集团卓越的多元业态整合能力为城市注入蓬勃的发展动能，为城市居民打造得以安居乐业的全生态闭环。

（三）导入·构魅力产城与城市共赢

城市的发展离不开丰富的产业生态支持，合景泰富因地制宜，多维度引入优质产业，创造就业机会，同时引入各产业人才，擎动区域经济高速发展，实现政府、村集体与个人、企业的三方共赢。

（四）传承·建文旅小镇与城市共生

城市如流水，生生不息；城市如薪火，代代相传。通过传统建筑群的保留与修复、宗祠和民俗的流传，合景泰富将"传统文化＋生态保护＋文旅模式"三大特色相互结合，在传承传统文化的同时引入新的商业模式，筑就特色文旅小镇，焕发城镇的新风采。

三、与时俱进·焕新城市魅力

自 1995 年成立以来，合景泰富集团始终秉持"以心筑家·创建未来"的核心理念，以及"根植广州，辐射全国"的发展战略，目前已进驻广州、上海、北京、香港等 39 城，全面覆盖粤港澳大湾区、长三角城市群、环渤海区域及中西部重要城市经济圈，全面进军住宅、购物中心、写字楼、酒店、长租公寓、物业、教育、文旅、大健康等业务板块，现已成为国内领先的城市综合运营商。截至 2019 年 12 月 31 日，合景泰富集团企业总资产达至约 2143 亿元，共计权益建筑总面积约 1701 万平方米的土地储备，总可售货值约 5100 亿元。

近年来，合景泰富紧跟城市发展趋势，准确把握时代脉搏，坚持推进城市"三旧"改造进程。目前，合景泰富城市更新集团已在广州市天河区、黄埔区、番禺区、增城区、南沙区、花都区以及佛山市南海区、禅城区完成布局。带着对城市发展的远见和对土地价值的尊重，合景泰富蓄势待发，担当起城市更新的中坚力量。

未来，合景泰富城市更新集团将持续加速广佛两城的城市更新步伐，以实际行动为粤港澳大湾区城市的蓬勃发展再添活力。

 政策汇编篇

中华人民共和国土地管理法

基本信息

发文字号　中华人民共和国主席令第三十二号

效力级别　法律

时效性　　现行有效

发布日期　2019 – 08 – 26

实施日期　2020 – 01 – 01

发布机关　全国人大常委会

法律修订

1986 年 6 月 25 日第六届全国人民代表大会常务委员会第十六次会议通过

根据 1988 年 12 月 29 日第七届全国人民代表大会常务委员会第五次会议《关于修改〈中华人民共和国土地管理法〉的决定》第一次修正

1998 年 8 月 29 日第九届全国人民代表大会常务委员会第四次会议修订

根据 2004 年 8 月 28 日第十届全国人民代表大会常务委员会第十一次会议《关于修改〈中华人民共和国土地管理法〉的决定》第二次修正

目　　录

第一章　总则

第一条

为了加强土地管理，维护土地的社会主义公有制，保护、开发土地资源，合理利用土地，切实保护耕地，促进社会经济的可持续发展，根据宪法，制定本法。

第二条

中华人民共和国实行土地的社会主义公有制，即全民所有制和劳动群众集体所有制。全民所有，即国家所有土地的所有权由国务院代表国家行使。任何单位和个人不得侵占、买卖或者以其他形式非法转让土地。土地使用权可以依法转让。国家为了公共利益的需要，可以依法对土地实行征收或者征用并给予补偿。国家依法实行国有土地有偿使用制度。但是，国家在法律规定的范围内划拨国有土地使用权的除外。

第三条

十分珍惜、合理利用土地和切实保护耕地是我国的基本国策。各级人民政府应当采取措施，全面规划，严格管理，保护、开发土地资源，制止非法占用土地的行为。

第四条

国家实行土地用途管制制度。国家编制土地利用总体规划，规定土地用途，将土地分为农用地、建设用地和未利用地。严格限制农用地转为建设用地，控制建设用地总量，对耕地实行特殊保护。前款所称农用地是指直接用于农业生产的土地，包括耕地、林地、草地、农田水利用地、养殖水面等；建设用地是指建造建筑物、构筑物的土地，包括城乡住宅和公共设施用地、工矿用地、交通水利设施用地、旅游用地、军事设施用地等；未利用地是指农用地和建设用地以外的土地。使用土地的单位和个人必须严格按照土地利用总体规划确定的用途使用土地。

第五条

国务院自然资源主管部门统一负责全国土地的管理和监督工作。县级以上地方人民政府自然资源主管部门的设置及其职责，由省、自治区、直辖市人民政府根据国务院有关规定确定。

第六条

国务院授权的机构对省、自治区、直辖市人民政府以及国务院确定的城市人民政府土地利用和土地管理情况进行督察。

第七条

任何单位和个人都有遵守土地管理法律、法规的义务，并有权对违反土地管理法律、法规的行为提出检举和控告。

第八条

在保护和开发土地资源、合理利用土地以及进行有关的科学研究等方面成绩显著的单位和个人，由人民政府给予奖励。

第二章 土地的所有权和使用权

第九条

城市市区的土地属于国家所有。农村和城市郊区的土地，除由法律规定属于国家所有的以外，属于农民集体所有；宅基地和自留地、自留山，属于农民集体所有。

第十条

国有土地和农民集体所有的土地，可以依法确定给单位或者个人使用。使用土地的单位和个人，有保护、管理和合理利用土地的义务。

第十一条

农民集体所有的土地依法属于村农民集体所有的，由村集体经济组织或者村民委员会经营、管理；已经分别属于村内两个以上农村集体经济组织的农民集体所有的，由村内各该农村集体经济组织或者村民小组经营、管理；已经属于乡（镇）农民集体所有的，由乡（镇）农村集体经济组织经营、管理。

第十二条

土地的所有权和使用权的登记，依照有关不动产登记的法律、行政法规执行。依法登记的土地的所有权和使用权受法律保护，任何单位和个人不得侵犯。

第十三条

农民集体所有和国家所有依法由农民集体使用的耕地、林地、草地，以及其他依法用于农业的土地，采取农村集体经济组织内部的家庭承包方式承包，不宜采取家庭承包方式的荒山、荒沟、荒丘、荒滩等，可以采取招标、拍卖、公开协商等方式承包，从事种植业、林业、畜牧业、渔业生产。家庭承包的耕地的承包期为三十年，草地的承包期为三十年至五十年，林地的承包期为三十年至七十年；耕地承包期届满后再延长三十年，草地、林地承包期届满后依法相应延长。国家所有依法用于农业的土地可以由单位或者个人承包经营，从事种植业、林业、畜牧业、渔业生产。发包方和承包方应当依法订立承包合同，约定双方的权利和义务。承包经营土地的单位和个人，有保护和按照承包合同约定的用途合理利用土地的义务。

第十四条

土地所有权和使用权争议，由当事人协商解决；协商不成的，由人民政府处理。单位之间的争议，由县级以上人民政府处理；个人之间、个人与单位之间的争议，由乡级人民政府或者县级以上人民政府处理。当事人对有关人民政府的处理决定不服的，可以自接到处理决定通知之日起三十日内，向人民法院起诉。在土地所有权和使用权争议解决前，任何一方不得改变土地利用现状。

第三章　土地利用总体规划

第十五条

各级人民政府应当依据国民经济和社会发展规划、国土整治和资源环境保护的要求、土地供给能力以及各项建设对土地的需求，组织编制土地利用总体规划。土地利用总体规划的规划期限由国务院规定。

第十六条

下级土地利用总体规划应当依据上一级土地利用总体规划编制。地方各级人民政府编制的土地利用总体规划中的建设用地总量不得超过上一级土地利用总体规划确定的控制指标，耕地保有量不得低于上一级土地利用总体规划确定的控制指标。省、自治区、直辖市人民政府编制的土地利用总体规划，应当确保本行政区域内耕地总量不减少。

第十七条

土地利用总体规划按照下列原则编制：（一）落实国土空间开发保护要求，严格土地用途管制；（二）严格保护永久基本农田，严格控制非农业建设占用农用地；（三）提高土地节约集约利用水平；（四）统筹安排城乡生产、生活、生态用地，满足乡村产业和基础设施用地合理需求，促进城乡融合发展；（五）保护和改善生态环境，保障土地的可持续利用；（六）占用耕地与开发复垦耕地数量平衡、质量相当。

第十八条

国家建立国土空间规划体系。编制国土空间规划应当坚持生态优先，绿色、可持续发展，科学有序统筹安排生态、农业、城镇等功能空间，优化国土空间结构和布局，提升国土空间开发、保护的质量和效率。经依法批准的国土空间规划是各类开发、保护、建设活动的基本依据。已经编制国土空间规划的，不再编制土地利用总体规划和城乡规划。

第十九条

县级土地利用总体规划应当划分土地利用区，明确土地用途。乡（镇）土地利用总体规划应当划分土地利用区，根据土地使用条件，确定每一块土地的用途，并予以公告。

第二十条

土地利用总体规划实行分级审批。省、自治区、直辖市的土地利用总体规划，报国务院批准。省、自治区人民政府所在地的市、人口在一百万以上的城市以及国务院指定的城市的土地利用总体规划，经省、自治区人民政府审查同意后，报国务院批准。本条第二款、第三款规定以外的土地利用总体规划，逐级上报省、自治区、直辖市人民政府批准；其中，乡（镇）土地利用总体规划可以由省级人民政府授权的设区的市、自治州人民政府批准。土地利用总体规划一经批准，必须严格执行。

第二十一条

城市建设用地规模应当符合国家规定的标准，充分利用现有建设用地，不占或者尽量少占农用地。城市总体规划、村庄和集镇规划，应当与土地利用总体规划相衔接，城市总体规划、村庄和集镇规划中建设用地规模不得超过土地利用总体规划确定的城市和村庄、集镇建设用地规模。在城市规划区内、村庄和集镇规划区内，城市和村庄、集镇建设用地应当符合城市规划、村庄和集镇规划。

第二十二条

江河、湖泊综合治理和开发利用规划，应当与土地利用总体规划相衔接。在江河、湖泊、水库的管理和保护范围以及蓄洪滞洪区内，土地利用应当符合江河、湖泊综合治理和开发利用规划，符合河道、湖泊行洪、蓄洪和输水的要求。

第二十三条

各级人民政府应当加强土地利用计划管理，实行建设用地总量控制。土地利用年度计划，根据国民经济和社会发展计划、国家产业政策、土地利用总体规划以及建设用地和土地利用的实际状况编制。土地利用年度计划应当对本法第六十三条规定的集体经营性建设用地作出合理安排。土地利用年度计划的编制审批程序与土地利用总体规划的编制审批程序相同，一经审批下达，必须严格执行。

第二十四条

省、自治区、直辖市人民政府应当将土地利用年度计划的执行情况列为国民经济和社会发展计划执行情况的内容，向同级人民代表大会报告。

第二十五条

经批准的土地利用总体规划的修改，须经原批准机关批准；未经批准，不得改变土地利用总体规划确定的土地用途。经国务院批准的大型能源、交通、水利等基础设施建设用地，需要改变土地利用总体规划的，根据国务院的批准文件修改土地利用总体规划。经省、自治区、直辖市人民政府批准的能源、交通、水利等基础设施建设用地，需要改变土地利用总体规划的，属于省级人民政府土地利用总体规划批准权限内的，根据省级人民政府的批准文件修改土地利用总体规划。

第二十六条

国家建立土地调查制度。县级以上人民政府自然资源主管部门会同同级有关部门进行土地调查。土地所有者或者使用者应当配合调查，并提供有关资料。

第二十七条

县级以上人民政府自然资源主管部门会同同级有关部门根据土地调查成果、规划土地用途和国家制定的统一标准，评定土地等级。

第二十八条

国家建立土地统计制度。县级以上人民政府统计机构和自然资源主管部门依法进行土地统计调查，定期发布土地统计资料。土地所有者或者使用者应当提供有关资料，不得拒报、迟报，不得提供不真实、不完整的资料。统计机构和自然资源主管部门共同发布的土地面积统计资料是各级人民政府编制土地利用总体规划的依据。

第二十九条

国家建立全国土地管理信息系统，对土地利用状况进行动态监测。

第四章　耕地保护

第三十条

国家保护耕地，严格控制耕地转为非耕地。国家实行占用耕地补偿制度。非农业建设经批准占用耕地的，按照"占多少，垦多少"的原则，由占用耕地的单位负责开垦与所占用耕地的数量和质量相当的耕地；没有条件开垦或者开垦的耕地不符合要求的，应当按照省、自治区、直辖市的规定缴纳耕地开垦费，专款用于开垦新的耕地。省、自治区、直辖市人民政府应当制定开垦耕地计划，监督占用耕地的单位按照计划开垦耕地或者按照计划组织开垦耕地，并进行验收。

第三十一条

县级以上地方人民政府可以要求占用耕地的单位将所占用耕地耕作层的土壤用于新开垦耕地、劣质地或者其他耕地的土壤改良。

第三十二条

省、自治区、直辖市人民政府应当严格执行土地利用总体规划和土地利用年度计划，采取措施，确保本行政区域内耕地总量不减少、质量不降低。耕地总量减少的，由国务院责令在规定期限内组织开垦与所减少耕地的数量与质量相当的耕地；耕地质量降低的，由国务院责令在规定期限内组织整治。新开垦和整治的耕地由国务院自然资源主管部门会同农业农村主管部门验收。个别省、直辖市确因土地后备资源匮乏，新增建设用地后，新开垦耕地的数量不足以补偿所占用耕地的数量的，必须报经国务院批准减免本行政区域内开垦耕地的数量，易地开垦数量和质量相当的耕地。

第三十三条

国家实行永久基本农田保护制度。下列耕地应当根据土地利用总体规划划为永久基本农田，实行严格保护：（一）经国务院农业农村主管部门或者县级以上地方人民政府批准确定的粮、棉、油、糖等重要农产品生产基地内的耕地；（二）有良好的水利与水土保持设施的耕地，正在实施改造计划以及可以改造的中、低产田和已建成的高标准农田；（三）蔬菜生产基地；（四）农业科研、教学试验田；（五）国务院规定应当划为永久基本农田的其他耕地。各省、自治区、直辖市划定的永久基本农田一般应当占本行政区域内耕地的百分之八十以上，具体比例由国务院根据各省、自治区、直辖市耕地实际情况规定。

第三十四条

永久基本农田划定以乡（镇）为单位进行，由县级人民政府自然资源主管部门会同同级农业农村主管部门组织实施。永久基本农田应当落实到地块，纳入国家永久基本农田数据库严格管理。乡（镇）人民政府应当将永久基本农田的位置、范围向社会公告，并设立保护标志。

第三十五条

永久基本农田经依法划定后，任何单位和个人不得擅自占用或者改变其用途。国家能源、交通、水利、军事设施等重点建设项目选址确实难以避让永久基本农田，涉及农用地转用或者土地征收的，必须经国务院批准。禁止通过擅自调整县级土地利用总体规划、乡（镇）土地利用总体规划等方式规避永久基本农田农用地转用或者土地征收的审批。

第三十六条

各级人民政府应当采取措施，引导因地制宜轮作休耕，改良土壤，提高地力，维护排灌工程设施，防止土地荒漠化、盐渍化、水土流失和土壤污染。

第三十七条

非农业建设必须节约使用土地，可以利用荒地的，不得占用耕地；可以利用劣地的，不得占用好地。禁止占用耕地建窑、建坟或者擅自在耕地上建房、挖砂、采石、采矿、取土等。禁止占用永久基本农田发展林果业和挖塘养鱼。

第三十八条

禁止任何单位和个人闲置、荒芜耕地。已经办理审批手续的非农业建设占用耕地，一年内不用而又可以耕种并收获的，应当由原耕种该幅耕地的集体或者个人恢复耕种，也可以由用地单位组织耕种；一年以上未动工建设的，应当按照省、自治区、直辖市的规定缴纳闲置费；连续二年未使用的，经原批准机关批准，由县级以上人民政府无偿收回用地单位的土地使用权；该幅土地原为农民集体所有的，应当交由原农村集体经济组织恢复耕种。在城市规划区范围内，以出让方式取得土地使用权进行房地产开发的闲置土地，依照《中华人民共和国城市房地产管理法》的有关规定办理。

第三十九条

国家鼓励单位和个人按照土地利用总体规划，在保护和改善生态环境、防止水土流失和土地荒漠化的前提下，开发未利用的土地；适宜开发为农用地的，应当优先开发成农用地。国家依法保护开发者的合法权益。

第四十条

开垦未利用的土地，必须经过科学论证和评估，在土地利用总体规划划定的可开垦的区域内，经依法批准后进行。禁止毁坏森林、草原开垦耕地，禁止围湖造田和侵占江河滩地。根据土地利用总体规划，对破坏生态环境开垦、围垦的土地，有计划有步骤地退耕还林、还牧、还湖。

第四十一条

开发未确定使用权的国有荒山、荒地、荒滩从事种植业、林业、畜牧业、渔业生产的，经县级以上人民政府依法批准，可以确定给开发单位或者个人长期使用。

第四十二条

国家鼓励土地整理。县、乡（镇）人民政府应当组织农村集体经济组织，按照土地利用总体规划，对田、水、路、林、村综合整治，提高耕地质量，增加有效耕地面积，改善农业生产条件和生态环境。地方各级人民政府应当采取措施，改造中、低产田，整治闲散地和废弃地。

第四十三条

因挖损、塌陷、压占等造成土地破坏，用地单位和个人应当按照国家有关规定负责复垦；没有条件复垦或者复垦不符合要求的，应当缴纳土地复垦费，专项用于土地复垦。复垦的土地应当优先用于农业。

第五章　建设用地

第四十四条

建设占用土地，涉及农用地转为建设用地的，应当办理农用地转用审批手续。永久基本农田转为建设用地的，由国务院批准。在土地利用总体规划确定的城市和村庄、集镇建设用地规模范围内，为实施该规划而将永久基本农田以外的农用地转为建设用地的，按土地利用年度计划分批次按照国务院规定由原批准土地利用总体规划的机关或者其授权的机关批准。在已批准的农用地转用范围内，具体建设项目用地可以由市、县人民政府批准。在土地利用总体规划确定的城市和村庄、集镇建设用地规模范围外，将永久基本农田以外的农用地转为建设用地的，由国务院或者国务院授权的省、自治区、直辖市人民政府批准。

第四十五条

为了公共利益的需要，有下列情形之一，确需征收农民集体所有的土地的，可以依法实施征收：（一）军事和外交需要用地的；（二）由政府组织实施的能源、交通、水利、通信、邮政等基础设施建设需要用地的；（三）由政府组织实施的科技、教育、文化、卫生、体育、生态环境和资源保护、防灾减灾、文物保护、社区综合服务、社会福利、市政公用、优抚安置、英烈保护等公共事业需要用地的；（四）由政府组织实施的扶贫搬迁、保障性安居工程建设需要用地的；（五）在土地利用总体规划确定的城镇建设用地范围内，经省级以上人民政府批准由县级以上地方人民政府组织实施的成片开发建设需要用地的；（六）法律规定为公共利益需要可以征收农民集体所有的土地的其他情形。前款规定的建设活动，应当符合国民经济和社会发展规划、土地利用总体规划、城乡规划和专项规划；第（四）项、第（五）项规定的建设活动，还应当纳入国民经济和社会发展年度计划；第（五）项规定的成片开发并应当符合国务院自然资源主管部门规定的标准。

第四十六条

征收下列土地的，由国务院批准：（一）永久基本农田；（二）永久基本农田以外的耕地超过三十五公顷的；（三）其他土地超过七十公顷的。征收前款规定以外的土地的，由省、自治区、直辖市人民政府批准。征收农用地的，应当依照本法第四十四条的规定先行办理农用地转用审批。其中，经国务院批准农用地转用的，同时办理征地审批手续，不再另行办理征地审批；经省、自治区、直辖市人民政府在征地批准权限内批准农用地转用的，同时办理征地审批手续，不再另行办理征地审批，超过征地批准权限的，应当依照本条第一款的规定另行办理征地审批。

第四十七条

国家征收土地的，依照法定程序批准后，由县级以上地方人民政府予以公告并组织实施。县级以上地方人民政府拟申请征收土地的，应当开展拟征收土地现状调查和社会稳定风险评估，并将征收范围、土地现状、征收目的、补偿标准、安置方式和社会保障等在拟征收土地所在的乡（镇）和村、村民小组范围内公告至少三十日，听取被征地的农村集体经济组织及其成员、村民委员会和其他利害关系人的意见。多数被征地的农村集体经济组织成员认为征地补偿安置方案不符合法律、法规规定的，县级以上地方人民政府应当组织召开听证会，并根据法律、法规的规定和听证会情况修改方案。拟征收土地的所有权人、使用权人应当在公告规定期限内，持不动产权属证明材料办理补偿登记。县级以上地方人民政府应当组织有关部门测算并落实有关费用，保证足额到位，与拟征收土地的所有权人、使用权人就补偿、安置等签订协议；个别确实难以达成协议的，应当在申请征收土地时如实说明。相关前期工作完成后，县级以上地方人民政府方可申请征收土地。

第四十八条

征收土地应当给予公平、合理的补偿，保障被征地农民原有生活水平不降低、长远生计有保障。征收土地应当依法及时足额支付土地补偿费、安置补助费以及农村村民住宅、其他地上附着物和青苗等的补偿费用，并安排被征地农民的社会保障费用。征收农用地的土地补偿费、安置补助费标准由省、自治区、直辖市通过制定公布区片综合地价确定。制定区片综合地价应当综合考虑土地原用途、土地资源条件、土地产值、土地区位、土地供求关系、人口以及经济社会发展水平等因素，并至少每三年调整或者重新公布一次。征收农用地以外的其他土地、地上附着物和青苗等的补偿标准，由省、自治区、直辖市制定。对其中的农村村民住宅，应当按照先补偿后搬迁、居住条件有改善的原则，尊重农村村民意愿，采取重新安排宅基地建房、提供安置房或者货币补偿等方式给予公平、合理的补偿，并对因征收造成的搬迁、临时安置等费用予以补偿，保障农村村民居住的权利和合法的住房财产权益。县级以上地方人民政府应当将被征地农民纳入相应的养老等社会保障体系。被征地农民的社会保障费用主要用于符合条件的被征地农民的养老保险等社会保险缴费补贴。被征地农民社会保障费用的筹集、管理和使用办法，由省、自治区、直辖市制定。

第四十九条

被征地的农村集体经济组织应当将征收土地的补偿费用的收支状况向本集体经济组织的成员公布，接受监督。禁止侵占、挪用被征收土地单位的征地补偿费用和其他有关费用。

第五十条

地方各级人民政府应当支持被征地的农村集体经济组织和农民从事开发经营，兴办企业。

第五十一条

大中型水利、水电工程建设征收土地的补偿费标准和移民安置办法，由国务院另行规定。

第五十二条

建设项目可行性研究论证时，自然资源主管部门可以根据土地利用总体规划、土地利用年度计划和建设用地标准，对建设用地有关事项进行审查，并提出意见。

第五十三条

经批准的建设项目需要使用国有建设用地的，建设单位应当持法律、行政法规规定的有关文件，向有批准权的县级以上人民政府自然资源主管部门提出建设用地申请，经自然资源主管部门审查，报本级人民政府批准。

第五十四条

建设单位使用国有土地，应当以出让等有偿使用方式取得；但是，下列建设用地，经县级以上人民政府依法批准，可以以划拨方式取得：（一）国家机关用地和军事用地；

（二）城市基础设施用地和公益事业用地；（三）国家重点扶持的能源、交通、水利等基础设施用地；（四）法律、行政法规规定的其他用地。

第五十五条

以出让等有偿使用方式取得国有土地使用权的建设单位，按照国务院规定的标准和办法，缴纳土地使用权出让金等土地有偿使用费和其他费用后，方可使用土地。自本法施行之日起，新增建设用地的土地有偿使用费，百分之三十上缴中央财政，百分之七十留给有关地方人民政府。具体使用管理办法由国务院财政部门会同有关部门制定，并报国务院批准。

第五十六条

建设单位使用国有土地的，应当按照土地使用权出让等有偿使用合同的约定或者土地使用权划拨批准文件的规定使用土地；确需改变该幅土地建设用途的，应当经有关人民政府自然资源主管部门同意，报原批准用地的人民政府批准。其中，在城市规划区内改变土地用途的，在报批前，应当先经有关城市规划行政主管部门同意。

第五十七条

建设项目施工和地质勘查需要临时使用国有土地或者农民集体所有的土地的，由县级以上人民政府自然资源主管部门批准。其中，在城市规划区内的临时用地，在报批前，应当先经有关城市规划行政主管部门同意。土地使用者应当根据土地权属，与有关自然资源主管部门或者农村集体经济组织、村民委员会签订临时使用土地合同，并按照合同的约定支付临时使用土地补偿费。临时使用土地的使用者应当按照临时使用土地合同约定的用途使用土地，并不得修建永久性建筑物。临时使用土地期限一般不超过二年。

第五十八条

有下列情形之一的，由有关人民政府自然资源主管部门报经原批准用地的人民政府或者有批准权的人民政府批准，可以收回国有土地使用权：（一）为实施城市规划进行旧城区改建以及其他公共利益需要，确需使用土地的；（二）土地出让等有偿使用合同约定的使用期限届满，土地使用者未申请续期或者申请续期未获批准的；（三）因单位撤销、迁移等原因，停止使用原划拨的国有土地的；（四）公路、铁路、机场、矿场等经核准报废的。依照前款第（一）项的规定收回国有土地使用权的，对土地使用权人应当给予适当补偿。

第五十九条

乡镇企业、乡（镇）村公共设施、公益事业、农村村民住宅等乡（镇）村建设，应当按照村庄和集镇规划，合理布局，综合开发，配套建设；建设用地，应当符合乡（镇）土地利用总体规划和土地利用年度计划，并依照本法第四十四条、第六十条、第六十一条、第六十二条的规定办理审批手续。

第六十条

农村集体经济组织使用乡（镇）土地利用总体规划确定的建设用地兴办企业或者与其他单位、个人以土地使用权入股、联营等形式共同举办企业的，应当持有关批准文件，向县级以上地方人民政府自然资源主管部门提出申请，按照省、自治区、直辖市规定的批准权限，由县级以上地方人民政府批准；其中，涉及占用农用地的，依照本法第四十四条的规定办理审批手续。按照前款规定兴办企业的建设用地，必须严格控制。省、自治区、直辖市可以按照乡镇企业的不同行业和经营规模，分别规定用地标准。

第六十一条

乡（镇）村公共设施、公益事业建设，需要使用土地的，经乡（镇）人民政府审核，向县级以上地方人民政府自然资源主管部门提出申请，按照省、自治区、直辖市规定的批准权限，由县级以上地方人民政府批准；其中，涉及占用农用地的，依照本法第四十四条的规定办理审批手续。

第六十二条

农村村民一户只能拥有一处宅基地，其宅基地的面积不得超过省、自治区、直辖市规定的标准。人均土地少、不能保障一户拥有一处宅基地的地区，县级人民政府在充分尊重农村村民意愿的基础上，可以采取措施，按照省、自治区、直辖市规定的标准保障农村村民实现户有所居。农村村民建住宅，应当符合乡（镇）土地利用总体规划、村庄规划，不得占用永久基本农田，并尽量使用原有的宅基地和村内空闲地。编制乡（镇）土地利用总体规划、村庄规划应当统筹并合理安排宅基地用地，改善农村村民居住环境和条件。农村村民住宅用地，由乡（镇）人民政府审核批准；其中，涉及占用农用地的，依照本法第四十四条的规定办理审批手续。农村村民出卖、出租、赠与住宅后，再申请宅基地的，不予批准。国家允许进城落户的农村村民依法自愿有偿退出宅基地，鼓励农村集体经济组织及其成员盘活利用闲置宅基地和闲置住宅。国务院农业农村主管部门负责全国农村宅基地改革和管理有关工作。

第六十三条

土地利用总体规划、城乡规划确定为工业、商业等经营性用途，并经依法登记的集体经营性建设用地，土地所有权人可以通过出让、出租等方式交由单位或者个人使用，并应当签订书面合同，载明土地界址、面积、动工期限、使用期限、土地用途、规划条件和双方其他权利义务。前款规定的集体经营性建设用地出让、出租等，应当经本集体经济组织成员的村民会议三分之二以上成员或者三分之二以上村民代表的同意。通过出让等方式取得的集体经营性建设用地使用权可以转让、互换、出资、赠与或者抵押，但法律、行政法规另有规定或者土地所有权人、土地使用权人签订的书面合同另有约定的除外。集体经营性建设用地的出租，集体建设用地使用权的出让及其最高年限、转让、互换、出资、赠与、抵押等，参照同类用途的国有建设用地执行。具体办法由国务院制定。

第六十四条

集体建设用地的使用者应当严格按照土地利用总体规划、城乡规划确定的用途使用土地。

第六十五条

在土地利用总体规划制定前已建的不符合土地利用总体规划确定的用途的建筑物、构筑物，不得重建、扩建。

第六十六条

有下列情形之一的，农村集体经济组织报经原批准用地的人民政府批准，可以收回土地使用权：（一）为乡（镇）村公共设施和公益事业建设，需要使用土地的；（二）不按照批准的用途使用土地的；（三）因撤销、迁移等原因而停止使用土地的。依照前款第（一）项规定收回农民集体所有的土地的，对土地使用权人应当给予适当补偿。收回集体经营性建设用地使用权，依照双方签订的书面合同办理，法律、行政法规另有规定的除外。

第六章　监督检查

第六十七条

县级以上人民政府自然资源主管部门对违反土地管理法律、法规的行为进行监督检查。县级以上人民政府农业农村主管部门对违反农村宅基地管理法律、法规的行为进行监督检查的，适用本法关于自然资源主管部门监督检查的规定。土地管理监督检查人员应当熟悉土地管理法律、法规，忠于职守、秉公执法。

第六十八条

县级以上人民政府自然资源主管部门履行监督检查职责时，有权采取下列措施：（一）要求被检查的单位或者个人提供有关土地权利的文件和资料，进行查阅或者予以复制；（二）要求被检查的单位或者个人就有关土地权利的问题作出说明；（三）进入被检查单位或者个人非法占用的土地现场进行勘测；（四）责令非法占用土地的单位或者个人停止违反土地管理法律、法规的行为。

第六十九条

土地管理监督检查人员履行职责，需要进入现场进行勘测、要求有关单位或者个人提供文件、资料和作出说明的，应当出示土地管理监督检查证件。

第七十条

有关单位和个人对县级以上人民政府自然资源主管部门就土地违法行为进行的监督检查应当支持与配合，并提供工作方便，不得拒绝与阻碍土地管理监督检查人员依法执行职务。

第七十一条

县级以上人民政府自然资源主管部门在监督检查工作中发现国家工作人员的违法行为，依法应当给予处分的，应当依法予以处理；自己无权处理的，应当依法移送监察机关或者有关机关处理。

第七十二条

县级以上人民政府自然资源主管部门在监督检查工作中发现土地违法行为构成犯罪的，应当将案件移送有关机关，依法追究刑事责任；尚不构成犯罪的，应当依法给予行政处罚。

第七十三条

依照本法规定应当给予行政处罚，而有关自然资源主管部门不给予行政处罚的，上级人民政府自然资源主管部门有权责令有关自然资源主管部门作出行政处罚决定或者直接给予行政处罚，并给予有关自然资源主管部门的负责人处分。

第七章　法律责任

第七十四条

买卖或者以其他形式非法转让土地的，由县级以上人民政府自然资源主管部门没收违法所得；对违反土地利用总体规划擅自将农用地改为建设用地的，限期拆除在非法转让的土地上新建的建筑物和其他设施，恢复土地原状，对符合土地利用总体规划的，没收在非法转让的土地上新建的建筑物和其他设施；可以并处罚款；对直接负责的主管人员和其他直接责任人员，依法给予处分；构成犯罪的，依法追究刑事责任。

第七十五条

违反本法规定，占用耕地建窑、建坟或者擅自在耕地上建房、挖砂、采石、采矿、取土等，破坏种植条件的，或者因开发土地造成土地荒漠化、盐渍化的，由县级以上人民政府自然资源主管部门、农业农村主管部门等按照职责责令限期改正或者治理，可以并处罚款；构成犯罪的，依法追究刑事责任。

第七十六条

违反本法规定，拒不履行土地复垦义务的，由县级以上人民政府自然资源主管部门责令限期改正；逾期不改正的，责令缴纳复垦费，专项用于土地复垦，可以处以罚款。

第七十七条

未经批准或者采取欺骗手段骗取批准，非法占用土地的，由县级以上人民政府自然资源主管部门责令退还非法占用的土地，对违反土地利用总体规划擅自将农用地改为建设用地的，限期拆除在非法占用的土地上新建的建筑物和其他设施，恢复土地原状，对符合土地利用总体规划的，没收在非法占用的土地上新建的建筑物和其他设施，可以并处罚款；对非法占用土地单位的直接负责的主管人员和其他直接责任人员，依法给予处分；构成犯罪的，依法追究刑事责任。超过批准的数量占用土地，多占的土地以非法占用土地论处。

第七十八条

农村村民未经批准或者采取欺骗手段骗取批准，非法占用土地建住宅的，由县级以上人民政府农业农村主管部门责令退还非法占用的土地，限期拆除在非法占用的土地上新建的房屋。超过省、自治区、直辖市规定的标准，多占的土地以非法占用土地论处。

第七十九条

无权批准征收、使用土地的单位或者个人非法批准占用土地的，超越批准权限非法批准占用土地的，不按照土地利用总体规划确定的用途批准用地的，或者违反法律规定的程序批准占用、征收土地的，其批准文件无效，对非法批准征收、使用土地的直接负责的主管人员和其他直接责任人员，依法给予处分；构成犯罪的，依法追究刑事责任。非法批准、使用的土地应当收回，有关当事人拒不归还的，以非法占用土地论处。非法批准征收、使用土地，对当事人造成损失的，依法应当承担赔偿责任。

第八十条

侵占、挪用被征收土地单位的征地补偿费用和其他有关费用，构成犯罪的，依法追究刑事责任；尚不构成犯罪的，依法给予处分。

第八十一条

依法收回国有土地使用权当事人拒不交出土地的，临时使用土地期满拒不归还的，或者不按照批准的用途使用国有土地的，由县级以上人民政府自然资源主管部门责令交还土地，处以罚款。

第八十二条

擅自将农民集体所有的土地通过出让、转让使用权或者出租等方式用于非农业建设，或者违反本法规定，将集体经营性建设用地通过出让、出租等方式交由单位或者个人使用的，由县级以上人民政府自然资源主管部门责令限期改正，没收违法所得，并处罚款。

第八十三条

依照本法规定，责令限期拆除在非法占用的土地上新建的建筑物和其他设施的，建设单位或者个人必须立即停止施工，自行拆除；对继续施工的，作出处罚决定的机关有权制止。建设单位或者个人对责令限期拆除的行政处罚决定不服的，可以在接到责令限期拆除决定之日起十五日内，向人民法院起诉；期满不起诉又不自行拆除的，由作出处罚决定的机关依法申请人民法院强制执行，费用由违法者承担。

第八十四条

自然资源主管部门、农业农村主管部门的工作人员玩忽职守、滥用职权、徇私舞弊，构成犯罪的，依法追究刑事责任；尚不构成犯罪的，依法给予处分。

第八章　附则

第八十五条

外商投资企业使用土地的，适用本法；法律另有规定的，从其规定。

第八十六条

在根据本法第十八条的规定编制国土空间规划前，经依法批准的土地利用总体规划和城乡规划继续执行。

第八十七条

本法自 1999 年 1 月 1 日起施行。

中华人民共和国城市房地产管理法（2019）

(1994 年 7 月 5 日第八届全国人民代表大会常务委员会第八次会议通过　根据2007 年 8 月 30 日第十届全国人民代表大会常务委员会第二十九次会议《关于修改〈中华人民共和国城市房地产管理法〉的决定》第一次修正　根据 2009 年 8 月 27 日第十一届全国人民代表大会常务委员会第十次会议《关于修改部分法律的决定》第二次修正　根据 2019 年 8 月 26 日第十三届全国人民代表大会常务委员会第十二次会议《关于修改〈中华人民共和国土地管理法〉、〈中华人民共和国城市房地产管理法〉的决定》第三次修正)

目　录

第一章　总则

第一条　为了加强对城市房地产的管理，维护房地产市场秩序，保障房地产权利人的合法权益，促进房地产业的健康发展，制定本法。

第二条　在中华人民共和国城市规划区国有土地（以下简称国有土地）范围内取得房地产开发用地的土地使用权，从事房地产开发、房地产交易，实施房地产管理，应当遵守本法。

本法所称房屋，是指土地上的房屋等建筑物及构筑物。

本法所称房地产开发，是指在依据本法取得国有土地使用权的土地上进行基础设施、房屋建设的行为。

本法所称房地产交易，包括房地产转让、房地产抵押和房屋租赁。

第三条　国家依法实行国有土地有偿、有限期使用制度。但是，国家在本法规定的范围内划拨国有土地使用权的除外。

第四条　国家根据社会、经济发展水平，扶持发展居民住宅建设，逐步改善居民的居住条件。

第五条　房地产权利人应当遵守法律和行政法规，依法纳税。房地产权利人的合法权益受法律保护，任何单位和个人不得侵犯。

第六条　为了公共利益的需要，国家可以征收国有土地上单位和个人的房屋，并依法给予拆迁补偿，维护被征收人的合法权益；征收个人住宅的，还应当保障被征收人的居住条件。具体办法由国务院规定。

第七条　国务院建设行政主管部门、土地管理部门依照国务院规定的职权划分，各司其职，密切配合，管理全国房地产工作。

县级以上地方人民政府房产管理、土地管理部门的机构设置及其职权由省、自治区、直辖市人民政府确定。

第二章 房地产开发用地

第一节 土地使用权出让

第八条 土地使用权出让，是指国家将国有土地使用权（以下简称土地使用权）在一定年限内出让给土地使用者，由土地使用者向国家支付土地使用权出让金的行为。

第九条 城市规划区内的集体所有的土地，经依法征收转为国有土地后，该幅国有土地的使用权方可有偿出让，但法律另有规定的除外。

第十条 土地使用权出让，必须符合土地利用总体规划、城市规划和年度建设用地计划。

第十一条 县级以上地方人民政府出让土地使用权用于房地产开发的，须根据省级以上人民政府下达的控制指标拟订年度出让土地使用权总面积方案，按照国务院规定，报国务院或者省级人民政府批准。

第十二条 土地使用权出让，由市、县人民政府有计划、有步骤地进行。出让的每幅地块、用途、年限和其他条件，由市、县人民政府土地管理部门会同城市规划、建设、房产管理部门共同拟定方案，按照国务院规定，报经有批准权的人民政府批准后，由市、县人民政府土地管理部门实施。

直辖市的县人民政府及其有关部门行使前款规定的权限，由直辖市人民政府规定。

第十三条 土地使用权出让，可以采取拍卖、招标或者双方协议的方式。

商业、旅游、娱乐和豪华住宅用地，有条件的，必须采取拍卖、招标方式；没有条件，不能采取拍卖、招标方式的，可以采取双方协议的方式。

采取双方协议方式出让土地使用权的出让金不得低于按国家规定所确定的最低价。

第十四条 土地使用权出让最高年限由国务院规定。

第十五条 土地使用权出让，应当签订书面出让合同。

土地使用权出让合同由市、县人民政府土地管理部门与土地使用者签订。

第十六条 土地使用者必须按照出让合同约定，支付土地使用权出让金；未按照出让合同约定支付土地使用权出让金的，土地管理部门有权解除合同，并可以请求违约赔偿。

第十七条　土地使用者按照出让合同约定支付土地使用权出让金的，市、县人民政府土地管理部门必须按照出让合同约定，提供出让的土地；未按照出让合同约定提供出让的土地的，土地使用者有权解除合同，由土地管理部门返还土地使用权出让金，土地使用者并可以请求违约赔偿。

第十八条　土地使用者需要改变土地使用权出让合同约定的土地用途的，必须取得出让方和市、县人民政府城市规划行政主管部门的同意，签订土地使用权出让合同变更协议或者重新签订土地使用权出让合同，相应调整土地使用权出让金。

第十九条　土地使用权出让金应当全部上缴财政，列入预算，用于城市基础设施建设和土地开发。土地使用权出让金上缴和使用的具体办法由国务院规定。

第二十条　国家对土地使用者依法取得的土地使用权，在出让合同约定的使用年限届满前不收回；在特殊情况下，根据社会公共利益的需要，可以依照法律程序提前收回，并根据土地使用者使用土地的实际年限和开发土地的实际情况给予相应的补偿。

第二十一条　土地使用权因土地灭失而终止。

第二十二条　土地使用权出让合同约定的使用年限届满，土地使用者需要继续使用土地的，应当至迟于届满前一年申请续期，除根据社会公共利益需要收回该幅土地的，应当予以批准。经批准准予续期的，应当重新签订土地使用权出让合同，依照规定支付土地使用权出让金。

土地使用权出让合同约定的使用年限届满，土地使用者未申请续期或者虽申请续期但依照前款规定未获批准的，土地使用权由国家无偿收回。

第二节　土地使用权划拨

第二十三条　土地使用权划拨，是指县级以上人民政府依法批准，在土地使用者缴纳补偿、安置等费用后将该幅土地交付其使用，或者将土地使用权无偿交付给土地使用者使用的行为。

依照本法规定以划拨方式取得土地使用权的，除法律、行政法规另有规定外，没有使用期限的限制。

第二十四条　下列建设用地的土地使用权，确属必需的，可以由县级以上人民政府依法批准划拨：

（一）国家机关用地和军事用地；

（二）城市基础设施用地和公益事业用地；

（三）国家重点扶持的能源、交通、水利等项目用地；

（四）法律、行政法规规定的其他用地。

第三章　房地产开发

第二十五条　房地产开发必须严格执行城市规划，按照经济效益、社会效益、环境效益相统一的原则，实行全面规划、合理布局、综合开发、配套建设。

第二十六条　以出让方式取得土地使用权进行房地产开发的，必须按照土地使用权出让合同约定的土地用途、动工开发期限开发土地。超过出让合同约定的动工开发日期满一年未动工开发的，可以征收相当于土地使用权出让金百分之二十以下的土地闲置费；满二年未动工开发的，可以无偿收回土地使用权；但是，因不可抗力或者政府、政府有关部门的行为或者动工开发必需的前期工作造成动工开发迟延的除外。

第二十七条　房地产开发项目的设计、施工，必须符合国家的有关标准和规范。

房地产开发项目竣工，经验收合格后，方可交付使用。

第二十八条　依法取得的土地使用权，可以依照本法和有关法律、行政法规的规定，作价入股，合资、合作开发经营房地产。

第二十九条　国家采取税收等方面的优惠措施鼓励和扶持房地产开发企业开发建设居民住宅。

第三十条　房地产开发企业是以营利为目的，从事房地产开发和经营的企业。设立房地产开发企业，应当具备下列条件：

（一）有自己的名称和组织机构；

（二）有固定的经营场所；

（三）有符合国务院规定的注册资本；

（四）有足够的专业技术人员；

（五）法律、行政法规规定的其他条件。

设立房地产开发企业，应当向工商行政管理部门申请设立登记。工商行政管理部门对符合本法规定条件的，应当予以登记，发给营业执照；对不符合本法规定条件的，不予登记。

设立有限责任公司、股份有限公司，从事房地产开发经营的，还应当执行公司法的有关规定。

房地产开发企业在领取营业执照后的一个月内，应当到登记机关所在地的县级以上地方人民政府规定的部门备案。

第三十一条 房地产开发企业的注册资本与投资总额的比例应当符合国家有关规定。

房地产开发企业分期开发房地产的，分期投资额应当与项目规模相适应，并按照土地使用权出让合同的约定，按期投入资金，用于项目建设。

第四章 房地产交易

第一节 一般规定

第三十二条 房地产转让、抵押时，房屋的所有权和该房屋占用范围内的土地使用权同时转让、抵押。

第三十三条 基准地价、标定地价和各类房屋的重置价格应当定期确定并公布。具体办法由国务院规定。

第三十四条 国家实行房地产价格评估制度。

房地产价格评估，应当遵循公正、公平、公开的原则，按照国家规定的技术标准和评估程序，以基准地价、标定地价和各类房屋的重置价格为基础，参照当地的市场价格进行评估。

第三十五条 国家实行房地产成交价格申报制度。

房地产权利人转让房地产，应当向县级以上地方人民政府规定的部门如实申报成交价，不得瞒报或者作不实的申报。

第三十六条 房地产转让、抵押，当事人应当依照本法第五章的规定办理权属登记。

第二节 房地产转让

第三十七条 房地产转让，是指房地产权利人通过买卖、赠与或者其他合法方式将其房地产转移给他人的行为。

第三十八条 下列房地产，不得转让：

（一）以出让方式取得土地使用权的，不符合本法第三十九条规定的条件的；

（二）司法机关和行政机关依法裁定、决定查封或者以其他形式限制房地产权利的；

（三）依法收回土地使用权的；

（四）共有房地产，未经其他共有人书面同意的；

（五）权属有争议的；

（六）未依法登记领取权属证书的；

（七）法律、行政法规规定禁止转让的其他情形。

第三十九条 以出让方式取得土地使用权的，转让房地产时，应当符合下列条件：

（一）按照出让合同约定已经支付全部土地使用权出让金，并取得土地使用权证书；

（二）按照出让合同约定进行投资开发，属于房屋建设工程的，完成开发投资总额的百分之二十五以上，属于成片开发土地的，形成工业用地或者其他建设用地条件。

转让房地产时房屋已经建成的，还应当持有房屋所有权证书。

第四十条 以划拨方式取得土地使用权的，转让房地产时，应当按照国务院规定，报有批准权的人民政府审批。有批准权的人民政府准予转让的，应当由受让方办理土地使用权出让手续，并依照国家有关规定缴纳土地使用权出让金。

以划拨方式取得土地使用权的，转让房地产报批时，有批准权的人民政府按照国务院规定决定可以不办理土地使用权出让手续的，转让方应当按照国务院规定将转让房地产所获收益中的土地收益上缴国家或者作其他处理。

第四十一条 房地产转让，应当签订书面转让合同，合同中应当载明土地使用权取得的方式。

第四十二条 房地产转让时，土地使用权出让合同载明的权利、义务随之转移。

第四十三条 以出让方式取得土地使用权的，转让房地产后，其土地使用权的使用年限为原土地使用权出让合同约定的使用年限减去原土地使用者已经使用年限后的剩余年限。

第四十四条 以出让方式取得土地使用权的，转让房地产后，受让人改变原土地使用权出让合同约定的土地用途的，必须取得原出让方和市、县人民政府城市规划行政主管部门的同意，签订土地使用权出让合同变更协议或者重新签订土地使用权出让合同，相应调整土地使用权出让金。

第四十五条 商品房预售，应当符合下列条件：

（一）已交付全部土地使用权出让金，取得土地使用权证书；

（二）持有建设工程规划许可证；

（三）按提供预售的商品房计算，投入开发建设的资金达到工程建设总投资的百分之二十五以上，并已经确定施工进度和竣工交付日期；

（四）向县级以上人民政府房产管理部门办理预售登记，取得商品房预售许可证明。

商品房预售人应当按照国家有关规定将预售合同报县级以上人民政府房产管理部门和土地管理部门登记备案。

商品房预售所得款项，必须用于有关的工程建设。

第四十六条 商品房预售的，商品房预购人将购买的未竣工的预售商品房再行转让的问题，由国务院规定。

第三节 房地产抵押

第四十七条 房地产抵押，是指抵押人以其合法的房地产以不转移占有的方式向抵押权人提供债务履行担保的行为。债务人不履行债务时，抵押权人有权依法以抵押的房地产拍卖所得的价款优先受偿。

第四十八条 依法取得的房屋所有权连同该房屋占用范围内的土地使用权，可以设定抵押权。

以出让方式取得的土地使用权，可以设定抵押权。

第四十九条 房地产抵押，应当凭土地使用权证书、房屋所有权证书办理。

第五十条 房地产抵押，抵押人和抵押权人应当签订书面抵押合同。

第五十一条 设定房地产抵押权的土地使用权是以划拨方式取得的，依法拍卖该房地产后，应当从拍卖所得的价款中缴纳相当于应缴纳的土地使用权出让金的款额后，抵押权人方可优先受偿。

第五十二条 房地产抵押合同签订后，土地上新增的房屋不属于抵押财产。需要拍卖该抵押的房地产时，可以依法将土地上新增的房屋与抵押财产一同拍卖，但对拍卖新增房屋所得，抵押权人无权优先受偿。

第四节 房屋租赁

第五十三条 房屋租赁，是指房屋所有权人作为出租人将其房屋出租给承租人使用，由承租人向出租人支付租金的行为。

第五十四条 房屋租赁，出租人和承租人应当签订书面租赁合同，约定租赁期限、租赁用途、租赁价格、修缮责任等条款，以及双方的其他权利和义务，并向房产管理部门登记备案。

第五十五条 住宅用房的租赁，应当执行国家和房屋所在城市人民政府规定的租赁政策。租用房屋从事生产、经营活动的，由租赁双方协商议定租金和其他租赁条款。

第五十六条 以营利为目的，房屋所有权人将以划拨方式取得使用权的国有土地上建成的房屋出租的，应当将租金中所含土地收益上缴国家。具体办法由国务院规定。

第五节 中介服务机构

第五十七条 房地产中介服务机构包括房地产咨询机构、房地产价格评估机构、房地产经纪机构等。

第五十八条 房地产中介服务机构应当具备下列条件：

（一）有自己的名称和组织机构；

（二）有固定的服务场所；

（三）有必要的财产和经费；

（四）有足够数量的专业人员；

（五）法律、行政法规规定的其他条件。

设立房地产中介服务机构，应当向工商行政管理部门申请设立登记，领取营业执照后，方可开业。

第五十九条 国家实行房地产价格评估人员资格认证制度。

第五章 房地产权属登记管理

第六十条 国家实行土地使用权和房屋所有权登记发证制度。

第六十一条 以出让或者划拨方式取得土地使用权，应当向县级以上地方人民政府土地管理部门申请登记，经县级以上地方人民政府土地管理部门核实，由同级人民政府颁发土地使用权证书。

在依法取得的房地产开发用地上建成房屋的，应当凭土地使用权证书向县级以上地方人民政府房产管理部门申请登记，由县级以上地方人民政府房产管理部门核实并颁发房屋所有权证书。

房地产转让或者变更时，应当向县级以上地方人民政府房产管理部门申请房产变更登记，并凭变更后的房屋所有权证书向同级人民政府土地管理部门申请土地使用权变更登记，经同级人民政府土地管理部门核实，由同级人民政府更换或者更改土地使用权证书。

法律另有规定的，依照有关法律的规定办理。

第六十二条 房地产抵押时，应当向县级以上地方人民政府规定的部门办理抵押登记。

因处分抵押房地产而取得土地使用权和房屋所有权的，应当依照本章规定办理过户登记。

第六十三条 经省、自治区、直辖市人民政府确定，县级以上地方人民政府由一个部门统一负责房产管理和土地管理工作的，可以制作、颁发统一的房地产权证书，依照本法第六十一条的规定，将房屋的所有权和该房屋占用范围内的土地使用权的确认和变更，分别载入房地产权证书。

第六章 法律责任

第六十四条 违反本法第十一条、第十二条的规定，擅自批准出让或者擅自出让土地使用权用于房地产开发的，由上级机关或者所在单位给予有关责任人员行政处分。

第六十五条 违反本法第三十条的规定，未取得营业执照擅自从事房地产开发业务的，由县级以上人民政府工商行政管理部门责令停止房地产开发业务活动，没收违法所得，可以并处罚款。

第六十六条 违反本法第三十九条第一款的规定转让土地使用权的，由县级以上人民政府土地管理部门没收违法所得，可以并处罚款。

第六十七条 违反本法第四十条第一款的规定转让房地产的，由县级以上人民政府土地管理部门责令缴纳土地使用权出让金，没收违法所得，可以并处罚款。

第六十八条 违反本法第四十五条第一款的规定预售商品房的，由县级以上人民政府房产管理部门责令停止预售活动，没收违法所得，可以并处罚款。

第六十九条 违反本法第五十八条的规定，未取得营业执照擅自从事房地产中介服务业务的，由县级以上人民政府工商行政管理部门责令停止房地产中介服务业务活动，没收违法所得，可以并处罚款。

第七十条 没有法律、法规的依据，向房地产开发企业收费的，上级机关应当责令退回所收取的钱款；情节严重的，由上级机关或者所在单位给予直接责任人员行政处分。

第七十一条 房产管理部门、土地管理部门工作人员玩忽职守、滥用职权，构成犯罪的，依法追究刑事责任；不构成犯罪的，给予行政处分。

房产管理部门、土地管理部门工作人员利用职务上的便利，索取他人财物，或者非法收受他人财物为他人谋取利益，构成犯罪的，依法追究刑事责任；不构成犯罪的，给予行政处分。

第七章　附则

　　第七十二条　在城市规划区外的国有土地范围内取得房地产开发用地的土地使用权，从事房地产开发、交易活动以及实施房地产管理，参照本法执行。

　　第七十三条　本法自 1995 年 1 月 1 日起施行。

国务院办公厅关于全面推进
城镇老旧小区改造工作的指导意见

国办发〔2020〕23 号

各省、自治区、直辖市人民政府，国务院各部委、各直属机构：

城镇老旧小区改造是重大民生工程和发展工程，对满足人民群众美好生活需要、推动惠民生扩内需、推进城市更新和开发建设方式转型、促进经济高质量发展具有十分重要的意义。为全面推进城镇老旧小区改造工作，经国务院同意，现提出以下意见：

一、总体要求

（一）指导思想。以习近平新时代中国特色社会主义思想为指导，全面贯彻党的十九大和十九届二中、三中、四中全会精神，按照党中央、国务院决策部署，坚持以人民为中心的发展思想，坚持新发展理念，按照高质量发展要求，大力改造提升城镇老旧小区，改善居民居住条件，推动构建"纵向到底、横向到边、共建共治共享"的社区治理体系，让人民群众生活更方便、更舒心、更美好。

（二）基本原则。

——坚持以人为本，把握改造重点。从人民群众最关心最直接最现实的利益问题出发，征求居民意见并合理确定改造内容，重点改造完善小区配套和市政基础设施，提升社区养老、托育、医疗等公共服务水平，推动建设安全健康、设施完善、管理有序的完整居住社区。

——坚持因地制宜，做到精准施策。科学确定改造目标，既尽力而为又量力而行，不搞"一刀切"、不层层下指标；合理制定改造方案，体现小区特点，杜绝政绩工程、形象工程。

——坚持居民自愿，调动各方参与。广泛开展"美好环境与幸福生活共同缔造"活动，激发居民参与改造的主动性、积极性，充分调动小区关联单位和社会力量支持、参与改造，实现决策共谋、发展共建、建设共管、效果共评、成果共享。

——坚持保护优先，注重历史传承。兼顾完善功能和传承历史，落实历史建筑保护修缮要求，保护历史文化街区，在改善居住条件、提高环境品质的同时，展现城市特色，延续历史文脉。

——坚持建管并重，加强长效管理。以加强基层党建为引领，将社区治理能力建设融入改造过程，促进小区治理模式创新，推动社会治理和服务重心向基层下移，完善小区长效管理机制。

（三）工作目标。2020 年新开工改造城镇老旧小区 3.9 万个，涉及居民近 700 万户；到 2022 年，基本形成城镇老旧小区改造制度框架、政策体系和工作机制；到"十四五"期末，结合各地实际，力争基本完成 2000 年底前建成的需改造城镇老旧小区改造任务。

二、明确改造任务

（一）明确改造对象范围。城镇老旧小区是指城市或县城（城关镇）建成年代较早、失养失修失管、市政配套设施不完善、社区服务设施不健全、居民改造意愿强烈的住宅小区（含单栋住宅楼）。各地要结合实际，合理界定本地区改造对象范围，重点改造 2000 年底前建成的老旧小区。

（二）合理确定改造内容。城镇老旧小区改造内容可分为基础类、完善类、提升类3 类。

1. 基础类。为满足居民安全需要和基本生活需求的内容，主要是市政配套基础设施改造提升以及小区内建筑物屋面、外墙、楼梯等公共部位维修等。其中，改造提升市政配套基础设施包括改造提升小区内部及与小区联系的供水、排水、供电、弱电、道路、供气、供热、消防、安防、生活垃圾分类、移动通信等基础设施，以及光纤入户、架空线规整（入地）等。

2. 完善类。为满足居民生活便利需要和改善型生活需求的内容，主要是环境及配套设施改造建设、小区内建筑节能改造、有条件的楼栋加装电梯等。其中，改造建设环境及配套设施包括拆除违法建设，整治小区及周边绿化、照明等环境，改造或建设小区及周边适老设施、无障碍设施、停车库（场）、电动自行车及汽车充电设施、智能快件箱、智能信包箱、文化休闲设施、体育健身设施、物业用房等配套设施。

3. 提升类。为丰富社区服务供给、提升居民生活品质、立足小区及周边实际条件积极推进的内容，主要是公共服务设施配套建设及其智慧化改造，包括改造或建设小区及周边的社区综合服务设施、卫生服务站等公共卫生设施、幼儿园等教育设施、周界防护等智能感知设施，以及养老、托育、助餐、家政保洁、便民市场、便利店、邮政快递末端综合服务站等社区专项服务设施。

各地可因地制宜确定改造内容清单、标准和支持政策。

（三）编制专项改造规划和计划。各地要进一步摸清既有城镇老旧小区底数，建立项目储备库。区分轻重缓急，切实评估财政承受能力，科学编制城镇老旧小区改造规划和年度改造计划，不得盲目举债铺摊子。建立激励机制，优先对居民改造意愿强、参与积极性高的小区（包括移交政府安置的军队离退休干部住宅小区）实施改造。养老、文化、教育、卫生、托育、体育、邮政快递、社会治安等有关方面涉及城镇老旧小区的各类设施增设或改造计划，以及电力、通信、供水、排水、供气、供热等专业经营单位的相关管线改造计划，应主动与城镇老旧小区改造规划和计划有效对接，同步推进实施。国有企事业单位、军队所属城镇老旧小区按属地原则纳入地方改造规划和计划统一组织实施。

三、建立健全组织实施机制

（一）建立统筹协调机制。各地要建立健全政府统筹、条块协作、各部门齐抓共管的专门工作机制，明确各有关部门、单位和街道（镇）、社区职责分工，制定工作规则、责任清单和议事规程，形成工作合力，共同破解难题，统筹推进城镇老旧小区改造工作。

（二）健全动员居民参与机制。城镇老旧小区改造要与加强基层党组织建设、居民自治机制建设、社区服务体系建设有机结合。建立和完善党建引领城市基层治理机制，充分发挥社区党组织的领导作用，统筹协调社区居民委员会、业主委员会、产权单位、物业服务企业等共同推进改造。搭建沟通议事平台，利用"互联网＋共建共治共享"等线上线下手段，开展小区党组织引领的多种形式基层协商，主动了解居民诉求，促进居民形成共识，发动居民积极参与改造方案制定、配合施工、参与监督和后续管理、评价和反馈小区改造效果等。组织引导社区内机关、企事业单位积极参与改造。

（三）建立改造项目推进机制。区县人民政府要明确项目实施主体，健全项目管理机制，推进项目有序实施。积极推动设计师、工程师进社区，辅导居民有效参与改造。为专业经营单位的工程实施提供支持便利，禁止收取不合理费用。鼓励选用经济适用、绿色环保的技术、工艺、材料、产品。改造项目涉及历史文化街区、历史建筑的，应严格落实相关保护修缮要求。落实施工安全和工程质量责任，组织做好工程验收移交，杜绝安全隐患。充分发挥社会监督作用，畅通投诉举报渠道。结合城镇老旧小区改造，同步开展绿色社区创建。

（四）完善小区长效管理机制。结合改造工作同步建立健全基层党组织领导，社区居民委员会配合，业主委员会、物业服务企业等参与的联席会议机制，引导居民协商确定改造后小区的管理模式、管理规约及业主议事规则，共同维护改造成果。建立健全城镇老旧小区住宅专项维修资金归集、使用、续筹机制，促进小区改造后维护更新进入良性轨道。

四、建立改造资金政府与居民、社会力量合理共担机制

（一）合理落实居民出资责任。按照谁受益、谁出资原则，积极推动居民出资参与改造，可通过直接出资、使用（补建、续筹）住宅专项维修资金、让渡小区公共收益等方式落实。研究住宅专项维修资金用于城镇老旧小区改造的办法。支持小区居民提取住房公积金，用于加装电梯等自住住房改造。鼓励居民通过捐资捐物、投工投劳等支持改造。鼓励有需要的居民结合小区改造进行户内改造或装饰装修、家电更新。

（二）加大政府支持力度。将城镇老旧小区改造纳入保障性安居工程，中央给予资金补助，按照"保基本"的原则，重点支持基础类改造内容。中央财政资金重点支持改造2000年底前建成的老旧小区，可以适当支持2000年后建成的老旧小区，但需要限定年限和比例。省级人民政府要相应做好资金支持。市县人民政府对城镇老旧小区改造给予资金支持，可以纳入国有住房出售收入存量资金使用范围；要统筹涉及住宅小区的各类资金用于城镇老旧小区改造，提高资金使用效率。支持各地通过发行地方政府专项债券筹措改造

资金。

（三）持续提升金融服务力度和质效。支持城镇老旧小区改造规模化实施运营主体采取市场化方式，运用公司信用类债券、项目收益票据等进行债券融资，但不得承担政府融资职能，杜绝新增地方政府隐性债务。国家开发银行、农业发展银行结合各自职能定位和业务范围，按照市场化、法治化原则，依法合规加大对城镇老旧小区改造的信贷支持力度。商业银行加大产品和服务创新力度，在风险可控、商业可持续前提下，依法合规对实施城镇老旧小区改造的企业和项目提供信贷支持。

（四）推动社会力量参与。鼓励原产权单位对已移交地方的原职工住宅小区改造给予资金等支持。公房产权单位应出资参与改造。引导专业经营单位履行社会责任，出资参与小区改造中相关管线设施设备的改造提升；改造后专营设施设备的产权可依照法定程序移交给专业经营单位，由其负责后续维护管理。通过政府采购、新增设施有偿使用、落实资产权益等方式，吸引各类专业机构等社会力量投资参与各类需改造设施的设计、改造、运营。支持规范各类企业以政府和社会资本合作模式参与改造。支持以"平台＋创业单元"方式发展养老、托育、家政等社区服务新业态。

（五）落实税费减免政策。专业经营单位参与政府统一组织的城镇老旧小区改造，对其取得所有权的设施设备等配套资产改造所发生的费用，可以作为该设施设备的计税基础，按规定计提折旧并在企业所得税前扣除；所发生的维护管理费用，可按规定计入企业当期费用税前扣除。在城镇老旧小区改造中，为社区提供养老、托育、家政等服务的机构，提供养老、托育、家政服务取得的收入免征增值税，并减按90%计入所得税应纳税所得额；用于提供社区养老、托育、家政服务的房产、土地，可按现行规定免征契税、房产税、城镇土地使用税和城市基础设施配套费、不动产登记费等。

五、完善配套政策

（一）加快改造项目审批。各地要结合审批制度改革，精简城镇老旧小区改造工程审批事项和环节，构建快速审批流程，积极推行网上审批，提高项目审批效率。可由市县人民政府组织有关部门联合审查改造方案，认可后由相关部门直接办理立项、用地、规划审批。不涉及土地权属变化的项目，可用已有用地手续等材料作为土地证明文件，无需再办理用地手续。探索将工程建设许可和施工许可合并为一个阶段，简化相关审批手续。不涉及建筑主体结构变动的低风险项目，实行项目建设单位告知承诺制的，可不进行施工图审查。鼓励相关各方进行联合验收。

（二）完善适应改造需要的标准体系。各地要抓紧制定本地区城镇老旧小区改造技术规范，明确智能安防建设要求，鼓励综合运用物防、技防、人防等措施满足安全需要。及时推广应用新技术、新产品、新方法。因改造利用公共空间新建、改建各类设施涉及影响日照间距、占用绿化空间的，可在广泛征求居民意见基础上一事一议予以解决。

（三）建立存量资源整合利用机制。各地要合理拓展改造实施单元，推进相邻小区及周边地区联动改造，加强服务设施、公共空间共建共享。加强既有用地集约混合利用，在不违反规划且征得居民等同意的前提下，允许利用小区及周边存量土地建设各类环境及配套设施和公共服务设施。其中，对利用小区内空地、荒地、绿地及拆除违法建设腾空土地等加装电梯和建设各类设施的，可不增收土地价款。整合社区服务投入和资源，通过统筹利用公有住房、社区居民委员会办公用房和社区综合服务设施、闲置锅炉房等存量房屋资源，增设各类服务设施，有条件的地方可通过租赁住宅楼底层商业用房等其他符合条件的房屋发展社区服务。

（四）明确土地支持政策。城镇老旧小区改造涉及利用闲置用房等存量房屋建设各类公共服务设施的，可在一定年期内暂不办理变更用地主体和土地使用性质的手续。增设服务设施需要办理不动产登记的，不动产登记机构应依法积极予以办理。

六、强化组织保障

（一）明确部门职责。住房城乡建设部要切实担负城镇老旧小区改造工作的组织协调和督促指导责任。各有关部门要加强政策协调、工作衔接、调研督导，及时发现新情况新问题，完善相关政策措施。研究对城镇老旧小区改造工作成效显著的地区给予有关激励政策。

（二）落实地方责任。省级人民政府对本地区城镇老旧小区改造工作负总责，要加强统筹指导，明确市县人民政府责任，确保工作有序推进。市县人民政府要落实主体责任，主要负责同志亲自抓，把推进城镇老旧小区改造摆上重要议事日程，以人民群众满意度和受益程度、改造质量和财政资金使用效率为衡量标准，调动各方面资源抓好组织实施，健全工作机制，落实好各项配套支持政策。

（三）做好宣传引导。加大对优秀项目、典型案例的宣传力度，提高社会各界对城镇老旧小区改造的认识，着力引导群众转变观念，变"要我改"为"我要改"，形成社会各界支持、群众积极参与的浓厚氛围。要准确解读城镇老旧小区改造政策措施，及时回应社会关切。

国务院办公厅

2020 年 7 月 10 日

广东省深入推进"三旧"改造三年行动方案（2019—2021 年）

为推动我省"三旧"改造取得突破性进展，深化土地供给侧结构性改革，优化土地资源要素供给，助力乡村振兴战略实施和粤港澳大湾区城市群建设，促进高质量发展，经省人民政府同意，制定本方案。

一、工作目标

至 2021 年，全省新增实施"三旧"改造面积 23 万亩以上，完成改造面积 15 万亩以上（各地市改造目标任务详见附件），投入改造资金 5000 亿元以上（社会投资约占 85%，市县级财政投入约占 15%），其中珠三角城市新增实施改造面积占比在 80% 以上，"三旧"改造体制机制进一步健全，综合效益明显提升，配套政策体系更加完备，闯出高密度城市通过低效存量用地再开发促进高质量发展、偏远农村通过激活土地资源助力乡村振兴的新路子，在节约集约用地方面继续走在全国前列。

二、重点行动

（一）强化规划支撑引导

1. 修编完善"三旧"改造专项规划。结合国土空间规划工作部署及实际工作需要，及时启动新一轮"三旧"改造专项规划修编工作，对"三旧"改造总体目标和规模、重点区域、改造时序和策略等作出统筹安排。（各地级以上市人民政府负责，2020年12月底前完成）

2. 组织编制"三旧"改造单元规划。有条件、有需求的地区应根据成片连片改造需要和有关技术规范要求，合理划定改造单元，组织编制实施"三旧"改造单元规划。对以拆除重建、改建扩建等方式实施改造需要保留的历史遗产、不可移动文物或历史建筑，制定相应保护管理措施。（各地级以上市人民政府负责，2021年12月底前完成）

3. 建立健全"三旧"改造涉及详细规划的分层编制审批流程。探索"单元通则＋地块图则"的分层编制、审批和实施管理模式，优化审批流程。（省自然资源厅负责，2020年12月底前完成）

4. 优化建设用地规模调节机制。对不符合现行土地利用总体规划，但确需实施"三旧"改造的土地，明确调整落实建设用地规模并完善相关手续后实施改造的实施路径。（省自然资源厅负责，2020年6月底前完成）

（二）优化项目审查报批机制

5. 优化市县层面审批流程。依法精简审批环节和事项，优化审批权限配置，明确各环节（包括政府审批环节）办理时限，制定审批流程图并向社会公开。探索"三旧"改造用地审批事项一次性打包审批。（各地级以上市人民政府负责，2020年6月底前完成）

6. 优化微改造项目行政审批手续。建立微改造项目改造方案并联审查审批制度，制定优化规划、用地、建设、消防、商事登记等审批手续办理流程的操作细则。（各地级以上市人民政府负责，2020年6月底前完成）

7. 实施区域评估制度。加快组织对改造项目集中区域的压覆重要矿产资源、环境影响、节能、地质灾害危险性、地震安全性等事项进行区域评估。（各地级以上市人民政府

负责，2020 年 6 月底前完成）

（三）建立系统性的激励倒逼机制

8. 完善土地收益分配政策规定。对本地已出台文件中土地收储补偿标准、协议出让地价计收标准、出让收益返还标准、无偿移交公益性用地等规定进行梳理和修订，进一步整合优化奖补政策，探索完善单一主体归宗改造、旧村庄改造公开选择合作改造单位、自行改造项目无偿移交公益性用地、政府引入市场主体实施拆迁改造、不动产注销登记等方面的操作规范，加大政策支持力度。（各地级以上市人民政府负责，2020 年 6 月底前完成）

9. 制定农村集体土地上房屋搬迁补偿安置具体规定。参照国有土地上房屋征收补偿相关规定，结合各地实际，明确"三旧"改造中征收农村集体土地上房屋的补偿核算方法及补偿安置方式。（各地级以上市人民政府负责，2019 年 12 月底前完成）

10. 加大财政奖补力度。省级统筹整合使用相关财政资金，支持各地开展"三旧"改造工作（省财政厅牵头，省工业和信息化厅、自然资源厅、住房城乡建设厅、文化和旅游厅等配合，2020 年 12 月底前完成）。市县人民政府落实资金保障，重点支持村级工业园改造、"工改工"项目及公益性项目建设。（各地级以上市人民政府负责，2021 年 12 月底前完成）

11. 落实改造项目税费优惠政策。修订完善《广东省"三旧"改造税收指引》，对"三旧"改造过程中安置、返还物业的税务处理问题，积极向国家税务主管部门汇报，争取国家政策支持（省税务局牵头，省财政厅、自然资源厅、住房城乡建设厅、农业农村厅等配合，2019 年 12 月底前完成）。进一步规范涉及"三旧"改造的非税财政票据和农村集体经济组织收据的印制、领用与核销（省财政厅、农业农村厅牵头，省自然资源厅、省税务局等配合，2019 年 12 月底前完成）。全面梳理"三旧"改造涉及的行政事业性收费和政府性基金，严格执行国家和省出台的各项减费政策。（各地级以上市人民政府负责，2019 年 12 月底前完成）

12. 加大金融支持力度。根据"三旧"改造项目的特点和需求，创新信贷金融产品，探索贷款担保新模式、开展债权融资、建立"三旧"改造贷款还款保障制度。（省地方金融监管局牵头，省工业和信息化厅、财政厅、自然资源厅和广东银保监局等配合，2021 年 12 月底前完成）

13. 建立倒逼促改制度。建立建设用地规模分配与"三旧"改造成效挂钩机制（省自然资源厅负责，2020 年 12 底前完成）。建立制造业企业"亩均效益"综合评价体系，对用地效率进行分等定级，并制定实施用能、用电、用水、排污权等方面差别化配置政策。

建立公安、自然资源、住房城乡建设、生态环境、市场监管、税务、应急管理等多部门联合执法机制，运用综合手段提高"三旧"用地占用人的运营成本，倒逼其主动升级改造。（各地级以上市人民政府负责，2021 年 12 底前完成）

（四）强化"三旧"改造项目实施监管

14. 完善项目协议监管机制。对改造项目实施提出约束条件的部门，按照"谁提出、谁监管"的原则，依据项目监管协议、土地出让合同、划拨决定书的约定或规定进行联合监管，并按职能分工依法依规或依约进行处置。建立银行履约保函、补偿安置资金监管等相关制度。探索建立村企合作改造协议监管制度，加强合规性审查和企业履约监管。（各地级以上市人民政府负责，2021 年 12 月底前完成）

15. 保障工业发展空间。建立"工改工"项目市场调控机制，防范商业资本炒作工业地产。建立工业用地、厂房信息公开发布平台，实时发布厂房供需及交易信息。规范新型产业用地类改造项目管理，支持新兴产业发展，防止变相实施"工改商"。（各地级以上市人民政府负责，2021 年 12 月底前完成）

（五）推进解决"三旧"改造矛盾纠纷

16. 加强"三旧"改造中拆迁纠纷处理的司法指导。对"三旧"改造尤其是农村集体土地上房屋搬迁补偿安置矛盾纠纷案件的审理、裁判和执行加强司法指导，依法有效化解相关补偿争议，维护社会稳定。（省法院牵头，省司法厅、自然资源厅、农业农村厅等配合，2021 年 12 月底前完成）

（六）推进"三旧"改造立法工作

17. 推动"三旧"改造地方立法。研究出台《广东省旧城镇旧厂房旧村庄改造管理办法》，适时启动"三旧"改造地方立法工作。（省自然资源厅牵头，省司法厅、省法院等配合，2021 年 12 月底前完成）

三、保障措施

（一）加强组织领导。各地级以上市人民政府要建立健全"三旧"改造工作协调机制，配齐配强工作力量，将各项任务落实落细。省各有关单位要各司其职、各负其责，加大政策支持力度，积极支持、指导市县推动重点行动落地，形成强大工作合力。

（二）强化机制建设。各地、各有关单位要综合运用经济、法律、技术和必要的行政手段，形成引导土地权利人自发改造的常态长效机制。省自然资源厅定期组织对专项行动落实情况进行总结评估，评估结果报送省人民政府。

（三）强化工作考核。省各有关单位落实行动方案情况，将作为其绩效考核的内容。在我省耕地保护目标责任考核中，强化对"三旧"改造工作的考评，考核结果将提供给组织部门作为政府负责人综合考核评价的重要内容。

（四）严防廉政风险。各地、各有关单位要不断健全规章制度，落实"三旧"改造全流程全覆盖公开制度，堵塞管理漏洞，建立有效的风险防控体系，努力打造"三旧"改造阳光工程，严防职务犯罪。省自然资源厅对各地行使省委托审批审核权限所涉事项加强事中事后监管，确保"放得下、接得住、用得好"。

（五）积极宣传引导。综合利用信息网络、新闻媒体、专家论坛、项目推介会等多种形式，广泛宣传"三旧"改造对美化人居环境、补充公益设施等方面的重要意义、突出成效，营造全社会共同推动"三旧"改造的良好氛围。

附件："三旧"改造任务分配情况表（2019—2021 年）

附件

"三旧"改造任务分配情况表（2019—2021 年）

地市	2019—2021 年"三旧"改造任务面积		2019—2021 年完成"工改工"改造项目任务面积
	新增实施改造任务面积	完成改造任务面积	
广州	54000	35000	2500
深圳	27000	14000	1500
珠海	9000	6000	300
汕头	3000	2100	500
佛山	40000	25000	8000
韶关	4800	3100	200
河源	2100	1500	200
梅州	2700	2100	200
惠州	9500	6000	2000
汕尾	2100	1500	200
东莞	21000	18000	8500
中山	9600	6000	1500
江门	9500	6000	600

续表

地市	2019—2021 年"三旧"改造任务面积		2019—2021 年完成"工改工"
	新增实施改造任务面积	完成改造任务面积	改造项目任务面积
阳江	3000	2400	500
湛江	7000	4700	600
茂名	5100	3900	800
肇庆	8000	4500	500
清远	4500	3000	200
潮州	3000	2000	800
揭阳	3000	2000	200
云浮	2100	1200	200
珠三角城市	187600	120500	25400
全省总计	230000	150000	30000

广东省人民政府关于深化改革加快推动"三旧"改造促进高质量发展的指导意见

粤府〔2019〕71号

各地级以上市人民政府，省政府各部门、各直属机构：

为深入实施党中央、国务院关于粤港澳大湾区建设的战略部署，继续深入推进节约集约用地示范省建设，全面推进土地供给侧结构性改革，优化"三旧"改造市场化运作机制，加快推动"三旧"改造取得突破性进展，促进高质量发展，提出如下指导意见：

一、重要意义

全面促进资源节约集约利用，功在当代、利在千秋。2009年以来，按照部省合作共建节约集约用地示范省的部署，我省在全国率先开展"三旧"改造工作，在盘活存量土地资源、保障经济社会发展方面发挥了积极作用，为国家建立城镇低效用地再开发制度提供了"广东经验"。但在"三旧"改造实践过程中，我省还存在推进机制不完善、政策体系不健全、未形成强大合力等问题，需要进一步深化改革创新，激发市场活力，形成强大动力，推动"三旧"改造取得突破性进展。加快推动"三旧"改造，是我省深入贯彻落实新发展理念、全面推动土地供给侧结构性改革、促进高质量发展的重要举措，是优化国土空间格局、提升城市形象和发展竞争力、助力粤港澳大湾区建设世界级城市群的现实需要，是我省实现"四个走在前列"、当好"两个重要窗口"的必然要求。

二、总体要求

（一）指导思想。

以习近平新时代中国特色社会主义思想为指导，全面贯彻党的十九大和十九届二中、三中全会精神，深入贯彻习近平总书记对广东重要讲话和重要指示批示精神，按照党中央、国务院关于深入推进城镇低效用地再开发的决策部署，遵循市场化运作规律，以优化"三旧"改造内生动力机制为方向，以提高存量土地资源配置效率为核心，以改善城乡人居环境、促进产业转型升级、加强历史文化和生态环境保护为重点，以打造多元化的配套政策体系为基础，全力推动"三旧"改造取得突破性进展。

（二）工作原则。

坚持以人民为中心。加大政府让利惠民力度，坚持"先安置、后拆迁"，总结规范改造模式，完善用地指标流转交易平台，维护原权利人合法权益，调动农村集体经济组织和农民的积极性、主动性，满足人民群众对美好生活的向往。

坚持以目标为引领。以促进城乡融合发展和经济高质量发展为根本目标，加大政策创新供给力度，推动建立政府引导、市场运作、规划统筹、政策支撑、法治保障的"三旧"改造工作新格局。

坚持以问题为导向。瞄准入库门槛高、规划调整难、税费负担重、土地征拆难等问题，运用系统改革思维，构建开放型、综合性、多元化的政策体系，形成工作合力。

坚持优化国土空间格局。综合考虑经济发展、国土空间利用、生态文明建设等因素，坚持拆改留相结合，运用"绣花"功夫加强历史文化保护，精准扶持重大产业类和公益性项目，全面优化生产空间、生活空间、生态空间以及社会治理空间。

三、深化改革措施

（三）创新规划管理制度。

1. "三旧"改造单元规划可作为项目实施依据。"三旧"改造涉及控制性详细规划未覆盖的区域，可由规划主管部门组织编制"三旧"改造单元规划，参照控制性详细规划审批程序批准后，作为控制性详细规划实施。"三旧"改造涉及控制性详细规划调整的，可参照控制性详细规划修改程序批准"三旧"改造单元规划，覆盖原控制性详细规划。

2. 优化建设用地规模调节机制。确需实施"三旧"改造，但因不符合土地利用总体规划而无法纳入"三旧"改造标图建库范围的，可按程序和权限修改土地利用总体规划，落实建设用地规模后纳入标图建库范围。涉及城市总体规划限建区的，可按程序一并调整。各级国土空间规划编制完成后，各地可按照国土空间规划管理要求进行衔接或调整。

（四）创新审查报批机制。

3. 优化标图建库审查要求。实地在 2009 年 12 月 31 日前已建设使用且符合上盖物占地比例要求，但第二次全国土地调查或最新的土地利用现状图确定为非建设用地，不涉及复垦且确需改造建设的，落实建设用地规模后可纳入标图建库范围。将相邻多宗地整体入库的，可以整体核算上盖物占地比例，但不得包含已认定为闲置土地的地块。上盖物占地比例未达到30%，但符合相关规划条件或行业用地标准规定的下限，或改造后用于建设教育、医疗、养老、体育等公益性项目的，可纳入标图建库范围。

4. 简化"三旧"用地报批手续。实地在 2009 年 12 月 31 日前已建设使用且已按第3点规定纳入标图建库范围的，遵循实事求是的原则，落实建设用地规模后可按建设用地办理"三旧"用地手续。涉及完善集体建设用地手续并转为国有建设用地的"三旧"改造项目，可将项目改造方案以及完善集体建设用地手续材料、转为国有建设用地材料一并报地级以上市人民政府审批。

5. 优化微改造项目行政审批手续。对于纳入标图建库范围，以保留原建筑物主体或采取加建扩建、局部拆建、完善公建配套设施、改变建筑使用功能等方式实施的微改造项目，优化规划、用地、建设、消防、商事登记等行政审批手续办理流程，提高审批效率。

具体实施细则由各地级以上市人民政府自行制定。

6. 推行区域评估制度。对已完成区域评估的连片改造村级工业园、"工改工"等项目，在符合区域评估报告使用条件下，不再要求单个改造项目进行压覆重要矿产资源、节能、环境影响、地质灾害危险性、地震安全性等相关评估。

（五）支持整体连片改造。

7. 支持旧城镇、旧村庄整体改造。对以拆除重建方式实施的旧城镇、旧村庄改造项目，应以成本和收益基本平衡为原则合理确定容积率；因用地和规划条件限制无法实现盈亏平衡的，可通过政府补助、异地安置、容积率异地补偿等方式进行统筹平衡。经农村集体经济组织同意，旧村庄改造项目可整合本村权属范围内符合土地利用总体规划和城乡规划的其他用地，纳入旧村庄改造项目一并实施改造。纳入的其他用地可参照边角地、夹心地、插花地有关规定进行用地报批，但只能用于复建安置或公益设施建设。整体连片改造时要合理安排一定比例用地，用于基础设施、市政设施、公益事业等公共设施建设，充分保障教育、医疗、养老、体育用地需求，切实加强对历史遗产、不可移动文物及历史建筑的保护。

8. 支持集体和国有建设用地混合改造。对于纳入"三旧"改造范围、位置相邻的集体建设用地与国有建设用地，可一并打包进入土地市场，通过公开交易或协议方式确定使用权人，实行统一规划、统一改造、统一运营。各地实施集体和国有建设用地混合改造时，应严格控制国有建设用地的规模上限及其所占的比例。

9. 支持土地置换后连片改造。在符合规划、权属清晰、双方自愿、价值相当的前提下，允许"三旧"用地之间或"三旧"用地与其他存量建设用地进行空间位置互换。以拆除重建方式实施的"三旧"改造项目，可将标图建库范围内的"三旧"用地进行复垦，复垦产生的建设用地规模和指标可用于本项目范围内的非建设用地，办理转用手续后一并实施改造，也可有偿转让给本市其他"三旧"改造项目使用。

（六）支持降低用地成本。

10. 采取多种地价计收方式。"三旧"改造供地，可以单宗或区片土地市场评估价为基础，综合考虑改造主体承担的拆迁安置费用、移交给政府的公益性用地及物业等因素确定政府应收地价款。在保障政府收益不受损的前提下，允许以建筑物分成或收取公益性用地等方式替代收缴土地价款。具体地价计收标准及形式由各地级以上市人民政府制定。

11. 创新创业载体享受差别化地价。鼓励各地利用"三旧"用地建设科技企业孵化器、众创空间、新型研发机构、实验室、专业镇协同创新中心等创新创业载体，按科教用地或工业用地用途供地，并综合考虑分割转让比例、转让限制条件、政府回购权等因素实行差别化地价。

（七） 支持优化利益分配。

12. 实行土地增值税补助政策。自 2019 年度起，各地级以上市"三旧"改造项目所产生的土地增值税收入（全口径）较上一年度增长超过 8% 的部分，由省按 30% 的比例核定补助该市。对于人为调节"三旧"改造项目土地增值税收入进度的市，不予安排对应年度补助。具体由各地级以上市政府提出资金补助申请报省财政厅，省财政厅会同省自然资源厅、省税务局审核后，办理资金拨付。

13. 加大对"工改工"及公益性项目奖补力度。各地应落实资金保障，统筹运用"三旧"改造土地出让、税收等资金，对村级工业园改造、"工改工"项目和增加绿地、体育公园、历史文物保护等公益性改造项目实施奖补。省级统筹整合使用相关财政资金，支持市县开展"三旧"改造工作，具体操作办法由省财政厅会同省工业和信息化厅、自然资源厅、住房城乡建设厅制定。

14. 降低改造项目税收负担。经项目所在地县级以上人民政府确认，同一项目原多个权利主体通过权益转移形成单一主体承担拆迁改造工作的，属于政府征收（收回）房产、土地并出让的行为，按相关税收政策办理。具体税收指引由省税务局会同省财政厅、自然资源厅制定。

（八） 强化倒逼促改措施。

15. 提高低效用地项目运营成本。各地可根据项目用地规模、亩均产值、单位能耗、排污强度、劳动生产率等指标对用地效率进行分等定级，并在用能、用电、用水、排污权等方面实行差别化配置，倒逼低效用地主体主动实施改造或退出用地。

（九） 强化行政司法保障。

16. 实行政府裁决和司法裁判。"三旧"改造项目，多数原权利主体同意改造，少数原权利主体不同意改造的，按照《中华人民共和国土地管理法》及其实施条例、《国有土地上房屋征收与补偿条例》相关规定处理；法律法规没有规定的，可积极探索政府裁决。对由市场主体实施且"三旧"改造方案已经批准的拆除重建类改造项目，特别是原有建筑物存在不符合安全生产、城乡规划、生态环保、建筑结构安全、消防安全要求或妨害公共卫生、社会治安、公共安全、公共交通等情况，原权利主体对搬迁补偿安置协议不能达成一致意见，符合以下分类情形的，原权利主体均可向项目所在地县级以上人民政府申请裁决搬迁补偿安置协议的合理性，并要求限期搬迁。

（1）土地或地上建筑物为多个权利主体按份共有的，占份额不少于三分之二的按份共有人已签订搬迁补偿安置协议；

（2）建筑物区分所有权的，专有部分占建筑物总面积不少于三分之二且占总人数不少于三分之二的权利主体已签订搬迁补偿安置协议；

（3）拆除范围内用地包含多个地块的，符合上述规定的地块总用地面积应当不少于拆除范围用地面积的80%；

（4）属于旧村庄改造用地，农村集体经济组织以及不少于三分之二的村民或户代表已签订搬迁补偿安置协议。

对政府裁决不服的，可依法申请行政复议或提起行政诉讼。当事人在法定期限内不申请行政复议或提起行政诉讼且不履行裁决的，由作出裁决的人民政府申请人民法院强制执行。

县级以上人民政府进行裁决前，应当先进行调解。

（十）强化项目实施监管。

17. 实行项目协议监管。各地要建立改造项目协议监管和多部门联合监管机制。对于产业类改造项目，可将产业准入条件、投产时间、投资强度、产出效率和节能环保、股权变更约束等要求纳入项目监管协议。对于改造主体不依规依约实施改造的，市县级人民政府应责令改造主体限期整改，拒不整改的可由原批准单位撤销对改造方案的批复，并将企业失信行为纳入信用记录向社会公布，依法限制改造主体参与其他"三旧"改造项目。

18. 发挥政府补位作用。对于市场主导的拆除重建类改造项目，市场主体已征得第16点规定比例的原权利主体同意，但项目仍难以推进，在政府规定的期限内无法与所有原权利主体达成搬迁补偿协议的，该市场主体可申请将项目转为由政府主导的方式推进。市县级人民政府可在现有工作基础上继续推进土地、房产征收（收回）工作，并对经核定的市场主体前期投入费用予以合理补偿。

19. 实行信息全流程公开。各地要以信息公开为抓手，建立有效的风险防控体系，打造"三旧"改造阳光工程，严防廉政风险。将"三旧"改造标图建库、项目确认、规划计划编制、改造方案及用地审批、签订监管协议、土地供应、地价款核算、税费缴交、竣工验收等各事项的标准和办事流程纳入政府信息主动公开范围。对具体"三旧"改造项目的审批结果应依法依规及时公开。

四、工作要求

（十一）**强化市县政府主体责任**。市县政府要充分认识"三旧"改造的重大意义，切实履行主体责任。建立完善由政府牵头的"三旧"改造工作协调机制和容错纠错机制，主要负责人要亲自抓，督促相关部门各司其职、各负其责，合力推进"三旧"改造工作。针对"三旧"改造重点区域，要组织公安、自然资源、生态环境、住房城乡建设、市场监管、税务等部门加大联合执法力度，坚决清理各种违法违规生产经营行为，强力推进违法用地、违法建设治理工作。

（十二）**强化协同推进合力**。各有关部门要明确分工，落实"三旧"改造工作责任。自然资源部门负责统筹推进"三旧"改造工作，重点做好标图建库、规划用地管理、不动产登记等工作，加强政策解读和宣传。住房城乡建设部门（城市管理综合执法部门）负责"三旧"改造涉及违法建设治理、市政配套设施建设监督、历史建筑保护利用等工作。工业和信息化部门负责对制造业企业"亩均效益"进行综合评价及倒逼促改、引导村级工业园升级改造等工作。财政部门负责建立资金统筹机制，制定完善土地出让收入分配使用、"工改工"项目及公益性项目财政奖补等政策。农业农村部门负责指导农村集体经济组织做好集体资产管理。文化和旅游部门负责对"三旧"改造中的不可移动文物做好保护及活化利用工作。地方金融监管部门负责制定金融支持政策，采取多种手段拓展改造项目融资渠道。税务部门负责落实"三旧"改造税收指引，加强税收政策解读和宣传，研究解决"三旧"改造税收实务问题。发展改革、公安、人力资源和社会保障、生态环境、交通运输、卫生健康等部门在各自职责范围内做好"三旧"改造倒逼促改和实施监管工作。各地应结合本地机构设置情况合理确定上述职责的承担单位。

本意见自 2019 年 9 月 30 日起施行，有效期 5 年。各地级以上市人民政府要结合实际，制定落实本文件的具体实施细则，并报省自然资源厅备案。

广东省人民政府

2019 年 8 月 28 日

广东省"三旧"改造税收指引（2019年版）

　　根据我省现行"三旧"改造模式发展情况，国家税务总局广东省税务局、广东省财政厅、广东省自然资源厅对《广东省"三旧"改造税收指引》（粤地税发〔2017〕68号）进行修订，形成《广东省"三旧"改造税收指引（2019年版）》。

　　本指引共覆盖我省现行的两大类共九种"三旧"改造模式。其中，第一大类政府主导模式分为：收储、统租、综合整治、合作改造四种模式；第二大类市场方主导模式分为：农村集体自行改造、村企合作、企业自改、企业收购改造、单一主体归宗改造五种模式。

　　本指引基于每种模式的典型案例，梳理"三旧"改造过程中涉及的增值税、土地增值税、契税、房产税、城镇土地使用税、企业所得税和个人所得税等税种相关税务处理事项，用于指导"三旧"改造项目的涉税管理。本指引未尽事宜按照税收法律、法规及相关规定执行。今后国家和省有新规定的按新规定执行。

第一大类：政府主导模式

1　收储模式

1.1　情况描述

　　收储模式是指政府征收（含征收农村集体土地及收回国有土地使用权等情况，下同）、收购储备土地并完成拆迁平整后出让，由受让人开发建设的情形。

1.2　典型案例

A市某旧厂房拆除重建改造项目，原厂房用地由政府收回后以公开出让方式引入投资者进行改造。具体为：

一、政府依照国土空间规划，按照法定程序，收回原厂房用地，并向原厂房权属人（被征收方）支付补偿。

二、经政府委托的施工企业对该土地进行建筑物拆除、土地平整等整理工作后，政府通过公开方式出让土地。

三、某商业地产公司（受让方）竞得土地后，向政府支付土地出让价款，并将该项目打造成为大型城市商业综合体。

1.3　税务事项处理意见

1.3.1　征收方式收储

该典型案例税务事项涉及被征收方、土地受让方和工程施工方。涉及主要税种包括增值税、土地增值税、契税、城镇土地使用税、企业所得税、个人所得税。其中在土地征收环节，增值税、土地增值税、契税和个人所得税可享受相关税收优惠政策。

1.3.1.1　被征收方（原权属人）

被征收方的厂房用地被政府征收（收回），并取得货币补偿。

一、增值税

根据《财政部　国家税务总局关于全面推开营业税改征增值税试点的通知》（财税〔2016〕36号）附件3《营业税改征增值税试点过渡政策的规定》第一条第（三十七）款规定，土地使用者将土地使用权归还给土地所有者免征增值税。被征收方的土地使用权被政府征收（收回），属于土地使用者将土地使用权归还给土地所有者，按规定可免征增值税。

二、土地增值税

根据《中华人民共和国土地增值税暂行条例》第八条规定、《中华人民共和国土地增值税暂行条例实施细则》（财法字〔1995〕6号）第十一条规定，对被征收单位或个人因国家建设的需要而被政府批准征用、收回房地产的，免征其土地增值税。

三、契税

（一）根据《广东省契税实施办法》（广东省人民政府令第41号）第八条第（四）项及《关于解释〈广东省契税实施办法〉第八条第四项的批复》（粤府函〔2007〕127号）规定，被征收方的土地、房屋被县级以上人民政府征用、占用后，异地或原地重新承受土地、房屋权属，其成交价格或补偿面积没有超出规定补偿标准的，免征契税；超出的部分应按规定缴纳契税。

（二）根据《财政部　国家税务总局关于企业以售后回租方式进行融资等有关契税政策的通知》（财税〔2012〕82 号）第三条规定，市、县级人民政府根据《国有土地上房屋征收与补偿条例》有关规定征收居民房屋，居民因个人房屋被征收而选择货币补偿用以重新购置房屋，并且购房成交价格不超过货币补偿的，对新购房屋免征契税；购房成交价格超过货币补偿的，对差价部分按规定征收契税。居民因个人房屋被征收而选择房屋产权调换，并且不缴纳房屋产权调换差价的，对新换房屋免征契税；缴纳房屋产权调换差价的，对差价部分按规定征收契税。

四、企业所得税

（一）符合政策性搬迁规定情形的，根据《国家税务总局关于发布〈企业政策性搬迁所得税管理办法〉的公告》（国家税务总局公告 2012 年第 40 号）和《国家税务总局关于企业政策性搬迁所得税有关问题的公告》（国家税务总局公告 2013 年第 11 号）规定处理：企业应当就政策性搬迁过程中涉及的搬迁收入、搬迁支出、搬迁资产税务处理、搬迁所得等所得税征收管理事项，单独进行税务管理和核算。在搬迁期间发生的搬迁收入和搬迁支出，可以暂不计入当期应纳税所得额，而在完成搬迁（不超过五年）的年度，对搬迁收入和支出进行汇总清算。

（二）不符合政策性搬迁规定情形的，按照《中华人民共和国企业所得税法》及其实施条例的相关规定处理：取得的拆迁补偿收入（含货币或非货币），应计入企业所得税收入总额，发生与取得收入有关的、合理的支出，可在计算应纳税所得额时扣除。

五、个人所得税

根据《财政部　国家税务总局关于城镇房屋拆迁有关税收政策的通知》（财税〔2005〕45 号）规定，对被拆迁人按照国家有关规定的标准取得的拆迁补偿款，免征个人所得税。

1.3.1.2　受让方

受让方以出让方式取得土地使用权。

一、增值税

受让方以出让方式取得土地使用权，向政府部门支付土地价款，按《国家税务总局关于发布〈房地产开发企业销售自行开发的房地产项目增值税征收管理暂行办法〉的公告》（国家税务总局公告 2016 年第 18 号）的相关规定处理。

二、契税

根据《财政部　国家税务总局关于国有土地使用权出让等有关契税问题的通知》（财税〔2004〕134 号）规定，以协议方式出让的，其契税计税价格为成交价格。成交价格包括土地出让金、土地补偿费、安置补助费、地上附着物和青苗补偿费、拆迁补偿费、市政建设配套费等承受者应支付的货币、实物、无形资产及其他经济利益。

根据《国家税务总局关于明确国有土地使用权出让契税计税依据的批复》（国税函〔2009〕603 号）规定，通过招标、拍卖或者挂牌程序承受国有土地使用权的，对承受者应按照土地成交总价款计征契税，其中的土地前期开发成本不得扣除。

三、城镇土地使用税

根据《财政部 国家税务总局关于房产税城镇土地使用税有关政策的通知》（财税〔2006〕186 号）规定，以出让或转让方式有偿取得土地使用权的，应由受让方从合同约定交付土地时间的次月起缴纳城镇土地使用税；合同未约定交付土地时间的，由受让方从合同签订的次月起缴纳城镇土地使用税。

四、企业所得税

根据《国家税务总局关于印发〈房地产开发经营业务企业所得税处理办法〉的通知》（国税发〔2009〕31 号）规定，取得土地使用权所发生的支出作为土地开发成本进行税务处理。

1.3.1.3 工程施工方

工程施工方提供建筑物拆除、土地平整等劳务。

一、增值税

工程施工方提供建筑物拆除、土地平整等服务，应按建筑服务缴纳增值税。

二、企业所得税

根据《中华人民共和国企业所得税法》及其实施条例，施工企业从事建筑、安装、装配工程业务等各项收入，应计入企业所得税收入总额，发生与取得收入有关的、合理的支出，可在计算应纳税所得额时扣除。企业从事上述劳务持续时间超过 12 个月的，按照纳税年度内完工进度或者完成的工作量确认收入的实现。

1.3.2 收购方式收储

政府以收购方式储备土地的，原权属人按转让土地使用权（不动产）计算缴纳增值税及附加税费、企业所得税（个人所得税）、土地增值税和印花税。其中：

一、增值税

政府以收购方式储备土地的，原权属人应按转让土地使用权缴纳增值税。

二、土地增值税

政府以收购方式储备土地的，原权属人转让土地使用权应缴纳土地增值税。该地块已纳入县（区）级以上"三旧"改造规划的，根据《中华人民共和国土地增值税暂行条例实施细则》第十一条第四款及《财政部 国家税务总局关于土地增值税若干问题的通知》（财税〔2006〕21 号文）第四条有关规定，免征原权属人的土地增值税。

三、企业所得税

原权属人取得资产转让收益，应按照《中华人民共和国企业所得税法》及其实施条例的相关规定计入企业所得税收入总额，发生与取得收入有关的、合理的支出，可在计算应纳税所得额时扣除。

1.4 征收或收购方式收储后以"限地价、竞配建"方式供地

1.4.1 情况描述

"限地价、竞配建"是指土地"招拍挂"环节政府限定最高地价，达到限定地价后，开发商竞拍配套建设的面积。配套建设移交方式有以下几种：

（一）直接移交方式：配套建设地块和经营性地块合并供地，土地出让合同中列明直接将配套建设地块国有建设用地使用权（可共用宗地）以出让方式首次登记到政府指定行政事业单位。不动产登记部门依法依规将配套建设首次登记到政府指定的行政事业单位。

（二）无偿移交方式：政府指定接收单位与开发企业签订不动产无偿转让协议，不动产权属登记首次登记在开发企业名下，再通过转移登记将权属办至政府指定接收单位名下。

（三）政府回购方式：政府指定回购单位与开发企业按约定价格（不低于成本价）签订商品房买卖合同，不动产权属登记首次登记在开发企业名下，再通过转移登记将权属办至政府指定回购单位名下。

1.4.2 税务事项处理意见

1.4.2.1 受让方

受让方以出让方式取得土地使用权。

一、增值税

（一）受让方取得土地使用权

受让方以出让方式取得土地使用权，向政府部门支付土地价款，按《国家税务总局关于发布〈房地产开发企业销售自行开发的房地产项目增值税征收管理暂行办法〉的公告》（国家税务总局公告 2016 年第 18 号）的相关规定处理。

（二）受让方移交配套建设

1. 直接移交方式

不动产登记部门直接将配套建设首次登记到政府指定的行政事业单位，受让方属于为政府无偿提供建筑服务，应按照视同销售的相关规定缴纳增值税。

2. 无偿移交方式

受让方按照合同约定无偿移交配套建设，属于无偿转让不动产，应按照视同销售的相关规定缴纳增值税。如配套建设用于公益事业或者以社会公众为对象，不属于视同销售。

3. 政府回购方式

受让方通过转移登记将配套建设的权属办至政府指定回购单位名下，应按现行规定缴纳增值税。

二、土地增值税

（一）直接移交方式。其发生的建筑安装工程成本确认为取得土地使用权的成本扣除。

（二）无偿移交方式。出让合同（公告）或不动产无偿转让协议约定无偿移交的，应视同销售确认收入，同时将此确认为取得土地使用权的成本，在计算土地增值税时予以扣除。

（三）政府回购方式。出让合同（公告）约定按照不低于成本价移交的，据此确定土地增值税应税收入。

三、契税

根据《财政部　国家税务总局关于国有土地使用权出让等有关契税问题的通知》（财税〔2004〕134号）规定，以协议方式出让的，其契税计税价格为成交价格。成交价格包括土地出让金、土地补偿费、安置补助费、地上附着物和青苗补偿费、拆迁补偿费、市政建设配套费等承受者应支付的货币、实物、无形资产及其他经济利益。

根据《国家税务总局关于明确国有土地使用权出让契税计税依据的批复》（国税函〔2009〕603号）规定，通过招标、拍卖或者挂牌程序承受国有土地使用权的，对承受者应按照土地成交总价款计征契税，其中的土地前期开发成本不得扣除。

四、企业所得税

（一）直接移交方式。按照《国家税务总局关于印发〈房地产开发经营业务企业所得税处理办法〉的通知》（国税发〔2009〕31号）规定，配套建设的相关支出应单独核算，作为取得土地使用权的成本，计入开发产品计税成本。

（二）无偿移交方式。根据《国家税务总局关于印发〈房地产开发经营业务企业所得税处理办法〉的通知》（国税发〔2009〕31号）规定，对无偿移交行为视同销售，计入企业所得税收入总额，发生与取得收入有关的、合理的支出，可在计算应纳税所得额时扣除。

（三）政府回购方式。根据《国家税务总局关于印发〈房地产开发经营业务企业所得税处理办法〉的通知》（国税发〔2009〕31号）的规定取得的相关收入应计入企业所得税收入总额，发生与取得收入有关的、合理的支出，可在计算应纳税所得额时扣除。

2　统租模式

2.1　情况描述

统租模式是指政府下属企事业单位连片租赁农村集体的旧厂房用地并实施改造的

情形。

2.2 典型案例

B 市电子城项目由政府主导，政府下属企业（承租方）连片租赁农村集体经济组织（土地出租方）的旧厂房、钢材堆放场等土地。具体为：

该企业（承租方）以农村集体经济组织（土地出租方）的名义办理项目立项、规划、报建等建设手续，在承租土地上出资增设建筑物。租赁期内，承租方利用建筑物独立经营、获取收益；出租方仅收取土地租金，不参与承租方经营管理、不分取经营收益。土地租赁终止或期满，承租方向出租方返还租赁土地时，按租赁合同约定将土地和地上建（构）筑物一并无偿移交给出租方。

2.3 税务事项处理意见

该典型案例税务事项涉及两个纳税人，分别是土地出租方和承租方。涉及主要税种包括增值税、房产税、城镇土地使用税、企业所得税。

2.3.1 土地出租方（农村集体经济组织）

土地出租方出租农村集体建设用地，并取得土地租金。

一、增值税

根据《财政部 国家税务总局关于进一步明确全面推开营改增试点有关劳务派遣服务、收费公路通行费抵扣等政策的通知》（财税〔2016〕47 号）第三条第（二）款的规定，纳税人以经营租赁方式将土地出租给他人使用，按照不动产经营租赁服务缴纳增值税。农村集体经济组织（土地出租方）将土地出租给承租方，应按不动产经营租赁服务缴纳增值税。

二、房产税

根据《中华人民共和国房产税暂行条例》规定，房产税由产权所有人缴纳。农村集体经济组织（土地出租方）办理房产权属登记的，应按照规定缴纳房产税。根据《财政部 国家税务总局关于房产税、城镇土地使用税有关问题的通知》（财税〔2009〕128 号）规定，承租方无租使用（或对外转租）农村集体经济组织（土地出租方）的房产，应依照房产余值代缴纳房产税。

三、企业所得税

根据《中华人民共和国企业所得税法》及其实施条例规定，出租方出租土地取得的租金收入以及土地租赁终止或期满取得的增设建筑物等资产，应计入企业所得税收入总额，发生与取得收入有关的、合理的支出，可在计算应纳税所得额时扣除。

2.3.2 承租方

承租方在承租土地上出资增设建筑物，并将建成的房屋用于出租。

一、增值税

承租方将建成的建筑物用于出租，应按不动产经营租赁服务征收增值税。

二、房产税

根据《中华人民共和国房产税暂行条例》规定，房产税由产权所有人缴纳。农村集体经济组织（土地出租方）办理房产权属登记的，应按照规定缴纳房产税。根据《财政部 国家税务总局关于房产税、城镇土地使用税有关问题的通知》（财税〔2009〕128号）规定，承租方无租使用（或对外转租）农村集体经济组织（土地出租方）的房产，应依照房产余值代缴纳房产税。

三、城镇土地使用税

根据《财政部 税务总局关于承租集体土地城镇土地使用税有关政策的通知》（财税〔2017〕29号）规定，在城镇土地使用税征税范围内，承租集体所有建设用地的，由直接从集体经济组织承租土地的单位，即承租方缴纳城镇土地使用税。

四、企业所得税

（一）根据《中华人民共和国企业所得税法》及其实施条例规定，承租方在租赁期内利用建筑物取得的经营收入，应计入企业所得税收入总额，发生与取得收入有关的、合理的支出，可在计算应纳税所得额时扣除。

（二）承租方在承租土地上出资增设建筑物应作为长期待摊费用，按照《中华人民共和国企业所得税法》及其实施条例的相关规定在租赁期内摊销。

3 综合整治模式

3.1 情况描述

综合整治是政府投资主导整治改造，不涉及拆除现状建筑及不动产权属变动，整治工程内容主要包括完善小区公共服务设施、基础设施、小区道路、园林绿化、建筑修缮等。

3.2 典型案例

C市某古村历史文化景区环境综合整治改造项目由政府投资主导综合整治，保留现有建筑主体结构和使用功能，完善配套设施和古建筑修缮，整治工程内容主要包括：雨污分流、三线下地、道路铺装、绿化景观、立面整饰以及古建筑修缮等。

3.3 税务事项处理意见

该典型案例税务事项涉及两个纳税人，分别是不动产原权属人和工程施工方。涉及主要税种包括增值税和企业所得税。

3.3.1 不动产原权属人

综合整治区域范围内不动产权属不变，由政府拨款给原权属人进行改造。

一、增值税

原权属人从政府取得拨款并用于综合整治项目，应针对综合整治中建设配套设施、修建道路、园林绿化等具体行为，根据现行规定按对应税目缴纳增值税。

二、企业所得税

原权属人取得的政府拨款应计入收入总额，如果同时符合《财政部　国家税务总局关于专项用途财政性资金企业所得税处理问题的通知》（财税〔2011〕70 号）规定的 3 个条件，可作为不征税收入，在计算应纳税所得额时减除，但相应的用于改造支出以及形成资产所计提的折旧、摊销，不得在计算应纳税所得额时扣除。

3.3.2　工程施工方

工程施工方提供建筑物修缮等劳务。

一、增值税

工程施工方提供建筑物修缮等服务，应按建筑服务缴纳增值税。

二、企业所得税

根据《中华人民共和国企业所得税法》及其实施条例，施工企业从事建筑、安装、装配工程业务等各项收入，应计入企业所得税收入总额，发生与取得收入有关的、合理的支出，可在计算应纳税所得额时扣除。企业从事上述劳务持续时间超过 12 个月的，按照纳税年度内完工进度或者完成的工作量确认收入的实现。

4　合作改造模式

4.1　情况描述

合作改造模式是以政府统一组织实施（即政府为征地拆迁方）为前提，有两种类型：

第一种类型是政府在拆迁阶段通过招标等公开方式引入土地前期整理合作方（下称合作方）承担具体拆迁工作，该企业需要垫付征地拆迁补偿款。完成拆迁后，政府将拟出让土地通过招标、拍卖或者挂牌等公开方式确定土地使用权人，在土地使用权人支付地价款后，政府再向合作方支付拆迁费用与合理利润。

第二种类型是政府通过招标等公开方式征选合作方，既承担土地前期整理的具体拆迁工作，又是土地使用权人。该合作方承担具体拆迁工作，垫付征地拆迁补偿款（含货币与非货币补偿），完成拆迁后，政府直接将拟出让土地使用权供应给该合作方，所支付拆迁费用与合理利润抵减其应向政府缴交的地价款。

4.2　典型案例

D 市某片区改造项目按照"政府主导、统一规划、整体更新"的原则，采用第一种类型改造。具体为：

一、在拆迁阶段，政府通过招标确定乙企业承担具体拆迁工作，由其垫资支付给被征收方的拆迁补偿与建筑物拆除、土地平整等费用。

二、政府以招标、拍卖或者挂牌方式出让土地，甲集团公司（受让方）竞得土地使用权，按出让合同规定支付土地出让价款。

三、政府从土地出让收入中支付乙企业的征地拆迁成本（拆迁费用加上合理利润）。

四、政府按照出让合同约定将土地交付甲集团公司（受让方）使用。

4.3 税务事项处理意见

该典型案例税务事项涉被征收方、土地受让方和工程施工方。涉及主要税种包括增值税、土地增值税、契税、城镇土地使用税、企业所得税、个人所得税。其中在土地征收环节，增值税、土地增值税、契税和个人所得税可享受相关税收优惠政策。

4.3.1 第一种类型

4.3.1.1 被征收方

被征收方的土地被政府征收，并取得货币补偿。

一、增值税

根据《财政部 国家税务总局关于全面推开营业税改征增值税试点的通知》（财税〔2016〕36号）附件3《营业税改征增值税试点过渡政策的规定》第一条第（三十七）款规定，土地使用者将土地使用权归还给土地所有者免征增值税。被征收方的土地被政府征收（收回），属于土地使用者将土地使用权归还给土地所有者并取得货币补偿，按规定可免征增值税。

二、土地增值税

根据《中华人民共和国土地增值税暂行条例》第八条规定、《中华人民共和国土地增值税暂行条例实施细则》（财法字〔1995〕6号）第十一条规定，对被征收单位或个人因国家建设的需要而被政府批准征用、收回房地产的，免征其土地增值税。

三、契税

（一）根据《广东省契税实施办法》（广东省人民政府令第41号）第八条第（四）项及《关于解释〈广东省契税实施办法〉第八条第四项的批复》（粤府函〔2007〕127号）规定，被征收方的土地、房屋被县级以上人民政府征用、占用后，异地或原地重新承受土地、房屋权属，其成交价格或补偿面积没有超出规定补偿标准的，免征契税；超出的部分应按规定缴纳契税。

（二）根据《财政部 国家税务总局关于企业以售后回租方式进行融资等有关契税政策的通知》（财税〔2012〕82号）第三条规定，市、县级人民政府根据《国有土地上房屋征收与补偿条例》有关规定征收居民房屋，居民因个人房屋被征收而选择货币补偿用以重新购置房屋，并且购房成交价格不超过货币补偿的，对新购房屋免征契税；购房成交价格超过货币补偿的，对差价部分按规定征收契税。居民因个人房屋被征收而选择房屋产权调换，并且不缴纳房屋产权调换差价的，对新换房屋免征契税；缴纳房屋产权调换差价的，对差价部分按规定征收契税。

四、企业所得税

（一）符合政策性搬迁规定情形的，根据《国家税务总局关于发布〈企业政策性搬迁所得税管理办法〉的公告》（国家税务总局公告 2012 年第 40 号）和《国家税务总局关于企业政策性搬迁所得税有关问题的公告》（国家税务总局公告 2013 年第 11 号）规定处理：企业应当就政策性搬迁过程中涉及的搬迁收入、搬迁支出、搬迁资产税务处理、搬迁所得等所得税征收管理事项，单独进行税务管理和核算。在搬迁期间发生的搬迁收入和搬迁支出，可以暂不计入当期应纳税所得额，而在完成搬迁（不超过五年）的年度，对搬迁收入和支出进行汇总清算。

（二）不符合政策性搬迁规定情形的，按照《中华人民共和国企业所得税法》及其实施条例的相关规定处理：取得的拆迁补偿收入（含货币或非货币），应计入企业所得税收入总额，发生与取得收入有关的、合理的支出，可在计算应纳税所得额时扣除。

五、个人所得税

根据《财政部　国家税务总局关于城镇房屋拆迁有关税收政策的通知》（财税〔2005〕45 号）规定，对被拆迁人按照国家有关规定的标准取得的拆迁补偿款，免征个人所得税。

4.3.1.2　土地受让方（甲集团公司）

土地受让方（甲集团公司）以出让方式取得土地使用权。

一、增值税

受让方以出让方式取得土地使用权，向政府部门支付土地价款，按《国家税务总局关于发布〈房地产开发企业销售自行开发的房地产项目增值税征收管理暂行办法〉的公告》（国家税务总局公告 2016 年第 18 号）的相关规定处理。

二、契税

根据《财政部　国家税务总局关于国有土地使用权出让等有关契税问题的通知》（财税〔2004〕134 号）规定，以协议方式出让的，其契税计税价格为成交价格。成交价格包括土地出让金、土地补偿费、安置补助费、地上附着物和青苗补偿费、拆迁补偿费、市政建设配套费等承受者应支付的货币、实物、无形资产及其他经济利益。

根据《国家税务总局关于明确国有土地使用权出让契税计税依据的批复》（国税函〔2009〕603 号）规定，通过招标、拍卖或者挂牌程序承受国有土地使用权的，对承受者应按照土地成交总价款计征契税，其中的土地前期开发成本不得扣除。

三、城镇土地使用税

根据《财政部　国家税务总局关于房产税城镇土地使用税有关政策的通知》（财税〔2006〕186 号）规定，以出让或转让方式有偿取得土地使用权的，应由受让方从合同约定交付土地时间的次月起缴纳城镇土地使用税；合同未约定交付土地时间的，由受让方从合同签订的次月起缴纳城镇土地使用税。

四、企业所得税

根据《国家税务总局关于印发〈房地产开发经营业务企业所得税处理办法〉的通知》（国税发〔2009〕31 号）的规定，取得土地使用权所发生的支出作为土地开发成本进行税务处理。

4.3.1.3　工程施工方（乙企业）

工程施工方（乙企业）承担具体拆迁中的建筑物拆除、土地平整等劳务。

一、增值税

工程施工方提供建筑物拆除、土地平整等服务，应按建筑服务缴纳增值税。

二、企业所得税

根据《中华人民共和国企业所得税法》及其实施条例，施工企业从事建筑、安装、装配工程业务等各项收入，应计入企业所得税收入总额，发生与取得收入有关的、合理的支出，可在计算应纳税所得额时扣除。企业从事上述劳务持续时间超过 12 个月的，按照纳税年度内完工进度或者完成的工作量确认收入的实现。

4.3.2　第二种类型

与第一种类型的主要差异在于，土地受让方与工程施工方为同一企业（即合作方）。

4.3.2.1　被征收方

被征收方的土地被政府征收，并取得货币或实物补偿。

一、增值税

根据《财政部　国家税务总局关于全面推开营业税改征增值税试点的通知》（财税〔2016〕36 号）附件 3《营业税改征增值税试点过渡政策的规定》第一条第（三十七）款规定，土地使用者将土地使用权归还给土地所有者免征增值税。被征收方的土地被政府征收（收回），属于土地使用者将土地使用权归还给土地所有者，取得货币或其他经济利益，按规定可免征增值税。

二、土地增值税

根据《中华人民共和国土地增值税暂行条例》第八条规定、《中华人民共和国土地增值税暂行条例实施细则》（财法字〔1995〕6 号）第十一条规定，对被征收单位或个人因国家建设的需要而被政府批准征用、收回房地产的，免征其土地增值税。

三、契税

（一）根据《广东省契税实施办法》（广东省人民政府令第 41 号）第八条第（四）项及《关于解释〈广东省契税实施办法〉第八条第四项的批复》（粤府函〔2007〕127 号）规定，被征收方的土地、房屋被县级以上人民政府征用、占用后，异地或原地重新承受土地、房屋权属，其成交价格或补偿面积没有超出规定补偿标准的，免征契税；超出的部分应按规定缴纳契税。

（二）根据《财政部　国家税务总局关于企业以售后回租方式进行融资等有关契税政策的通知》（财税〔2012〕82 号）第三条规定，市、县级人民政府根据《国有土地上房屋征收与补偿条例》有关规定征收居民房屋，居民因个人房屋被征收而选择货币补偿用以重新购置房屋，并且购房成交价格不超过货币补偿的，对新购房屋免征契税；购房成交价格超过货币补偿的，对差价部分按规定征收契税。居民因个人房屋被征收而选择房屋产权调换，并且不缴纳房屋产权调换差价的，对新换房屋免征契税；缴纳房屋产权调换差价的，对差价部分按规定征收契税。

四、企业所得税

（一）符合政策性搬迁规定情形的，根据《国家税务总局关于发布〈企业政策性搬迁所得税管理办法〉的公告》（国家税务总局公告 2012 年第 40 号）和《国家税务总局关于企业政策性搬迁所得税有关问题的公告》（国家税务总局公告 2013 年第 11 号）规定处理：企业应当就政策性搬迁过程中涉及的搬迁收入、搬迁支出、搬迁资产税务处理、搬迁所得等所得税征收管理事项，单独进行税务管理和核算。在搬迁期间发生的搬迁收入和搬迁支出，可以暂不计入当期应纳税所得额，而在完成搬迁（不超过五年）的年度，对搬迁收入和支出进行汇总清算。

（二）不符合政策性搬迁规定情形的，按照《中华人民共和国企业所得税法》及其实施条例的相关规定处理：取得的拆迁补偿收入（含货币或非货币），应计入企业所得税收入总额，发生与取得收入有关的、合理的支出，可在计算应纳税所得额时扣除。

五、个人所得税

根据《财政部　国家税务总局关于城镇房屋拆迁有关税收政策的通知》（财税〔2005〕45 号）规定，对被拆迁人按照国家有关规定的标准取得的拆迁补偿款，免征个人所得税。

4.3.2.2　土地受让方与工程施工方（合作方）

合作方以出让方式取得土地使用权，向被征收方支付货币或实物补偿，并承担具体拆迁中的建筑物拆除、土地平整等劳务。

一、增值税

合作方以出让方式取得土地使用权，向政府部门支付土地价款，按《国家税务总局关于发布〈房地产开发企业销售自行开发的房地产项目增值税征收管理暂行办法〉的公告》（国家税务总局公告 2016 年第 18 号）的相关规定处理。

根据《财政部 国家税务总局关于明确金融、房地产开发、教育辅助服务等增值税政策的通知》（财税〔2016〕140 号）第七条规定，房地产开发企业中的一般纳税人销售其开发的房地产项目（选择简易计税方法的房地产老项目除外），在取得土地时向其他单位或个人支付的拆迁补偿费用也允许在计算销售额时扣除。纳税人按上述规定扣除拆迁补偿费用时，应提供拆迁协议、拆迁双方支付和取得拆迁补偿费用凭证等能够证明拆迁补偿费用真实性的材料。

合作方向被征收方提供非货币形式的补偿，应按现行规定缴纳增值税。

二、土地增值税

（一）合作方负责拆迁安置，根据《国家税务总局关于土地增值税清算有关问题的通知》（国税函〔2010〕220 号）的规定，用建造的本项目房地产安置回迁户的，安置用房视同销售处理，按《国家税务总局关于房地产开发企业土地增值税清算管理有关问题的通知》（国税发〔2006〕187 号）第三条的规定确认收入，同时将此确认为房地产开发项目的拆迁补偿费。

（二）发生的房屋拆除、土地平整费用，凡能提供合法有效凭证的予以扣除。

三、契税

根据《财政部 国家税务总局关于国有土地使用权出让等有关契税问题的通知》（财税〔2004〕134 号）的规定，合作方以出让方式取得土地使用权，其支付的拆迁补偿费用应计入契税计税依据。

四、城镇土地使用税

根据《财政部 国家税务总局关于房产税城镇土地使用税有关政策的通知》（财税〔2006〕186 号）规定，以出让或转让方式有偿取得土地使用权的，应由受让方从合同约定交付土地时间的次月起缴纳城镇土地使用税；合同未约定交付土地时间的，由受让方从合同签订的次月起缴纳城镇土地使用税。

五、企业所得税

（一）根据《中华人民共和国企业所得税法》及其实施条例，合作方从事建筑拆除、土地平整工程业务等各项收入，应计入企业所得税收入总额，发生与取得收入有关的、合理的支出，可在计算应纳税所得额时扣除。企业从事上述劳务持续时间超过 12 个月的，按照纳税年度内完工进度或者完成的工作量确认收入的实现。

（二）根据《国家税务总局关于印发〈房地产开发经营业务企业所得税处理办法〉的通知》（国税发〔2009〕31 号）的规定，取得土地使用权所发生的支出作为土地开发成本进行税务处理。

第二大类：市场方主导模式

5 农村集体自行改造

5.1 情况描述

在符合国土空间规划的前提下，农村集体经济组织将其所属的国有建设用地，或将集体建设用地转为国有建设用地后，通过招标方式引入土地前期整理合作方、或者自行组织完成改造范围内改造意愿征询、土地房产调查、搬迁补偿、土地平整等土地前期整理事项，在达到土地出让条件后由政府以协议出让方式将土地使用权出让给该农村集体经济组织成立的全（独）资公司。

5.2 典型案例

F 市甲经济联合社所有的旧厂房用地，已办理集体土地使用证，证载土地使用权人为甲经济联合社，土地用途为工业用地。向自然资源部门申请将该宗用地转为国有建设用地，当地自然资源部门组织报批材料按程序上报，并获批准转为国有后，由当地市、县人民政府协议出让给甲经济联合社全资成立的乙房地产开发有限公司，由其用于项目开发建设。

5.3 税务事项处理意见

该典型案例税务事项涉及两个纳税人，即农村集体经济组织和土地受让方。涉及主要税种包括增值税、契税、城镇土地使用税和企业所得税。

5.3.1 农村集体经济组织

一、增值税

根据《财政部　国家税务总局关于全面推开营业税改征增值税试点的通知》（财税〔2016〕36 号）附件 3《营业税改征增值税试点过渡政策的规定》第一条第（三十七）款规定，土地使用者将土地使用权归还给土地所有者免征增值税。农村集体经济组织申请将集体土地转为国有建设用地并交由政府出让，属于土地使用者将土地使用权归还给土地所有者，按规定可免征增值税。

二、土地增值税

农村集体经济组织办理征转国有用地手续，未发生转让国有土地使用权、地上建筑物及其附着物行为，不属于土地增值税征收范围。

5.3.2 受让方

受让方以协议出让方式取得土地使用权。

一、增值税

受让方以协议出让方式取得土地使用权，向政府部门支付土地价款，按《国家税务总局关于发布〈房地产开发企业销售自行开发的房地产项目增值税征收管理暂行办法〉的公告》（国家税务总局公告 2016 年第 18 号）的相关规定处理。

二、契税

根据《财政部　国家税务总局关于国有土地使用权出让等有关契税问题的通知》（财税〔2004〕134 号）规定，以协议方式出让的，其契税计税价格为成交价格。成交价格包括土地出让金、土地补偿费、安置补助费、地上附着物和青苗补偿费、拆迁补偿费、市政建设配套费等承受者应支付的货币、实物、无形资产及其他经济利益。

三、城镇土地使用税

根据《财政部　国家税务总局关于房产税城镇土地使用税有关政策的通知》（财税〔2006〕186 号）规定，以出让或转让方式有偿取得土地使用权的，应由受让方从合同约定交付土地时间的次月起缴纳城镇土地使用税；合同未约定交付土地时间的，由受让方从合同签订的次月起缴纳城镇土地使用税。

四、企业所得税

根据《国家税务总局关于印发〈房地产开发经营业务企业所得税处理办法〉的通知》（国税发〔2009〕31 号）的规定，取得土地使用权所发生的支出作为土地开发成本进行税务处理。

6　村企合作改造

6.1　模式之一：土地整理后出让

6.1.1　情况描述

在符合国土空间规划的前提下，农村集体经济组织将其所属的国有建设用地，或将集体建设用地转为国有建设用地后，通过招标方式引入土地前期整理合作方，由合作方先行垫资完成改造范围内改造意愿征询、土地房产调查、搬迁补偿、土地平整等土地前期整理事项，在达到土地出让条件后交由政府以招标、拍卖或挂牌或协议方式出让土地，农村集体经济组织取得出让分成或返还物业，合作方按土地整理协议取得相应收益。

6.1.2　典型案例

E 市某农村集体经济组织通过农村集体资产交易平台确定拟改造地块（农村集体土地）的土地前期整理合作方（下称合作方），并与之签订土地整理协议。具体为：

一、农村集体经济组织收回原用地者的承租土地使用权。该项工作由合作方具体实施，以货币支付土地前期整理费用，包括改造范围内集体土地使用方提前解除租赁合同的违约费用及其地上建筑物补偿的拆迁补偿费用、搬迁费用以及聘请工程施工方完成场地围蔽、建筑物拆除、平整土地等费用，其中拆迁补偿不涉及非货币性补偿。

二、完成地上房屋拆迁和土地平整后，该农村集体经济组织向当地自然资源部门申请办理集体建设用地转为国有建设用地手续，当地自然资源部门组织报批材料按程序上报，并获转为国有土地后，由当地市、县人民政府以招标、拍卖或者挂牌方式出让土地，并在土地出让合同（公告）中明确由土地受让方将部分建成物业无偿移交农村集体经济组织。

三、甲开发企业（土地受让方）向政府支付地价款。农村集体经济组织从政府取得出让收益分成作为补偿，合作方按土地整理协议取得相应收益（包括拆迁费用与合理利润）。

四、甲开发企业（土地受让方）按国土空间规划实施后，按照土地出让合同的约定，将约定物业无偿移交农村集体经济组织。为了符合转移登记办理流程，土地受让方与农村集体经济组织签订商品房买卖合同，但农村集体经济组织实际不向土地受让方支付相关款项。

6.1.3　税务事项处理意见

该典型案例税务事项涉及四个纳税人，分别是集体土地使用方、农村集体经济组织、合作方和土地受让方。涉及主要税种包括增值税、土地增值税、契税和企业所得税。其中在土地整理实施环节，增值税和契税有税收优惠政策。

6.1.3.1　集体土地使用方

一、增值税

集体土地使用方因农村集体经济组织提前解除租赁合同而收到违约费用、拆迁补偿费用、搬迁费用等经济利益，未提供增值税应税行为，无需缴纳增值税。

二、企业所得税

（一）符合政策性搬迁规定情形的，根据《国家税务总局关于发布〈企业政策性搬迁所得税管理办法〉的公告》（国家税务总局公告 2012 年第 40 号）和《国家税务总局关于企业政策性搬迁所得税有关问题的公告》（国家税务总局公告 2013 年第 11 号）规定处理：企业应当就政策性搬迁过程中涉及的搬迁收入、搬迁支出、搬迁资产税务处理、搬迁所得等所得税征收管理事项，单独进行税务管理和核算。在搬迁期间发生的搬迁收入和搬迁支出，可以暂不计入当期应纳税所得额，而在完成搬迁（不超过五年）的年度，对搬迁收入和支出进行汇总清算。

（二）不符合政策性搬迁规定情形的，按照《中华人民共和国企业所得税法》及其实施条例的相关规定处理：取得的拆迁补偿收入（含货币或非货币），应计入企业所得税收入总额，发生与取得收入有关的、合理的支出，可在计算应纳税所得额时扣除。

6.1.3.2　农村集体经济组织

农村集体经济组织向自然资源主管部门申请办理集体建设用地转为国有建设用地手续，取得土地出让收益分成，并按土地出让合同的约定无偿从甲开发企业（土地受让方）处取得部分建成物业。

一、增值税

根据《财政部　国家税务总局关于全面推开营业税改征增值税试点的通知》（财税〔2016〕36号）附件3《营业税改征增值税试点过渡政策的规定》第一条第（三十七）款规定，土地使用者将土地使用权归还给土地所有者免征增值税。农村集体经济组织申请将集体土地转为国有建设用地并交由政府出让，属于土地使用者将土地使用权归还给土地所有者，按规定可免征增值税。

二、契税

根据《广东省契税实施办法》（广东省人民政府令第41号）第八条第（四）项及《关于解释〈广东省契税实施办法〉第八条第四项的批复》（粤府函〔2007〕127号）规定，被征收方的土地、房屋被县级以上人民政府征用、占用后，异地或原地重新承受土地、房屋权属，其成交价格或补偿面积没有超出规定补偿标准的，免征契税；超出的部分应按规定缴纳契税。

三、企业所得税

取得土地出让收益分成及部分建成物业，应按照《中华人民共和国企业所得税法》及其实施条例的相关规定计入企业所得税收入总额，发生与取得收入有关的、合理的支出，可在计算应纳税所得额时扣除。

6.1.3.3　合作方

合作方向集体土地使用方支付土地前期整理费用，聘请工程施工方完成场地围蔽、建筑物拆除、平整土地等费用，并取得相应收益。

一、增值税

土地前期整理合作方提供建筑物拆除、土地平整等服务，应按建筑服务缴纳增值税。

二、企业所得税

根据《中华人民共和国企业所得税法》及其实施条例，合作方完成场地围蔽、建筑物拆除、平整土地等工程取得的各项收入，应计入企业所得税收入总额，发生与取得收入有关的、合理的支出，可在计算应纳税所得额时扣除。企业从事上述劳务持续时间超过 12 个月的，按照纳税年度内完工进度或者完成的工作量确认收入的实现。

6.1.3.4　土地受让方

一、增值税

受让方取得土地使用权并向政府部门支付土地价款，按《国家税务总局关于发布〈房地产开发企业销售自行开发的房地产项目增值税征收管理暂行办法〉的公告》（国家税务总局公告 2016 年第 18 号）的相关规定处理。

根据《财政部　国家税务总局关于明确金融、房地产开发、教育辅助服务等增值税政策的通知》（财税〔2016〕140 号）第七条规定，房地产开发企业中的一般纳税人销售其开发的房地产项目（选择简易计税方法的房地产老项目除外），在取得土地时向其他单位或个人支付的拆迁补偿费用也允许在计算销售额时扣除。纳税人按上述规定扣除拆迁补偿费用时，应提供拆迁协议、拆迁双方支付和取得拆迁补偿费用凭证等能够证明拆迁补偿费用真实性的材料。

受让方将约定物业无偿移交农村集体经济组织，属于无偿转让不动产，应按照视同销售的相关规定缴纳增值税。

二、土地增值税

土地受让方无偿移交约定物业，根据《国家税务总局关于土地增值税清算有关问题的通知》（国税函〔2010〕220 号）的规定，用建造的本项目房地产安置回迁户的，安置用房视同销售处理，按《国家税务总局关于房地产开发企业土地增值税清算管理有关问题的通知》（国税发〔2006〕187 号）第三条第（一）款规定确认收入，同时将此确认为房地产开发项目的拆迁补偿费。

三、契税

根据《财政部　国家税务总局关于国有土地使用权出让等有关契税问题的通知》（财税〔2004〕134 号）规定，以协议方式出让的，其契税计税价格为成交价格。成交价格包括土地出让金、土地补偿费、安置补助费、地上附着物和青苗补偿费、拆迁补偿费、市政建设配套费等承受者应支付的货币、实物、无形资产及其他经济利益。

根据《国家税务总局关于明确国有土地使用权出让契税计税依据的批复》（国税函〔2009〕603 号）规定，通过招标、拍卖或者挂牌程序承受国有土地使用权的，对承受者应按照土地成交总价款计征契税，其中的土地前期开发成本不得扣除。

四、企业所得税

（一）根据《国家税务总局关于印发〈房地产开发经营业务企业所得税处理办法〉的

通知》（国税发〔2019〕31 号）的规定，取得土地使用权所发生的支出作为土地开发成本进行税务处理。

（二）根据《国家税务总局关于印发〈房地产开发经营业务企业所得税处理办法〉的通知》（国税发〔2009〕31 号）的规定，对无偿移交行为视同销售，应计入企业所得税收入总额，发生与取得收入有关的、合理的支出，可在计算应纳税所得额时扣除。

6.2　模式之二：土地整理后租赁经营

6.2.1　情况描述

在符合国土空间规划的前提下，农村集体经济组织将其所属的国有建设用地，或将集体建设用地转为国有建设用地后，通过招标方式引入土地前期整理合作方（下称合作方），由合作方先行垫资完成改造范围内改造意愿征询、土地房产调查、搬迁补偿、土地平整等土地前期整理事项，在达到土地再开发条件后，合作方以租赁形式从农村集体经济组织处取得该国有建设用地改造后地块经营权，并由其按国土空间规划和约定经营开发，合作方获得全部经营收益，在租赁期满后，合作方无偿（或有偿）将改造后地块及其地上建（构）筑物交回农村集体经济组织。

6.2.2　典型案例

C 村集体经济组织将集体工业土地申请转为国有建设用地，通过集体资产交易平台引入合作方，双方约定由合作方进行土地整理（含原土地使用方租约解除及房屋搬迁补偿等）后，合作方租用土地 20 年，逐年支付租金，以村集体名义按规划确定的工业用途开发建设厂房，由合作方自用或出租。在租赁期满后，合作方无偿将整理地块及其地上建（构）筑物交回农村集体经济组织。

6.2.3　税务事项处理意见

该典型案例税务事项涉及三个纳税人，分别是集体土地使用方、农村集体经济组织、合作方。涉及主要税种包括增值税、契税和企业所得税。

6.2.3.1　集体土地使用方

合作方向集体土地使用方支付提前解除租赁合同的违约费用以及地上建筑物补偿与搬迁费用（货币补偿）。

一、增值税

集体土地使用方因农村集体经济组织提前解除租赁合同而收到违约费用、拆迁补偿费用、搬迁费用等经济利益，未提供增值税应税行为，无需缴纳增值税。

二、企业所得税

（一）符合政策性搬迁规定情形的，根据《国家税务总局关于发布〈企业政策性搬迁所得税管理办法〉的公告》（国家税务总局公告 2012 年第 40 号）和《国家税务总局关于企业政策性搬迁所得税有关问题的公告》（国家税务总局公告 2013 年第 11 号）规定处理：企业应当就政策性搬迁过程中涉及的搬迁收入、搬迁支出、搬迁资产税务处理、搬迁所得等所得税征收管理事项，单独进行税务管理和核算。在搬迁期间发生的搬迁收入和搬迁支出，可以暂不计入当期应纳税所得额，而在完成搬迁（不超过五年）的年度，对搬迁收入和支出进行汇总清算。

（二）不符合政策性搬迁规定情形的，按照《中华人民共和国企业所得税法》及其实施条例的相关规定处理：取得的拆迁补偿收入（含货币或非货币），应计入企业所得税收入总额，发生与取得收入有关的、合理的支出，可在计算应纳税所得额时扣除。

6.2.3.2　农村集体经济组织

农村集体经济组织向自然资源部门申请办理集体建设用地转为国有建设用地手续后，取得土地租金，并土地租赁期满后无偿取得整理地块地上建筑物。

一、增值税

根据《财政部　国家税务总局关于进一步明确全面推开营改增试点有关劳务派遣服务、收费公路通行费抵扣等政策的通知》（财税〔2016〕47 号）第三条第（二）款的规定，纳税人以经营租赁方式将土地出租给他人使用，按照不动产经营租赁服务缴纳增值税。农村集体经济组织将土地出租给合作企业，应按不动产经营租赁服务缴纳增值税。

二、房产税

根据《中华人民共和国房产税暂行条例》规定，房产税由产权所有人缴纳。农村集体经济组织（出租方）办理房产权属登记的，应按照规定缴纳房产税。根据《财政部　国家税务总局关于房产税、城镇土地使用税有关问题的通知》（财税〔2009〕128 号）规定，合作方无租使用农村集体经济组织（出租方）的房产，应依照房产余值代缴纳房产税。

三、城镇土地使用税

根据《财政部　国家税务总局关于房产税城镇土地使用税有关政策的通知》（财税〔2006〕186 号）规定，以出让或转让方式有偿取得土地使用权的，应由受让方从合同约定交付土地时间的次月起缴纳城镇土地使用税；合同未约定交付土地时间的，由受让方从合同签订的次月起缴纳城镇土地使用税。

四、契税

土地征转过程中如涉及土地出让金的补缴，根据《财政部　国家税务总局关于国有土地使用权出让等有关契税问题的通知》（财税〔2004〕134 号）的规定，受让方以出让方式取得土地使用权，其补缴的土地出让金应计入契税计税依据。

五、企业所得税

根据《中华人民共和国企业所得税法》及其实施条例规定，出租方出租土地取得的租金收入以及土地租赁终止或期满取得的增设建筑物等资产，应计入企业所得税收入总额，发生与取得收入有关的、合理的支出，可在计算应纳税所得额时扣除。

6.2.3.3　合作方

合作方支付提前解除租赁合同的违约费用与地上建筑物补偿等拆迁补偿费，以及聘请工程施工方完成场地围蔽、建筑物拆除、平整土地等费用，并逐年支付土地租金，以村集体名义按规划工业用途开发建设厂房，支付相关工程款项。

一、增值税

合作方将建成的建筑物用于出租，应按不动产经营租赁服务征收增值税。

二、房产税

根据《中华人民共和国房产税暂行条例》规定，房产税由产权所有人缴纳。农村集体经济组织（出租方）办理房产权属登记的，应按照规定缴纳房产税。根据《财政部　国家税务总局关于房产税、城镇土地使用税有关问题的通知》（财税〔2009〕128号）规定，合作方无租使用农村集体经济组织（土地出租方）的房产，应依照房产余值代缴纳房产税。

三、企业所得税

（一）根据《中华人民共和国企业所得税法》及其实施条例，土地前期整理合作方完成场地围蔽、建筑物拆除、平整土地等工程取得的各项收入，应计入企业所得税收入总额，发生与取得收入有关的、合理的支出，可在计算应纳税所得额时扣除。企业从事上述劳务持续时间超过12个月的，按照纳税年度内完工进度或者完成的工作量确认收入的实现。

（二）根据《中华人民共和国企业所得税法》及其实施条例规定，承租方在租赁期内利用建筑物取得的经营收入，应计入企业所得税收入总额，发生与取得收入有关的、合理的支出，可在计算应纳税所得额时扣除。

（三）合作方在承租土地上出资增设建筑物应作为长期待摊费用，按照《中华人民共和国企业所得税法》及其实施条例的相关规定在租赁期内摊销。

6.3　模式之三：土地整理后以复建地块集中安置

6.3.1　情况描述

村集体经济组织将集体土地申请转为国有土地，分为融资地块与复建地块，并与开发企业合作实施改造。

6.3.2　典型案例

一、G村集体经济组织成员表决同意项目实施方案后，按程序报送有权机关审批后，该农村集体经济组织通过公开交易方式选择开发企业参与改造。

二、在完成房屋拆迁补偿安置后，农村集体经济组织向当地自然资源部门申请办理集体建设用地转为国有建设用地手续，当地自然资源部门组织报批材料按程序上报，经批准转为国有后，复建地块采取划拨方式供应给 G 村集体经济组织，融资地块由政府协议出让给开发企业。

三、开发企业按要求缴纳土地出让金后对融资地块实施改造，并承担复建地块物业建造及河涌整治、打通消防通道等工程成本。复建地块土地使用权与地上物业权属始终在 G 村集体经济组织名下，未发生权属转移，开发企业与 G 村集体经济组织也未签订复建地块与地上物业无偿转让合同（协议）。

四、村集体经济组织是复建地块业主单位，复建地块的土地征用及拆迁补偿费，复建物业的设计、建造、安装、装修装饰和竣工验收工作由开发企业委托施工企业负责，相关费用支出也由开发企业实际负担。设计、施工企业向开发企业开具发票。

6.3.3 税务事项处理意见

该典型案例税务事项涉及三个纳税人，分别是被征收方、土地受让方（开发企业）和工程施工方。涉及主要税种包括增值税、契税、企业所得税、城镇土地使用税和个人所得税。其中增值税、个人所得税有税收优惠政策。

6.3.3.1 被征收方（农村集体经济组织和村民）

一、增值税

根据《财政部 国家税务总局关于全面推开营业税改征增值税试点的通知》（财税〔2016〕36 号）附件 3《营业税改征增值税试点过渡政策的规定》第一条第（三十七）款规定，土地使用者将土地使用权归还给土地所有者免征增值税。农村集体经济组织申请将集体土地转为国有建设用地并交由政府出让，属于土地使用者将土地使用权归还给土地所有者，按规定可免征增值税。

二、企业所得税

（一）符合政策性搬迁规定情形的，根据《国家税务总局关于发布〈企业政策性搬迁所得税管理办法〉的公告》（国家税务总局公告 2012 年第 40 号）和《国家税务总局关于企业政策性搬迁所得税有关问题的公告》（国家税务总局公告 2013 年第 11 号）规定处理：企业应当就政策性搬迁过程中涉及的搬迁收入、搬迁支出、搬迁资产税务处理、搬迁所得等所得税征收管理事项，单独进行税务管理和核算。在搬迁期间发生的搬迁收入和搬迁支出，可以暂不计入当期应纳税所得额，而在完成搬迁（不超过五年）的年度，对搬迁收入和支出进行汇总清算。

（二）不符合政策性搬迁规定情形的，按照《中华人民共和国企业所得税法》及其实施条例的相关规定处理：取得的拆迁补偿收入（含货币或非货币），应计入企业所得税收入总额，发生与取得收入有关的、合理的支出，可在计算应纳税所得额时扣除。

三、个人所得税

根据《财政部　国家税务总局关于城镇房屋拆迁有关税收政策的通知》（财税〔2005〕45 号）规定，对被拆迁人按照国家有关规定的标准取得的拆迁补偿款，免征个人所得税。

6.3.3.2　土地受让方（开发企业）

开发企业取得融资地块土地使用权，并以建造复建地块房产为代价补偿农村集体经济组织或村民。

一、增值税

开发企业取得融资地块土地使用权并向政府部门支付土地价款，按《国家税务总局关于发布〈房地产开发企业销售自行开发的房地产项目增值税征收管理暂行办法〉的公告》（国家税务总局公告 2016 年第 18 号）的相关规定处理。

根据《财政部　国家税务总局关于明确金融、房地产开发、教育辅助服务等增值税政策的通知》（财税〔2016〕140 号）第七条规定，房地产开发企业中的一般纳税人销售其开发的房地产项目（选择简易计税方法的房地产老项目除外），在取得土地时向其他单位或个人支付的拆迁补偿费用也允许在计算销售额时扣除。纳税人按上述规定扣除拆迁补偿费用时，应提供拆迁协议、拆迁双方支付和取得拆迁补偿费用凭证等能够证明拆迁补偿费用真实性的材料。

开发企业承担复建地块物业建造及河涌整治、打通消防通道等事项，且复建地块土地使用权与地上物业权属始终在农村集体经济组织名下，属于无偿提供建筑服务，应按照视同销售的相关规定缴纳增值税。

二、契税

根据《财政部　国家税务总局关于国有土地使用权出让等有关契税问题的通知》（财税〔2004〕134 号）规定，出让国有土地使用权的，其契税计税价格为承受人为取得该土地使用权而支付的全部经济利益。以协议方式出让的，其契税计税价格为成交价格。成交价格包括土地出让金、土地补偿费、安置补助费、地上附着物和青苗补偿费、拆迁补偿费、市政建设配套费等承受者应支付的货币、实物、无形资产及其他经济利益。

三、城镇土地使用税

根据《财政部　国家税务总局关于房产税城镇土地使用税有关政策的通知》（财税〔2006〕186 号）规定，以出让或转让方式有偿取得土地使用权的，应由受让方从合同约定交付土地时间的次月起缴纳城镇土地使用税；合同未约定交付土地时间的，由受让方从合同签订的次月起缴纳城镇土地使用税。

四、土地增值税

根据《国家税务总局广东省税务局土地增值税管理规程》（国家税务总局广东省税务局公告 2019 年第 5 号）第二十九条规定，开发企业承担，复建地块的土地征用及拆迁补偿费，复建物业的设计、建造、安装、装修装饰和竣工验收工作及河涌整治、打通消防通道等实际发生并取得合法有效凭证的成本，确认为房地产项目的土地征用及拆迁补偿费扣除。

五、企业所得税

根据《国家税务总局关于印发〈房地产开发经营业务企业所得税处理办法〉的通知》（国税发〔2019〕31 号）的规定，取得土地使用权所发生的支出（包括复建地块相关支出）作为土地开发成本进行税务处理。

6.3.3.3 工程施工方

工程施工方提供建筑物拆除、土地平整等劳务。

一、增值税

工程施工方提供建筑物拆除、土地平整等服务，应按建筑服务缴纳增值税。

二、企业所得税

根据《中华人民共和国企业所得税法》及其实施条例，施工企业从事建筑、安装、装配工程业务等各项收入，应计入企业所得税收入总额，发生与取得收入有关的、合理的支出，可在计算应纳税所得额时扣除。企业从事上述劳务持续时间超过 12 个月的，按照纳税年度内完工进度或者完成的工作量确认收入的实现。

6.3.3.4 开发企业支付货币性质的拆迁补偿费用用于建设复建物业

开发企业向 G 村集体经济组织直接支付货币补偿，由村集体经济组织作为复建物业建设单位，自行委托施工企业进行设计、施工和竣工验收工作，相关费用支出由村集体经济组织实际负担。

一、增值税

根据《财政部 国家税务总局关于明确金融、房地产开发、教育辅助服务等增值税政策的通知》（财税〔2016〕140 号）第七条规定，房地产开发企业中的一般纳税人销售其开发的房地产项目（选择简易计税方法的房地产老项目除外），在取得土地时向其他单位或个人支付的拆迁补偿费用也允许在计算销售额时扣除。纳税人按上述规定扣除拆迁补偿费用时，应提供拆迁协议、拆迁双方支付和取得拆迁补偿费用凭证等能够证明拆迁补偿费用真实性的材料。

开发企业向 G 村集体经济组织直接支付货币补偿可作为拆迁补偿费用在计算销售额时扣除。

二、契税

根据《财政部 国家税务总局关于国有土地使用权出让等有关契税问题的通知》（财税〔2004〕134 号）规定，出让国有土地使用权的，其契税计税价格为承受人为取得该土地使用权而支付的全部经济利益。开发企业向村集体经济组织直接支付货币补偿应计入契税计税依据。

三、土地增值税

根据《国家税务总局广东省税务局土地增值税管理规程》（国家税务总局广东省税务局公告 2019 年第 5 号）第二十九条规定，开发企业向村集体经济组织直接支付货币补偿，确认为房地产项目的土地征用及拆迁补偿费扣除。

6.3.3.5 村民（被拆迁人）取得复建物业

村民受让房屋，根据《广东省契税实施办法》（广东省人民政府令第 41 号）第八条第（四）项及《关于解释〈广东省契税实施办法〉第八条第四项的批复》（粤府函〔2007〕127 号）规定处理。

6.4 模式之四：土地整理后回购物业

6.4.1 情况描述

村集体经济组织将集体土地申请转为国有土地，并与开发企业合作实施改造。农村集体经济组织以一定比例的货币补偿款购置开发企业所开发的物业。

6.4.2 典型案例

一、G 村集体经济组织按照经批准的改造项目实施方案，通过公开交易方式选择开发企业实施改造，签订合作开发改造协议。

二、开发企业与集体土地使用者及农村集体（被改造主体方）签订拆迁补偿安置协议并报政府备案。开发企业负责拆除建筑物、土地平整。对农村集体的补偿包含土地使用权补偿。相关款项由开发企业直接支付给集体土地使用方或集体经济组织。

三、在完成房屋拆迁补偿安置后，农村集体经济组织向当地自然资源部门申请办理集体建设用地转为国有建设用地手续，当地自然资源部门组织报批材料按程序上报，经批准转为国有土地后，拟改造地块土地使用权由政府协议出让给开发企业，开发企业按要求缴纳土地出让金（政府仅计收纯收益，不含对农村集体土地使用权补偿及拆迁安置补偿），按规划和约定要求对拟改造地块实施改造。

四、农村集体经济组织以一定比例的货币补偿款购置开发企业所开发的物业，作为长远收益保障。开发企业与农村集体经济组织约定的价格（不低于成本价）通过"三旧"改造方案或土地出让合同（公告）进行明确。

6.4.3 税务事项处理意见

该典型案例税务事项涉及三个纳税人，分别是集体土地使用方、农村集体经济组织、开发企业。涉及主要税种包括增值税、土地增值税、契税和企业所得税。其中增值税、契税有税收优惠政策。

6.4.3.1 集体土地使用方

一、增值税

集体土地使用方因农村集体经济组织提前解除租赁合同而收到违约费用、拆迁补偿费用、搬迁费用等经济利益，未提供增值税应税行为，无需缴纳增值税。

二、企业所得税

（一）符合政策性搬迁规定情形的，根据《国家税务总局关于发布〈企业政策性搬迁所得税管理办法〉的公告》（国家税务总局公告 2012 年第 40 号）和《国家税务总局关于企业政策性搬迁所得税有关问题的公告》（国家税务总局公告 2013 年第 11 号）规定处理：企业应当就政策性搬迁过程中涉及的搬迁收入、搬迁支出、搬迁资产税务处理、搬迁所得等所得税征收管理事项，单独进行税务管理和核算。在搬迁期间发生的搬迁收入和搬迁支出，可以暂不计入当期应纳税所得额，而在完成搬迁（不超过五年）的年度，对搬迁收入和支出进行汇总清算。

（二）不符合政策性搬迁规定情形的，按照《中华人民共和国企业所得税法》及其实施条例的相关规定处理：取得的拆迁补偿收入（含货币或非货币），应计入企业所得税收入总额，发生与取得收入有关的、合理的支出，可在计算应纳税所得额时扣除。

6.4.3.2 农村集体经济组织

农村集体经济组织是土地整理实施方，由其向自然资源部门申请办理集体建设用地转为国有建设用地手续后，取得土地使用权补偿及拆迁安置补偿。

一、增值税

根据《财政部 国家税务总局关于全面推开营业税改征增值税试点的通知》（财税〔2016〕36 号）附件 3《营业税改征增值税试点过渡政策的规定》第一条第（三十七）款规定，土地使用者将土地使用权归还给土地所有者免征增值税。农村集体经济组织申请将集体土地转为国有建设用地并交由政府出让，属于土地使用者将土地使用权归还给土地所有者，按规定可免征增值税。

二、契税

根据《广东省契税实施办法》（广东省人民政府令第 41 号）第八条第（四）项及《关于解释〈广东省契税实施办法〉第八条第四项的批复》（粤府函〔2007〕127 号）规定，被征收方的土地、房屋被县级以上人民政府征用、占用后，异地或原地重新承受土地、房屋权属，其成交价格或补偿面积没有超出规定补偿标准的，免征契税；超出的部分应按规定缴纳契税。

三、企业所得税

（一）符合政策性搬迁规定情形的，根据《国家税务总局关于发布〈企业政策性搬迁所得税管理办法〉的公告》（国家税务总局公告 2012 年第 40 号）和《国家税务总局关于企业政策性搬迁所得税有关问题的公告》（国家税务总局公告 2013 年第 11 号）规定处理：企业应当就政策性搬迁过程中涉及的搬迁收入、搬迁支出、搬迁资产税务处理、搬迁所得等所得税征收管理事项，单独进行税务管理和核算。在搬迁期间发生的搬迁收入和搬迁支出，可以暂不计入当期应纳税所得额，而在完成搬迁（不超过五年）的年度，对搬迁收入和支出进行汇总清算。

（二）不符合政策性搬迁规定情形的，按照《中华人民共和国企业所得税法》及其实施条例的相关规定处理：取得的拆迁补偿收入（含货币或非货币），应计入企业所得税收入总额，发生与取得收入有关的、合理的支出，可在计算应纳税所得额时扣除。

6.4.3.3 开发企业

一、增值税

（一）开发企业提供建筑物拆除、土地平整等服务，应按建筑服务缴纳增值税。

（二）开发企业取得土地使用权并向政府部门支付土地价款，向政府部门支付土地价款，按《国家税务总局关于发布〈房地产开发企业销售自行开发的房地产项目增值税征收管理暂行办法〉的公告》（国家税务总局公告 2016 年第 18 号）的相关规定处理。

根据《财政部　国家税务总局关于明确金融、房地产开发、教育辅助服务等增值税政策的通知》（财税〔2016〕140 号）第七条规定，房地产开发企业中的一般纳税人销售其开发的房地产项目（选择简易计税方法的房地产老项目除外），在取得土地时向其他单位或个人支付的拆迁补偿费用也允许在计算销售额时扣除。纳税人按上述规定扣除拆迁补偿费用时，应提供拆迁协议、拆迁双方支付和取得拆迁补偿费用凭证等能够证明拆迁补偿费用真实性的材料。

农村集体经济组织以一定比例的货币补偿款购置开发的物业时，开发企业应按现行规定缴纳增值税。

二、土地增值税

开发企业以出让方式取得土地使用权，并按照"三旧"改造方案或土地出让合同（公告）以约定价格（不低于成本价）向农村集体经济组织销售房屋，可根据该约定价格计算确认土地增值税计税收入。

三、契税

根据《财政部　国家税务总局关于国有土地使用权出让等有关契税问题的通知》（财税〔2004〕134 号）规定，以协议方式出让的，其契税计税价格为成交价格。成交价格包括土地出让金、土地补偿费、安置补助费、地上附着物和青苗补偿费、拆迁补偿费、市政建设配套费等承受者应支付的货币、实物、无形资产及其他经济利益。

根据《国家税务总局关于明确国有土地使用权出让契税计税依据的批复》（国税函〔2009〕603 号）规定，通过招标、拍卖或者挂牌程序承受国有土地使用权的，对承受者应按照土地成交总价款计征契税，其中的土地前期开发成本不得扣除。

四、企业所得税

开发企业向农村集体经济组织销售房屋，应根据《国家税务总局关于印发〈房地产开发经营业务企业所得税处理办法〉的通知》（国税发〔2019〕31 号）的规定计入企业所得税收入总额，发生与取得收入有关的、合理的支出，可在计算应纳税所得额时扣除。

6.5　模式之五：土地整理后合作经营

6.5.1　情况描述

村集体经济组织将集体土地申请转为国有土地，与合作方出资成立项目公司，由项目公司实施改造并负责项目运营管理，改造后，F 村集体经济组织从项目公司取得货币、非货币补偿。

6.5.2　典型案例

一、F 村集体经济组织按照经批准的改造项目实施方案，通过公开交易方式选择合作企业实施改造，签订合作开发改造协议，并办理集体建设用地改变为国有建设用地手续，在该环节中，F 村集体经济组织没有办理国有土地使用证。

二、F 村集体经济组织通过公开交易方式选择合作方，与其签订合作开发协议，双方按约定成立项目公司。货币补偿、项目公司注册资本和因改造项目而发生的其他投入，由合作方代项目公司以货币形式垫付。

三、F 村集体经济组织制定地上建筑物补偿方案，以其名义对集体土地使用方进行拆迁补偿，但具体工作由项目公司委托合作方实施，拆除费用也由项目公司支付，项目公司成立前发生的上述费用由合作企业垫付。政府协议出让该地块给项目公司。

四、房地产项目均以项目公司名义立项、报建，全部竣工验收后，F 村集体经济组织按约定取得分成物业，采用项目公司与 F 村集体经济组织签订房屋销售合同的形式，将分成物业的权属办至 F 村集体经济组织名下；同时，按约定取得利润分成。

6.5.3　税务事项处理意见

该典型案例税务事项涉及四个纳税人，分别是集体土地使用方、F 村集体经济组织、合作方和项目公司。涉及主要税种包括增值税、土地增值税、契税和企业所得税。其中增值税、契税有税收优惠政策。

6.5.3.1　集体土地使用方

一、增值税

集体土地使用方因农村集体经济组织提前解除租赁合同而收到违约费用、拆迁补偿费用、搬迁费用等经济利益，未提供增值税应税行为，无需缴纳增值税。

二、企业所得税

（一）符合政策性搬迁规定情形的，根据《国家税务总局关于发布〈企业政策性搬迁所得税管理办法〉的公告》（国家税务总局公告 2012 年第 40 号）和《国家税务总局关于企业政策性搬迁所得税有关问题的公告》（国家税务总局公告 2013 年第 11 号）规定处理：企业应当就政策性搬迁过程中涉及的搬迁收入、搬迁支出、搬迁资产税务处理、搬迁所得等所得税征收管理事项，单独进行税务管理和核算。在搬迁期间发生的搬迁收入和搬迁支出，可以暂不计入当期应纳税所得额，而在完成搬迁（不超过五年）的年度，对搬迁收入和支出进行汇总清算。

（二）不符合政策性搬迁规定情形的，按照《中华人民共和国企业所得税法》及其实施条例的相关规定处理：取得的拆迁补偿收入（含货币或非货币），应计入企业所得税收入总额，发生与取得收入有关的、合理的支出，可在计算应纳税所得额时扣除。

6.5.3.2　F 村集体经济组织

一、增值税

根据《财政部　国家税务总局关于全面推开营业税改征增值税试点的通知》（财税〔2016〕36 号）附件 3《营业税改征增值税试点过渡政策的规定》第一条第（三十七）款规定，土地使用者将土地使用权归还给土地所有者免征增值税。农村集体经济组织申请将集体土地转为国有建设用地并交由政府出让，属于土地使用者将土地使用权归还给土地所有者，按规定可免征增值税。

二、土地增值税

F 村集体经济组织办理征转国有用地手续，未发生转让国有土地使用权、地上建筑物及其附着物行为，不属于土地增值税征收范围。

三、契税

F 村集体经济组织取得分成物业，属于征地的补偿。根据《广东省契税实施办法》（广东省人民政府令第 41 号）第八条第（四）项及《关于解释〈广东省契税实施办法〉第八条第四项的批复》（粤府函〔2007〕127 号）规定，被征收方的土地、房屋被县级以上人民政府征用、占用后，异地或原地重新承受土地、房屋权属，其成交价格或补偿面积没有超出规定补偿标准的，免征契税；超出的部分应按规定缴纳契税。

四、企业所得税

（一）符合政策性搬迁规定情形的，根据《国家税务总局关于发布〈企业政策性搬迁所得税管理办法〉的公告》（国家税务总局公告 2012 年第 40 号）和《国家税务总局关于企业政策性搬迁所得税有关问题的公告》（国家税务总局公告 2013 年第 11 号）规定处理：企业应当就政策性搬迁过程中涉及的搬迁收入、搬迁支出、搬迁资产税务处理、搬迁所得等所得税征收管理事项，单独进行税务管理和核算。在搬迁期间发生的搬迁收入和搬迁支出，可以暂不计入当期应纳税所得额，而在完成搬迁（不超过五年）的年度，对搬迁收入和支出进行汇总清算。

（二）不符合政策性搬迁规定情形的，按照《中华人民共和国企业所得税法》及其实施条例的相关规定处理：取得的收入（含货币或非货币），应计入企业所得税收入总额，发生与取得收入有关的、合理的支出，可在计算应纳税所得额时扣除。

6.5.3.3　合作方

一、增值税

合作方提供建筑物拆除、土地平整等服务，应按建筑服务缴纳增值税。

二、企业所得税

（一）根据《中华人民共和国企业所得税法》及其实施条例，施工企业从事建筑、安装、装配工程业务等各项收入，应计入企业所得税收入总额，发生与取得收入有关的、合理的支出，可在计算应纳税所得额时扣除。企业从事上述劳务持续时间超过 12 个月的，按照纳税年度内完工进度或者完成的工作量确认收入的实现。

（二）合作方取得项目公司分回的利润按《中华人民共和国企业所得税法》及其实施条例的相关规定确认为股息红利收入。

6.5.3.4　项目公司

一、增值税

项目公司取得土地使用权并向政府部门支付土地价款，向政府部门支付土地价款，按《国家税务总局关于发布〈房地产开发企业销售自行开发的房地产项目增值税征收管理暂行办法〉的公告》（国家税务总局公告 2016 年第 18 号）的相关规定处理。

根据《财政部　国家税务总局关于明确金融、房地产开发、教育辅助服务等增值税政策的通知》（财税〔2016〕140 号）第七条规定，房地产开发企业中的一般纳税人销售其开发的房地产项目（选择简易计税方法的房地产老项目除外），在取得土地时向其他单位或个人支付的拆迁补偿费用也允许在计算销售额时扣除。纳税人按上述规定扣除拆迁补偿费用时，应提供拆迁协议、拆迁双方支付和取得拆迁补偿费用凭证等能够证明拆迁补偿费用真实性的材料。

项目公司与农村集体经济组织签订房屋销售合同，将分成物业的权属办至农村集体经济组织名下，应按现行规定缴纳增值税。

二、土地增值税

合作方支付的与改造项目直接相关的前期费用、拆除临迁费用、补偿安置费用以及搬迁奖励支出。项目公司成立后由其直接负担的，凭合法有效凭证、费用支出明细计入土地增值税的扣除项目。相关费用支出超过县（区）以上人民政府制定的改造成本核算标准的，主管税务机关应要求其提供相关佐证材料进行核查。

项目公司通过签订房地产销售合同的形式将分成物业通过转移登记方式办理至 F 村经联社名下。根据《国家税务总局关于土地增值税清算有关问题的通知》（国税函〔2010〕220 号）的规定，用建造的本项目房地产安置回迁户的，安置用房视同销售处理，按《国家税务总局关于房地产开发企业土地增值税清算管理有关问题的通知》（国税发〔2006〕187 号）第三条的规定确认收入，同时将此确认为房地产开发项目的拆迁补偿费。

三、契税

根据《财政部　国家税务总局关于国有土地使用权出让等有关契税问题的通知》（财税〔2004〕134 号）规定，以协议方式出让的，其契税计税价格为成交价格。成交价格包括土地出让金、土地补偿费、安置补助费、地上附着物和青苗补偿费、拆迁补偿费、市政建设配套费等承受者应支付的货币、实物、无形资产及其他经济利益。

根据《国家税务总局关于明确国有土地使用权出让契税计税依据的批复》（国税函〔2009〕603 号）规定，通过招标、拍卖或者挂牌程序承受国有土地使用权的，对承受者应按照土地成交总价款计征契税，其中的土地前期开发成本不得扣除。

四、企业所得税

根据《国家税务总局关于印发〈房地产开发经营业务企业所得税处理办法〉的通知》（国税发〔2009〕31 号）的规定取得的相关收入应计入企业所得税收入总额，发生与取得收入有关的、合理的支出，可在计算应纳税所得额时扣除。

7　企业自改模式

7.1　情况描述

在符合国土空间规划的前提下，由企业自行选择土地前期整理合作方，或由企业自行对土地进行平整并达到土地出让条件后，由政府直接以协议方式出让给该企业。或者，在不实施拆除重建的情况下，由企业按照经批准的规划用途自行实施"微改造"。

7.2　典型案例

H 市某集团（不动产权属人）的旧厂房改造项目，由其自行出资，按照原址升级、功能改变的模式实施改造。由某集团通过向政府补缴地价，将土地用途由工业用途改变为商业用途，并通过协议方式取得土地使用权后自行进行"微改造"或拆除重建。

7.3 税务事项处理意见

该典型案例税务事项涉及两个纳税人，分别是不动产权属人和工程施工方。涉及主要税种包括增值税、房产税、契税和企业所得税。

7.3.1 不动产权属人

不动产权属人通过向政府补缴地价，将土地用途由工业用途改变为商业用途，并通过协议方式取得土地使用权自行进行改造开发。

一、增值税

不动产权属人通过协议方式取得土地使用权，向政府部门支付土地价款，向政府部门支付土地价款，按《国家税务总局关于发布〈房地产开发企业销售自行开发的房地产项目增值税征收管理暂行办法〉的公告》（国家税务总局公告 2016 年第 18 号）的相关规定处理。

二、房产税

（一）根据《财政部 国家税务总局关于安置残疾人就业单位城镇土地使用税等政策的通知》（财税〔2010〕121 号）的规定，自行改造企业补缴的地价款应计入房产原值征收房产税。

（二）根据《广东省税务局关于印发房产税、车船使用税若干具体问题的解释和规定的通知》（（87）粤税三字第 6 号）的规定，自行改造企业扩建、改建装修后的房产在下一个纳税期按扩建、改建、装修后的房产原值计税。

三、契税

根据《国家税务总局关于改变国有土地使用权出让方式征收契税的批复》（国税函〔2008〕662 号）的规定，对纳税人因改变土地用途而签订土地使用权出让合同变更协议或者重新签订土地使用权出让合同的，应征收契税。计税依据为因改变土地用途应补缴的土地收益金及应补缴政府的其他费用。

四、企业所得税

（一）企业改造完成作固定资产自用的，根据《中华人民共和国企业所得税法》及其实施条例规定，符合固定资产改良支出条件且原固定资产已提足折旧的，按照固定资产预计尚可使用年限分期摊销；未足额提取折旧前进行改扩建的，如属于推倒重置的，该资产原值减除提取折旧后的净值，应并入重置后的固定资产计税成本，并在该固定资产投入使用后的次月起，按照税法规定的折旧年限，一并计提折旧；如属于提升功能、增加面积的，该固定资产的改扩建支出，并入该固定资产计税基础，并从改扩建完工投入使用后的次月起，重新按税法规定的该固定资产折旧年限计提折旧，如该改扩建后的固定资产尚可使用的年限低于税法规定的最低年限的，可以按尚可使用的年限计提折旧。

（二）改变土地用途所补缴的土地出让金及发生的相关支出，按无形资产摊销处理。

7.3.2 工程施工方

工程施工方提供建筑物、构筑物及其附属设施的建造、修缮、装饰，线路、管道、设备、设施等的安装以及其他工程作业。

一、增值税

工程施工方提供建筑物、构筑物及其附属设施的建造、修缮、装饰，线路、管道、设备、设施等的安装以及其他工程作业，应按建筑服务缴纳增值税。

二、企业所得税

根据《中华人民共和国企业所得税法》及其实施条例，施工企业从事建筑、安装、装配工程业务等各项收入，应计入企业所得税收入总额，发生与取得收入有关的、合理的支出，可在计算应纳税所得额时扣除。企业从事上述劳务持续时间超过 12 个月的，按照纳税年度内完工进度或者完成的工作量确认收入的实现。

8 企业收购改造模式

8.1 情况描述

在符合国土空间规划的前提下，企业收购改造地块周边相邻的土地使用权和房产并办理转移登记后，由地方自然资源主管部门进行归宗，再将土地使用权以协议方式出让给该企业，由该企业依据批准的规划用途实施全面改造。或者，在不实施拆除重建的情况下，由企业按照经批准的规划用途自行实施"微改造"。

8.2 典型案例

I 市创意园项目，社会投资主体（收购方）收购多家濒临倒闭，效益低下的企业（被收购方）旧厂房，并办理房产、土地权属转移手续。其利用原有的厂房、办公室进行连片改造，打造餐饮、娱乐、住宿、写字楼等新兴产业园区，并对外出租。

8.3 税务事项处理意见

该典型案例税务事项涉及两个纳税人，分别是被收购方和收购方。涉及主要税种包括增值税、土地增值税、房产税、城镇土地使用税、契税和企业所得税。其中土地增值税有税收优惠政策。

8.3.1 被收购方

被收购方转让其拥有的房产、土地，并取得收入。

一、增值税

被收购方转让其拥有的房产并取得收入，应按转让不动产缴纳增值税；被收购方转让其拥有的土地使用权并取得收入，应按转让土地使用权缴纳增值税。

二、土地增值税

根据《中华人民共和国土地增值税暂行条例》规定，被收购方转让旧厂房取得收入，应按规定申报缴纳土地增值税。对纳入县（区）级以上"三旧"改造规划且被收购方能提供"三旧"改造方案批复（或等效文件）的，根据《中华人民共和国土地增值税暂行条例实施细则》第十一条第四款及《财政部国家税务总局关于土地增值税若干问题的通知》（财税〔2006〕21 号文）第四条有关规定，免征被收购方的土地增值税。

三、企业所得税

根据《中华人民共和国企业所得税法》及其实施条例规定，被收购方转让资产取得的收入，应计入企业所得税收入总额，发生的与取得收入有关的、合理的支出，可在计算应纳税所得额时扣除。

8.3.2　收购方

收购方取得房屋、土地，进行连片改造后对外出租。

一、增值税

收购方进行连片改造后对外出租不动产，应按不动产经营租赁服务缴纳增值税。

二、房产税

根据《中华人民共和国房产税暂行条例》规定，收购方取得房屋所有权，应按规定缴纳房产税。自用的，以房产原值计征房产税；用于出租的，以租金收入计征房产税。

三、城镇土地使用税

根据《财政部　国家税务总局关于房产税城镇土地使用税有关政策的通知》（财税〔2006〕186 号）规定，收购方以出让或转让方式有偿取得土地使用权的，应由受让方从合同约定交付土地时间的次月起缴纳城镇土地使用税；合同未约定交付土地时间的，由受让方从合同签订的次月起缴纳城镇土地使用税。

四、契税

根据《中华人民共和国契税暂行条例》第四条、《中华人民共和国契税暂行条例细则》（财法字〔1997〕52 号）第九条规定，应按土地、房屋权属转移合同确定的价格缴纳契税。合同价格低于存量房系统评估价格的，以评估价格缴纳契税。

根据《财政部　国家税务总局关于国有土地使用权出让等有关契税问题的通知》（财税〔2004〕134 号）规定，以协议方式出让的，其契税计税价格为成交价格。成交价格包括土地出让金、土地补偿费、安置补助费、地上附着物和青苗补偿费、拆迁补偿费、市政建设配套费等承受者应支付的货币、实物、无形资产及其他经济利益。

五、企业所得税

（一）收购方对收购的资产进行改造，实际发生的支出，应计入固定资产的计税基础，按照规定计提固定资产折旧，在计算应纳税所得额时扣除。

（二）收购方取得的租金收入，应计入企业所得税收入总额，发生与取得收入有关的、合理的支出，可在计算应纳税所得额时扣除。

9 单一主体归宗改造模式

9.1 情况描述

在符合国土空间规划的前提下，改造范围内的权利主体通过以签订搬迁补偿协议的方式，将房地产的相关权益转移到单一主体后，由该主体申请实施改造，在完成上盖物拆除后注销原有不动产权证书、办理土地收归国有手续，再由自然资源主管部门直接与单一改造主体签订协议出让合同。或者，在不实施拆除重建的情况下，由企业按照经批准的规划用途自行实施"微改造"。

9.2 典型案例

K 有限公司成立项目 B 有限公司（下称项目 B 公司），与原权属人签订搬迁补偿安置协议形成单一主体。具体为：

一、某连片改造范围拟以拆除重建方式实施改造，由范围内拟拆除重建区域的房屋土地原权属人委托具有独立法人资格的 K 有限公司作为单一主体实施改造。

二、改造规划经县以上人民政府或其授权单位审批通过。

三、按照房地产的相关权益让渡于单一主体的政策要求，在实施主体确认前，K 有限公司制定搬迁补偿方案，并成立项目 B 公司。后者与区域内的相关原权属人分别签订搬迁补偿协议，对补偿方式、金额、支付期限、原地安置补偿房屋的面积、地点和不动产登记价格，搬迁期限等相关事项，以及对不动产权属证书注销后附着于原房地产的义务和责任承担做出约定。协议签订后，区域内待拆除房产和土地的相关权益让渡至项目 B 公司，原权属人的不动产权属证书证载权利不发生变化。搬迁补偿协议按要求报备。

四、项目 B 公司实施主体资格申请政府主管部门确认，该公司获得该区域的单一主体资格。

五、项目 B 公司委托 C 公司组织完成拆除重建区域内的建筑物拆除与土地平整。

六、在政府主管部门确认完成建筑物拆除情况后，根据原权属人与 K 有限公司签订的注销房地产权属证书委托书，项目 B 公司作为受托方以原权属人名义向房地产登记部门申请办理房地产权属证书的注销登记。由政府主管部门根据城市更新相关政策完成零散土地归宗，并由县级（含县级）以上人民政府提供可说明属于依法征收或视同政府收回的书面文件。

七、项目 B 公司向政府主管部门申请建设用地审批。

八、政府主管部门在批准项目建设用地后与项目 B 公司签订协议出让土地使用权合同，核发建设用地规划许可证。项目 B 公司需要根据《广东省国土资源厅关于印发深入推进"三旧"改造工作实施意见的通知》（粤国土资规字〔2018〕3 号）的要求，项目 B 公司与当地政府签订配建公共设施建设移交监管协议，项目 B 公司支付相关平整土地和建筑安装工程相关费用，在连片改造范围内向政府无偿交付公交站场。

九、公交站场获市交通运输主管部门批准设立，设施用地位于连片改造范围内。

9.3 税务事项处理意见

该典型案例税务事项涉及三个纳税人，分别是原权属人、受让方和工程施工方。涉及主要税种包括增值税、土地增值税、契税、企业所得税和个人所得税。其中收回土地使用权和重新承受房屋环节有增值税、土地增值税和契税税收优惠政策。

9.3.1 原权属人

一、增值税

在单一主体归宗改造模式中，完成上盖物拆除后，自然资源部门注销原有不动产权证土地收归国有，再直接与单一改造主体签订协议出让合同。根据《广东省人民政府关于深化改革加快推动"三旧"改造促进高质量发展的指导意见》（粤府〔2019〕71 号）有关指导精神，可凭县级（含县级）以上人民政府通过政府会议纪要、"三旧"改造批复或其他文件证明上述操作属于政府征收（收回）房产、土地并出让的行为。

根据《财政部 国家税务总局关于全面推开营业税改征增值税试点的通知》（财税〔2016〕36 号）附件 3《营业税改征增值税试点过渡政策的规定》第一条第（三十七）款规定，土地使用者将土地使用权归还给土地所有者免征增值税。原权属人的土地被政府征收（收回），属于土地使用者将土地使用权归还给土地所有者，按规定可免征增值税。

二、土地增值税

在单一主体归宗改造模式中，完成上盖物拆除后，自然资源部门注销原有不动产权证土地收归国有，再直接与单一改造主体签订协议出让合同。根据《广东省人民政府关于深化改革加快推动"三旧"改造促进高质量发展的指导意见》（粤府〔2019〕71 号）有关指导精神，可凭县级（含县级）以上人民政府通过的政府会议纪要、"三旧"改造方案批复或其他等效文件证明上述操作属于政府征收（收回）房产、土地并出让的行为。依据《中华人民共和国土地增值税暂行条例》（国务院令第 138 号）第八条，免征原权属人的土地增值税。

三、契税

根据《广东省契税实施办法》（广东省人民政府令第 41 号）第八条第（四）项及《关于解释〈广东省契税实施办法〉第八条第四项的批复》（粤府函〔2007〕127 号）规

定，被征收方的土地、房屋被县级以上人民政府征用、占用后，异地或原地重新承受土地、房屋权属，其成交价格或补偿面积没有超出规定补偿标准的，免征契税；超出的部分应按规定缴纳契税。

四、企业所得税

（一）符合政策性搬迁规定情形的，根据《国家税务总局关于发布〈企业政策性搬迁所得税管理办法〉的公告》（国家税务总局公告 2012 年第 40 号）和《国家税务总局关于企业政策性搬迁所得税有关问题的公告》（国家税务总局公告 2013 年第 11 号）规定处理：企业应当就政策性搬迁过程中涉及的搬迁收入、搬迁支出、搬迁资产税务处理、搬迁所得等所得税征收管理事项，单独进行税务管理和核算。在搬迁期间发生的搬迁收入和搬迁支出，可以暂不计入当期应纳税所得额，而在完成搬迁（不超过五年）的年度，对搬迁收入和支出进行汇总清算。

（二）不符合政策性搬迁规定情形的，按照《中华人民共和国企业所得税法》及其实施条例的相关规定处理：取得的拆迁补偿收入（含货币或非货币），应计入企业所得税收入总额，发生与取得收入有关的、合理的支出，可在计算应纳税所得额时扣除。

五、个人所得税

根据《财政部　国家税务总局关于城镇房屋拆迁有关税收政策的通知》（财税〔2005〕45 号）规定，对被拆迁人按照国家有关规定的标准取得的拆迁补偿款，免征个人所得税。

9.3.2　受让方

项目 B 公司作为受让方以出让方式有偿取得土地使用权，向原权属人支付货币或实物补偿，支付公交设施用地及地上建筑物相关平整土地和建筑安装工程相关费用，公交设施用地及地上建筑物被政府收回（征收）。

9.3.2.1　拆迁补偿环节

一、增值税

受让方取得土地使用权并向政府部门支付土地价款，向政府部门支付土地价款，按《国家税务总局关于发布〈房地产开发企业销售自行开发的房地产项目增值税征收管理暂行办法〉的公告》（国家税务总局公告 2016 年第 18 号）的相关规定处理。

根据《财政部　国家税务总局关于明确金融、房地产开发、教育辅助服务等增值税政策的通知》（财税〔2016〕140 号）第七条规定，房地产开发企业中的一般纳税人销售其开发的房地产项目（选择简易计税方法的房地产老项目除外），在取得土地时向其他单位或个人支付的拆迁补偿费用也允许在计算销售额时扣除。纳税人按上述规定扣除拆迁补偿费用时，应提供拆迁协议、拆迁双方支付和取得拆迁补偿费用凭证等能够证明拆迁补偿费用真实性的材料。

二、契税

根据《财政部　国家税务总局关于国有土地使用权出让等有关契税问题的通知》（财税〔2004〕134号）规定，以协议方式出让的，其契税计税价格为成交价格。成交价格包括土地出让金、土地补偿费、安置补助费、地上附着物和青苗补偿费、拆迁补偿费、市政建设配套费等承受者应支付的货币、实物、无形资产及其他经济利益。因此，受让方支付的搬迁补偿费用、拆除平整费用、土地出让金应作为契税计税依据。

三、城镇土地使用税

根据《财政部　国家税务总局关于房产税城镇土地使用税有关政策的通知》（财税〔2006〕186号）规定，以出让或转让方式有偿取得土地使用权的，应由受让方从合同约定交付土地时间的次月起缴纳城镇土地使用税；合同未约定交付土地时间的，由受让方从合同签订的次月起缴纳城镇土地使用税。

四、企业所得税

（一）用于房地产开发情形的，根据《国家税务总局关于印发〈房地产开发经营业务企业所得税处理办法〉的通知》（国税发〔2009〕31号）的规定，可作为土地开发成本进行税务处理。

（二）用于房地产开发以外情形的，根据《中华人民共和国企业所得税法》及其实施条例，取得的土地使用权支出作为无形资产摊销，发生的各类拆迁补偿支出在税前扣除。

五、土地增值税

（一）国有土地出让的受让方负责拆迁安置，根据《国家税务总局关于土地增值税清算有关问题的通知》（国税函〔2010〕220号）的规定，用建造的本项目房地产安置回迁户的，安置用房视同销售处理，按《国家税务总局关于房地产开发企业土地增值税清算管理有关问题的通知》（国税发〔2006〕187号）第三条第（一）款规定确认收入，同时将此确认为房地产开发项目的拆迁补偿费。支付给回迁户的补差价款，计入拆迁补偿费；回迁户支付给房地产开发企业的补差价款，应抵减本项目拆迁补偿费。采取异地安置，异地安置的房屋属于自行开发建造的，房屋价值按国税发〔2006〕187号第三条第（一）款的规定计算，计入本项目的拆迁补偿费；异地安置的房屋属于购入的，以实际支付的购房支出计入拆迁补偿费。货币安置拆迁的，凭合法有效凭证计入拆迁补偿费。

（二）受让方支付的建筑物拆除费用、土地平整费用凭合法有效凭证扣除。

9.3.2.2 交付公交设施环节

一、增值税

受让方向政府交付公交站场，属于无偿转让不动产或提供应税服务，但以社会公众为对象，无需按视同销售缴纳增值税。

二、城镇土地使用税

根据《财政部税务总局关于继续对城市公交站场道路客运站场城市轨道交通系统减免城镇土地使用税优惠政策的通知》（财税〔2019〕11 号）的规定，城市公交站场用地免征城镇土地使用税。

三、土地增值税

项目 B 公司与当地政府签订配建公共设施建设移交监管协议，根据《国家税务总局关于房地产开发企业土地增值税清算管理有关问题的通知》（国税发〔2006〕187 号）的规定，按建造的与清算项目配套的公共设施处理。

四、企业所得税

根据《国家税务总局关于印发〈房地产开发经营业务企业所得税处理办法〉的通知》（国税发〔2009〕31 号）的规定，公共设施发生的相关支出计入开发产品计税成本。

五、契税

项目 B 公司实际支付的与清算项目配套的公共设施建造支出不计入契税计税依据。

9.3.3 工程施工方

工程施工方提供建筑物拆除、土地平整等劳务。

一、增值税

工程施工方提供建筑物拆除、土地平整等服务，应按建筑服务缴纳增值税。

二、企业所得税

根据《中华人民共和国企业所得税法》及其实施条例，施工企业从事建筑、安装、装配工程业务等各项收入，应计入企业所得税收入总额，发生与取得收入有关的、合理的支出，可在计算应纳税所得额时扣除。企业从事上述劳务持续时间超过 12 个月的，按照纳税年度内完工进度或者完成的工作量确认收入的实现。

山东省深入推进城镇老旧小区改造实施方案

为贯彻落实党中央、国务院决策部署，深入推进城镇老旧小区改造，制定本实施方案。

一、总体要求

（一）指导思想。以习近平新时代中国特色社会主义思想为指导，把城镇老旧小区改造作为重大的民生工程和发展工程，结合城镇低效用地再开发，补齐城市配套设施和人居环境短板，完善社区管理和服务，创新政府引导、市场运作的可持续改造模式，提升居民居住环境和生活质量。

（二）改造范围。老旧小区是指 2005 年 12 月 31 日前在城市或县城国有土地上建成、失养失修失管严重、市政配套设施不完善、公共服务和社会服务设施不健全、居民改造意愿强烈的住宅小区。老旧小区改造是指对老旧小区及相关区域的建筑、环境、配套设施等进行改造、完善和提升的活动（不含住宅拆除新建）。

（三）工作目标。到"十四五"末，在确保完成 2000 年前建成的老旧小区改造基础上，力争基本完成 2005 年前建成的老旧小区改造任务，建设宜居整洁、安全绿色、设施完善、服务便民、和谐共享的"美好住区"。

二、统筹实施

（一）编制老旧小区改造计划。市、县（市、区）政府要对老旧小区全面调查摸底，建立老旧小区数据库。坚持居民自愿、自下而上的原则，确定拟改造项目及时序，逐级生成县（市、区）、市、省老旧小区改造总体计划（2020—2025）和分年度计划。

（二）因地制宜制定改造标准。制定《全省老旧小区改造提升技术导则》，分基础、完善、提升三类，对老旧小区和周边区域的改造内容进行丰富和提升。基础类改造主要是拆违拆临、安防、环卫、消防、道路、照明、绿化、水电气暖、光纤、建筑物修缮、管线规整等，突出解决基础设施老化、环境脏乱差问题；完善类改造主要是完善社区和物业用房、建筑节能改造、加装电梯、停车场、文化、体育健身、无障碍设施等；提升类改造主要是完善社区养老、托幼、医疗、家政、商业设施以及智慧社区等。由市、县（市、区）确定老旧小区改造标准。

（三）引导小区群众积极参与。加强社区党建工作，提高基层治理水平，坚持共同缔造原则，广泛发动群众共谋共建共管共评，实现改造成果共享。社区党组织、居委会组织业主委员会等基层组织，征求居民意愿，确定改造项目、内容及改造完成后的物业管理模式，实行"一小区一策"。引导居民通过住宅专项维修资金、小区公共收益、捐资捐物等渠道出资改造，促进住户户内门窗、装修等消费。

（四）强化专营设施协同改造。老旧小区内入户端口以外需要改造的供水、供电、供气、供暖、通信、有线电视等专业经营设施，产权属于专营单位的，由专营单位负责改造；产权不属于专营单位的，政府通过"以奖代补"等方式，支持专营单位出资改造，与老旧小区改造同步设计、同步实施。改造后的专营设施产权移交给专营单位，并由专营单位负责维护管理。政府对相关专营单位、负责人的经营考核中应充分考虑企业此类支出负担。

（五）完善社区服务设施。集约高效利用土地，深入挖掘小区内空间资源，整合小区周边零星碎片化土地，利用机关企事业单位的空置房屋等社会资源，在老旧小区内及周边健全社区养老、托幼、医疗、停车场、体育健身、文化、应急救援站等公共服务设施，完善家政、助餐、便民市场、便利店等社会服务设施，按规定标准建设完善社区党群服务中心。

（六）提高项目审批效率。简化老旧小区改造项目审批，征求居民意见编制的改造方案，由县（市、区）住房城乡建设、发展改革、财政、自然资源和规划部门联合审查批准。在不新增建设用地、不新增污染物排放的情况下，优化老旧小区改造土地、环评等手续。

（七）加强工程建设管理和物业管理。鼓励以街道或社区为单位对区域内的老旧小区联动改造，统一设计、招标、建设和竣工验收，确保工程质量和施工安全。建立老旧小区改造评价机制和信息管理系统。推行社区党组织领导下的社区居委会、业主委员会、物业服务企业共商事务、协调互通的管理模式。建立分类施策的老旧小区物业管理模式，改造后的老旧小区实现物业管理全覆盖。

三、创新改造方式和融资模式

按照不增加政府隐性债务、保持房地产市场平稳健康发展、培育形成相对稳定现金流、引入社会资本的原则，结合城镇低效用地再开发，在多元融资上下功夫，创新老旧小区及小区外相关区域"4＋N"改造方式和融资模式。

（一）大片区统筹平衡模式。把一个或多个老旧小区与相邻的旧城区、棚户区、旧厂区、城中村、危旧房改造和既有建筑功能转换等项目捆绑统筹，生成老旧片区改造项目，加大片区内 D 级、C 级危房改造力度，做到项目内部统筹搭配，实现自我平衡。

（二）跨片区组合平衡模式。将拟改造的老旧小区与其不相邻的城市建设或改造项目组合，以项目收益弥补老旧小区改造支出，实现资金平衡。

（三）小区内自求平衡模式。在有条件的老旧小区内新建、改扩建用于公共服务的经营性设施，以未来产生的收益平衡老旧小区改造支出。

（四）政府引导的多元化投入改造模式。对于市、县（市、区）有能力保障的老旧小区改造项目，可由政府引导，通过居民出资、政府补助、各类涉及小区资金整合、专营单位和原产权单位出资等渠道，统筹政策资源，筹集改造资金。

（五）鼓励各地结合实际探索多种模式。引入企业参与老旧小区改造，吸引社会资本参与社区服务设施改造建设和运营等。

四、创新支持政策和配套措施

（一）加强规划统筹。市、县（市、区）住房城乡建设、自然资源和规划部门组织编制老旧片区改造实施方案，测算所需投资和未来收益，合理划分改造区域，优化资源配置，策划、设计可以产生现金流的老旧片区改造项目。对在小区内及周边新建、改扩建社区服务设施的，在不违反国家有关强制性规范、标准的前提下，可适当放宽建筑密度、容积率等技术指标。

（二）探索土地支持政策。鼓励各地积极探索土地出让支持大片区统筹改造或跨片区组合改造的政策措施。把大片区统筹改造和跨片区组合改造与城镇低效用地再开发项目统筹谋划，并结合实际给予相应政策支持。老旧小区"15分钟生活圈"内城镇低效用地再开发整理腾出的土地，优先用于建设社区服务设施。

（三）创新财政资金政策。积极争取中央补助资金，各级财政在预算中统筹安排资金用于老旧小区改造，可采取投资补助、项目资本金注入、贷款贴息等方式，发挥财政资金引导作用。省财政对纳入省项目库的承担全国老旧小区改造试点任务或"4＋N"融资试点任务的项目择优给予奖补资金支持。调剂部分地方政府一般债券用于老旧小区改造；严格执行专项债券用于有收益的公益性资本支出的规定，对符合条件的老旧小区改造项目可通过发行地方政府专项债券筹措改造资金。各地整合涉及老旧小区的民政、城市建设和管理、文化、卫生、商务、体育等渠道相关资金，统筹投入老旧小区改造。既有住宅加装电梯涉及公有住房的，由其产权单位按居民约定比例出资。

（四）创新不动产登记做法。小区内增加公共建筑的，立项前与小区业委会、居委会等相关方达成权属协议，在产权明晰的基础上，探索所增加公共建筑不动产登记的具体做法。

（五）加大信贷支持。国家开发银行山东省分行、中国农业发展银行山东省分行在依法合规、风险可控的前提下，加大对老旧小区改造项目的金融服务力度，优化贷款流程和授信进度，提供信贷资金支持。支持商业银行、基金公司等金融机构创新金融产品，改善金融服务，为老旧小区改造项目及居民户内改造和消费提供融资支持。

五、强化实施保障

省级建立老旧小区改造工作协调机制。各市政府为责任主体，县（市、区）政府为实施主体，建立协调机制和工作专班，层层压实责任，推动工作落实。

山东省人民政府办公厅 2020 年 3 月 9 日印发

安徽省推进城镇老旧小区改造行动方案

为进一步改善城镇人居环境，加快老旧小区改造步伐，根据《安徽省人民政府关于加强城镇基础设施建设的实施意见》（皖政〔2019〕64号），经省政府同意，制定以下行动方案。

一、目标任务

（一）改造范围。建成时间较长、配套设施不足、环境条件差、管理缺失等影响居民日常生活、群众改造意愿强烈的小区。

（二）改造类型。分为基本型、完善型和提升型。优先补齐小区功能短板，拆除违建，解决供水、排水、供气、供电、道路、通信（含光纤入户）、停车等需求的，为基本型改造；在保基本的基础上，实施加装电梯、房屋维修改造、配套停车场及充电桩、活动设施、物业服务、智慧安防设施等，为完善型改造；进一步改善公共服务和公共环境，包括增设社区养老、托幼、医疗、家政、体育设施、智能信包（快件）箱等便民设施等，为提升型改造。

（三）重点任务。按照"应改尽改"要求，持续推进老旧小区整治改造。2019年至2021年，计划整治改造老旧小区2600个左右。

二、实施计划

三年计划整治改造老旧小区 2600 个左右。其中：2019 年 600 个、2020 年 1000 个左右、2021 年 1000 个左右。2021 年以后，着力开展疑难复杂项目攻坚，持续推进老旧小区整治改造。

三、保障措施

（一）尊重居民意愿，动员群众积极参与。发挥社区居民主体作用，由居民提出改造申请，参与制定方案、项目实施、工程质量监督、后期维护管理等全过程，实现决策共谋、发展共建、建设共管、效果共评、成果共享。

（二）推进成片改造，补齐和完善公共服务设施。坚持政府统筹安排、统一规划，成片改造老旧小区。加强历史文化的保护，注重风貌的协调。将有共同改造需求，独栋、零星、分散的楼房和老旧小区进行归并整合，统一设计、同步改造，形成片区，鼓励支持改造后进行统一的物业管理。坚持规划引导，按照原有资金来源渠道和实施主体，补齐和完善老旧小区公共服务设施。

（三）多渠道筹措资金，吸引社会力量参与。积极争取中央基建投资补助和财政专项补助资金。省财政继续安排"以奖代补"资金，用于引导和奖励各地实施改造。市县政府统筹保障老旧小区整治改造资金。统筹地方各级政府专项投入，以及供水、供电、供气、网络通信、有线电视等专营单位投入。引导社会资本参与改造，积极探索采取赋予小区特许经营权、建设停车位、商业捆绑开发（与城镇其他优质项目打捆）等激励措施。老旧小区改造涉及土地房屋功能调整的，自然资源和规划部门依法进行调整。对改变土地用途产生的土地收益，按规定纳入预算管理，主要用于支持老旧小区改造。鼓励倡导居民个人出资，以及其他渠道筹集资金。

（四）加强工程管理，强化改造后的小区维护。各市、县要通过招投标优先选择有老旧小区改造经验的设计、施工、监理单位。鼓励高资质等级的设计、施工单位提供改造全过程技术服务。供电、供水、供气、弱电等专营单位全程参与。督促施工、监理等单位，按技术规范进行施工和监督，确保人员到位、责任到位、隐蔽工程验收到位，工程完工后及时组织验收。加强对改造后的小区维护管理。对改造后的小区，依法推动成立业主大会、业主委员会，在尊重居民意愿基础上，引入物业公司进行管理或实行自行管理，保障改造后效果的提升。

（五）加强组织领导，广泛宣传动员。省城镇规划建设管理联席会议要加强对城镇老旧小区改造的调度，协调解决重大问题。各市要建立政府统筹组织、职能部门协调指导、县区具体实施、街道社区协同推进、居民全程参与的工作推进机制。大力宣传引导，广泛宣传老旧小区改造政策、方法步骤和改造成效，形成社会广泛支持、群众积极参与的良好氛围。

河南省人民政府办公厅关于推进城镇
老旧小区改造提质的指导意见

豫政办〔2019〕58号

各省辖市人民政府、济源示范区管委会、各省直管县（市）人民政府，省人民政府各部门：

城镇老旧小区改造提质是重大民生工程，能够有效改善居民的居住条件和生活品质，对进一步优化城市供给结构、激发投资消费活力、改善城市公共服务、促进社会公平正义、加强基层社会治理具有重要意义。为深入贯彻落实党中央、国务院决策部署，加快推进我省城镇老旧小区改造提质，经省政府同意，现提出如下意见。

一、总体要求

（一）指导思想。以习近平新时代中国特色社会主义思想为指导，全面贯彻党的十九大和十九届二中、三中、四中全会以及中央城市工作会议精神，深入落实习近平总书记考察调研河南时的重要讲话精神，牢固树立新发展理念，坚持以人民为中心的发展思想，突出抓好城镇老旧小区设施改建配套、人居环境改造提升、居民服务改善优化、社区管理改进规范，促进城镇老旧小区居住条件环境显著改善、功能品质明显提升，不断增强人民群众的获得感、幸福感和安全感。

（二）基本原则。

1. 政府主导，居民参与。坚持"美好环境与幸福生活共同缔造"理念，充分发挥政府组织引导作用，制定支持政策、标准和计划，协调各方共同参与。在尊重群众意愿的前提下，引导群众全程参与。注重创新模式，多渠道筹措资金，引入市场机制，形成"政府主导、政策支持、居民参与、市场运作"的工作机制。

2. 以人为本，突出重点。坚持人民城市为人民，着力补短板、惠民生，重点解决严重影响居民安全和居住功能等群众反映强烈的问题。着力完善城镇老旧小区基础设施和公共服务，适度改造提升建筑物本体和小区环境。

3. 因地制宜，分类施策。坚持一切从实际出发，科学确定改造标准，区分轻重缓急，量力而行。推行"一区一策""一楼一策"，实行"菜单式"项目改造，广泛征求意见，力求设计方案精细、实用，确保改造质量。

4. 统筹推进，综合提升。坚持改造提质与后续管理并重，推动城镇老旧小区改造提质与群众依法自治、历史街区保护、城市风貌彰显、社区经济发展、文明城市创建相结合，确保取得建设和谐家园、传承历史文化、展现城市特色、改善社区服务、提升居民素养的综合成效。

（三）工作目标。2021 年 6 月底前完成 2000 年以前建成的城镇老旧小区改造提质工作，实现城镇老旧小区设施配套、功能完善、环境整洁、管理到位的总体目标。

二、改造提质范围、内容

（一）改造提质范围。建成于 2000 年以前，基础设施和公共服务设施严重老旧、缺失，且房屋结构安全，不宜整体拆除重建，居民改造意愿强烈的城市、县城（城关镇）住宅小区。

已纳入各级城镇棚户区改造计划、拟通过拆除新建（改建、扩建、翻建）实施改造的住宅小区（含独栋住宅楼），以居民自建住房为主的区域和城中村，主干道、主管网、综合管廊、广场、城市公园等与住宅小区不直接相关的基础设施项目，不纳入城镇老旧小区改造提质范围。

（二）改造提质内容。

1. 改建配套基础设施：维修改造小区内的供排水、供电、供气、供暖、通信网络、消防设施及其他各种管线、管道；实施建筑节能改造、小区道路修建和无障碍设施改造；鼓励有条件的小区加装电梯，设置停车泊位或车库。

2. 改造提升人居环境：清理整治侵占绿地、道路的违法设施，修缮房屋外墙、公共楼道墙面、小区围墙，整修照明设施，完善小区道路、楼门牌标识，增加绿地面积，开展环境卫生整治，积极推行生活垃圾分类。

3. 改善优化居民服务：合理配置社区党群服务中心，建设或改造相关设施，完善养老、托幼、助餐、充电、购物、医疗、文化、健身、家政、快递等服务。创新服务机制，引入服务机构，加大服务供给，加强服务管理，提升服务水平。

4. 改进规范社区管理：强化居民管理维护小区主体责任，鼓励和指导采用市场化物业服务、社区保障性物业管理、业主自治管理等模式，积极推进物业管理全覆盖；推行社区网格化管理，完善小区安防设施，开展联户联防和日常巡查，全面提升治安水平。

三、主要任务

（一）开展调查摸底。各省辖市政府、济源示范区管委会、各县（市、区）政府要组织相关部门按照属地管理原则，对辖区内所有城镇老旧小区（包括中央驻豫单位、省属单位等管理的老旧小区）基本情况进行全面调查摸底，确保数据真实、完整、可靠。调查摸底结果实行数据化、台账化管理，建立城镇老旧小区改造提质项目库。

（二）拟订改造提质计划。各省辖市政府、济源示范区管委会、各县（市、区）政府要结合实际，根据本地城镇老旧小区数量、改造时限要求、改造难易程度等，于2019年11月底前完善本地城镇老旧小区改造提质标准，编制城镇老旧小区改造提质三年（2019—2021年）行动计划和年度实施方案，并报省住房城乡建设厅、发展改革委、财政厅备案。

（三）组织实施改造提质。城镇老旧小区改造提质工作由各省辖市政府、济源示范区管委会、各县（市、区）政府组织，街道（乡镇）、社区（村）具体实施。要尊重居民意愿，广泛征求意见，密切结合实际，依法依规实施，维护居民合法利益；要阳光操作，将项目内容、资金安排、规划设计、施工组织、服务内容、收费标准等向居民公开；要简化工程审批手续，加强工程质量和施工安全监督，工程项目完工后由当地政府组织业主委员会（或业主代表）和施工、监理、设计、勘察等单位共同验收；要注重集散为整，对片区内距离近且分属不同管理主体的城镇老旧小区，鼓励打破小区分割，实施统一规划、设计、改造、管理；要因地制宜，探索通过把城镇老旧小区设施配套项目、完善提升项目等统一打包，作为PPP（政府和社会资本合作）项目交由企业运作，实行工程项目设计、投资、建设、运营一体化。

（四）强化后续管理。强化基层党组织战斗堡垒作用和统筹协调功能，充分发挥党群服务中心作用；健全社区基层组织，提升居民依法自主管理能力。建立社区党组织、居民委员会、业主委员会（或业主代表）和物业服务企业共同参与的议事协调机制，共同协商解决涉及居民利益的重大事项，推进社区管理、物业管理、商业管理深度融合，形成共建、共治、共享的社会治理格局。市、县级财政可对接管城镇老旧小区的物业企业给予一定资金补助或政策支持。

四、资金筹措

（一）财政资金。每年按照各省辖市、济源示范区上报的年度实施方案和项目清单，由省住房城乡建设厅会同省发展改革委、财政厅集中评审并报省政府同意后向国家相关部委申请补助资金。各级财政部门要统筹使用中央财政预算内投资和城镇老旧小区改造专项补助资金，把城镇老旧小区改造提质资金纳入政府年度预算；调整优化支出结构，整合涉及的各项资金，支持城镇老旧小区改造提质工作；落实绩效管理有关要求，将财政资金分配与绩效结果挂钩。在积极争取中央补助资金基础上，省级财政安排奖补资金支持城镇老旧小区改造提质工作。各级政府要加大资金投入，专项用于城镇老旧小区改造提质；要坚决遏制增加政府隐性债务。

（二）单位投资。鼓励城镇老旧小区原产权单位、管线单位等主动参与城镇老旧小区改造提质工作。供水、供电、燃气、热力、通信等管线单位要将城镇老旧小区中属于自身产权管线、缆线的迁改或规整等工作，优先列入本单位工程项目计划，通过直接投资、落实资产收益、费用优惠等方式，同步完成相关改造工作。

（三）居民出资。按照"谁受益、谁出资"和"公益设施共同出资、个性项目户主负责"的原则，各省辖市、济源示范区、各县（市、区）可结合实际，明确居民出资责任和出资形式，探索居民出资部分通过住宅专项维修基金、公共收益等渠道筹集。对未建立住宅专项维修基金或住宅专项维修基金余额不足首期筹集金额30%的城镇老旧小区，可按照《住宅专项维修资金管理办法》（建设部财政部令第 165 号）等相关规定进行补建或续筹。鼓励居民个人以捐资、捐物、投劳等形式参与城镇老旧小区改造提质。

（四）社会资金。鼓励社会资金参与社区养老、托幼、医疗、助餐、超市、文体等公共服务设施建设改造。积极探索通过政府采购、新增设施有偿使用等方式，引入专业机构、社会资本参与城镇老旧小区改造提质。鼓励物业服务企业参与城镇老旧小区改造提质，并通过获得特许经营权、公共位置广告收益和有偿提供便民服务等途径收回投资成本。鼓励金融机构参与城镇老旧小区改造提质。

五、组织保障

（一）加强组织领导。各省辖市政府、济源示范区管委会、各县（市、区）政府是城镇老旧小区改造提质工作的责任主体，要高度重视，将城镇老旧小区改造提质纳入保障性安居工程和百城建设提质工程，组织制定规划、标准和计划，建立专项工作机制，加强统筹协调。住房城乡建设、发展改革、财政部门要密切合作，切实做好资金筹措、项目安排、组织实施、业务指导等工作；城市管理、教育、公安、民政、自然资源、卫生健康、审计、广电、通信、消防、电力等相关部门要各司其职、协调联动、形成合力。

（二）强化宣传引导。充分利用各类媒体大力宣传城镇老旧小区改造提质的重要意义，组织社区基层开展宣传发动工作，发挥党员模范带头作用，营造参与氛围，畅通参与渠道，引导城镇老旧小区居民自觉主动参与改造提质工作。

（三）严格督促指导。省百城建设提质工程工作领导小组办公室要将城镇老旧小区改造提质工作作为百城建设提质工作考核的重要内容，定期组织督促指导，并向社会公布工作进展情况。省文明办要将城镇老旧小区改造提质工作纳入文明城市测评内容，加大分值权重；对改造提质工作成效突出的城镇老旧小区，优先支持创建文明社区。各省辖市要加强对所辖县（市、区）城镇老旧小区改造提质工作的督促指导，确保工作顺利推进。

河南省人民政府办公厅

2019 年 11 月 18 日

大力盘活存量建设用地服务
高质量发展若干措施①

为深入贯彻落实《中共中央　国务院关于构建更加完善的要素市场化配置体制机制的意见》要求，积极盘活存量土地要素资源，促进节约集约，服务高质量发展，结合全省实际，制定如下措施。

一、**大力消化批而未供和闲置土地。**按照"要素跟着项目走"的要求，大力盘活使用批而未供土地和闲置土地资源，对复工复产和招商引资项目用地实行"应保尽保"。全省每年确定盘活存量建设用地目标。2020 年，全省提供批而未供和闲置土地分别不少于23.05 万亩和4.24 万亩，更大力度支持项目落地。（责任单位：省自然资源厅、省发改委、省经信厅、省商务厅，各市、州、县人民政府）

二、**持续推动城镇低效土地开发利用。**结合国土空间规划和用途管制要求，分类、分对象、分时段研究制定支持政策，加快推动城镇低效用地再开发利用。将城镇老旧小区改造纳入范围，重点改造完善小区配套和市政基础设施，提升社区养老、托育、医疗等公共服务水平。持续加大旧城区、旧厂房、旧村庄改造力度，提升城市功能和土地利用效率。积极探索土地使用权人为集体经济组织或土地类型为国有企业划拨土地的低效用地，原土地使用权人优先开发使用的权利模式。鼓励复工复产和招商引资项目主体及社会资本参与改造运营，建立政府、项目主体、社会力量合理共担改造资金和收益分配共享的良性机制。（责任单位：省自然资源厅、省发改委、省经信厅、省教育厅、省住建厅、省商务厅、省卫健委，各市、州、县人民政府）

三、**稳妥推进农村集体经营性建设用地入市。**持续推进"乡村振兴"战略，保护和激

---

① 湖北省发文。

活农村集体经济组织与农民财产权益，围绕新农村产业发展要求，开展集体经营性建设用地现状和入市需求调查，为入市提供基础。创新建设用地增减挂钩政策和模式，探索开展农村集体建设用地调整，积极推广宜城市集体经营性建设用地入市试点经验，鼓励支持具备条件的市、县积极开展入市交易工作。在符合规划的前提下，鼓励复工复产和招商引资项目使用农村集体经营性建设用地，因地制宜发展农产品加工、文旅康养、电商物流等适宜农村的相关产业。（责任单位：省自然资源厅、省经信厅、省公安厅、省农业农村厅、省商务厅、省文旅厅，各市、州、县人民政府）

四、明确指标使用和相关税费政策。加快存量建设用地供应，促进用地指标、已缴纳税费向经济发展效益转化。经市、县确定不再供应的批而未供土地，通过撤销用地批文释放有关指标，尽快盘活再利用。盘活指标既可以保留在原地块，也可以在其他地块组合使用。撤销用地批文地块今后重新开发利用的，办理相关用地审批手续时，按照"不重不漏"的原则核算规划规模、年度计划、林地、占补平衡等相关指标，以及新增费、耕地占用税等税费问题。（责任单位：省自然资源厅，省财政厅、省税务局、省林业局，各市、州、县人民政府）

五、落实用地支持措施。符合政策的工业项目，在确定土地出让底价时，可按不低于所在地土地等别相对应标准的70%执行（不得低于土地取得成本）。对一次性缴清土地出让金有困难的工业企业，允许分期缴纳土地出让金，首次缴纳50%，其余在一年内缴清。存量工业用地经批准提高容积率和增加地下空间的，不再增收土地价款。利用存量土地资源、房产发展新业态、新模式，土地用途和权利人、权利类型在5年过渡期内可暂不变更。对农产品批发市场或直接用于物资储备、中转、配送、分销作业、运输装卸以及相应附属设施的物流用地（具有物资批发、零售等市场交易功能的用地除外），可按当地工业用地出让最低标准确定出让底价。（责任单位：省自然资源厅、省经信厅、省财政厅、省商务厅、省政府国资委，各市、州、县人民政府）

六、深化工业用地出让制度改革。根据产业周期弹性确定工业用地出让年限，鼓励复工复产和招商引资项目以租赁、先租后让、租让结合等方式取得工业用地，降低企业用地成本。推行"标准地"出让，在不低于省政府已明确的投资强度、亩均税收、建筑容积率控制指标的前提下，尽快明确本地的单位能耗标准、单位排放标准、安全生产管控指标等控制性指标，所有指标一次公示，实现"拿地即可开工"。（责任单位：省自然资源厅、省发改委、省经信厅、省生态环境厅、省商务厅、省应急管理厅、省税务局，各市、州、县人民政府）

七、编制用地目录和招商地图。大力推行"网上搜地、云上选地"服务，为企业选地用地提供便利条件。要定期发布批而未供和闲置土地地块清单，市、县政府要根据清单进一步完善具体信息，编制本地《复工复产和招商引资推荐用地目录》，按照国土空间规划和产业布局要求，制作存量建设用地"招商地图"，在政府、部门网站和媒体公开发布，引导项目进区入园。优先保障省级重点招商引资项目落地，积极落实产业用地支持政策，打造"产业聚集、用地集约"的招商引资用地格局。（责任单位：省自然资源厅、省发改委、省经信厅、省商务厅，各市、州、县人民政府）

八、积极推动难点问题分类化解。开展集中整治行动，加快推动实际已用但未办理供地手续等历史遗留问题解决。分类对抵押融资、非正常储备、批而未征、征而未供、供而未用等问题制定整改方案。完善建设用地使用权转让、出让、抵押二级市场，加快制定适合当地实际的二级市场交易操作办法，积极盘活低效闲置建设用地。（责任单位：省自然资源厅、省司法厅、省地方金融监管局、省市场监管局，各市、州、县人民政府）

九、严格激励惩罚措施。定期开展存量建设用地盘活使用情况考评，考评结果计入市（州）党政领导班子和县域经济 GDP 地耗考核，存量建设用地总量反弹的，按照反弹率等比例扣减 GDP 地耗考核分值。考评结果与市、县用地计划指标奖励挂钩。对工作进展落后的县，暂停除国家和省级重点项目、扶贫搬迁和重要民生项目以外的一般项目用地审批。（责任单位：省考核办、省自然资源厅、省经信厅、省商务厅，各市、州、县人民政府）

本意见有效期五年，国家有明确规定的，从其规定。

河北省老旧小区改造三年行动计划
（2018—2020 年）

为切实解决老旧小区在安全设施、市政配套和外部环境等方面存在的问题，进一步提升老旧小区居住品质，根据省委、省政府统一部署，制定本行动计划。

一、总体要求

（一）指导思想。以习近平新时代中国特色社会主义思想为指导，深入贯彻落实党的十九大精神和河北省委九届五次、六次、七次全会精神，牢固树立以人民为中心的发展思想，坚持党的全面领导，坚持稳中求进工作总基调，努力提高保障和改善民生水平，全面解决老旧小区建筑物和配套设施破损老化、市政设施不完善、环境脏乱差、管理机制不健全等问题，努力提升老旧小区居民的居住条件和生活品质，完善社区治理体系，切实增强群众的获得感、幸福感、安全感。

（二）基本原则。

1. 政府主导，居民参与。坚持"人人尽责，人人享有"，坚持以居民为主体，调动居民参与老旧小区改造提升全过程，实现共谋、共建、共管、共享，形成"省级筹划、市级统筹、县级组织、居民参与"的工作机制。

2. 突出重点，回应需求。以完善老旧小区市政配套设施为切入点，顺应群众期盼，重点解决严重影响居住安全和居住功能等群众反映迫切的问题；坚持群众主体地位，服务群众需求，对小区建筑物本体和周边环境进行适度改造提升。

3. 示范引领，政策扶持。科学制定并优化老旧小区改造方案，力求设计方案精细化，充分体现小区人文特点，充分发挥奖补资金的杠杆作用，重点打造样板工程，引领示范全省老旧小区改造工作。

4. 创新机制，治管并举。充分发挥基层政府的属地管理职能，指导老旧小区成立业主大会、业主委员会或业主自治组织。创新老旧小区业主自治管理模式，实现小区后续管理的正常化、专业化，保持改造效果。

二、任务目标

老旧小区改造范围主要是各市（含定州、辛集市，下同）市区及所辖县（市、区），老旧小区是指 2000 年（含）前建成的环境条件差、配套设施不全或破损严重、无障碍建设缺失、管理服务机制不健全，且未纳入棚户区改造计划的住宅小区以及住宅楼。全省老旧小区共计 5739 个，建筑面积 1.15 亿平方米，涉及 36851 栋住宅、141.31 万户居民。

2018 年各市结合实际制定老旧小区改造实施方案，建立老旧小区改造项目库，甄选若干具有代表性的老旧小区作为首批改造示范项目，启动老旧小区改造工作，年底前完成不少于总改造项目的 20%。在总结示范项目经验的基础上，2019 年全面启动老旧小区改造工作，年底前累计完成不少于总改造项目的 70%。2020 年开展疑难困难老旧小区改造攻坚工作，年底前完成全部改造任务。

三、改造任务

（一）安全问题方面。集中解决安全设施、服务设施、公共设施和外部环境等存在的安全问题，包括完善消防水源和消防设施、实施电气改造、规范燃气敷设和改造消防通道、电梯、二次供水、路灯、井盖、甬道、围墙、阳台及外檐、严损房屋等。

（二）居住功能方面。优化和完善老旧小区各项设施，补齐功能短板，包括房屋修缮、规范楼内管线、排水管网改造、安装体育锻炼器械、维修补建楼门牌、建设停车泊位、安装视频监控系统、建设邮政服务场所及智能信报箱、规范户外供热设施等。

（三）环境治理方面。整治环境卫生，提升绿化水平，实现小区干净、整洁、有序、美观，包括完善环卫设施，取消垃圾道、垃圾房、垃圾池；修补破损地面，清理小区私搭乱建，恢复绿地，提高小区绿化率；粉刷小区墙面，清除小广告，设立小区公共信息发布牌；整理通信、网络等线缆，优化小区整体环境。

四、资金筹措

全省老旧小区改造三年总任务，共需改造资金 129.6 亿元，分别来自于财政、社会、居民个人。社会可筹集资金约 11.7 亿元，其中，市政专营单位可筹集约 6.5 亿元，主要承担水、电、气、暖、信地下管网改造、线路整理等；小区原产权单位可筹集约 5.2 亿元，主要承担"三供一业"分离小区改造。居民个人可筹集约 5.6 亿元，主要用于屋面、楼道、单元门禁等建筑物本体改造。其余 112.3 亿元由市、县两级财政筹集，主要负责老旧小区安全设施、居住功能完善及环境整治等改造项目。2018 年需要改造资金 38.8 亿元。

各地可结合实际，建立健全可持续资金筹措机制，由专营单位、居民、市场、政府多方筹措老旧小区改造资金。对属于供水、供电、供暖、供气等专营单位的项目改造，要明确设施产权，落实改造责任，通过专营单位直接投资、获取收益等方式参与老旧小区改造。对属于与居民切身利益密切相关的屋面、楼道、单元门禁等建筑物本体改造项目，鼓励居民承担全部或者部分改造费用，符合住房公积金、住宅专项维修资金使用范畴的改造项目，要用足用好专项基金。对属于可以通过引入市场机制改造的增加充电设施、智能快递箱等收费性服务设施或提供居家养老等社会化服务等项目，引导社会资本积极参与老旧小区改造。对属于公共性基础设施及环境整治，由政府出资承担改造费用。要将老旧小区改造与城中村、棚户区改造有机结合，统筹使用土地出让收益，达到区域内资金平衡；合理使用国家、省、市各级补贴资金，在资金允许使用范围内，向老旧小区改造项目倾斜；加大省级奖补资金支持力度，打造优质示范项目。

五、保障措施

按照"省级政府做好顶层设计、市级政府落实主体责任、县级政府组织实施"和"谁主管、谁负责，谁牵头、谁协调"的原则，建立省、市、县（市、区）三级工作体系。

（一）加强组织领导。成立省老旧小区改造工作领导小组，统筹全省老旧小区改造工作，领导小组办公室设在省住房城乡建设厅，负责全省老旧小区改造督导、检查工作。省住房城乡建设厅负责全省老旧小区建筑修缮加固及节能改造，供水、供暖、供气等管网安全及维修改造，雨污管网、垃圾处理、道路硬化、小区亮化绿化提升，拆除私搭乱建、恢复公共空间等方面的指导工作。省财政厅负责省级老旧小区改造以奖代补资金的筹集和拨付。省公安厅负责社区治安联防，老旧小区消防设施使用状况检查及判定，消防设施维修更新等方面的指导工作。省民政厅负责老旧小区养老服务设施建设、地名标志设置及建立老旧小区管理长效机制等方面的指导工作。省质监局负责老旧小区电梯安全评估、大修、改造、更新等方面的指导工作。省通信管理局负责协调通信企业管线整理规范工作。省邮政局负责信报箱、快递寄存箱等邮政设施建设的指导工作。省体育局负责老旧小区健身设施建设的指导工作。省广电网络集团负责老旧小区有线电视线路等相关管线整理规范的指导工作。省电力公司、冀北电力公司负责老旧小区电力线路及配电箱使用状况检查和维修、电力线路整理规范、充电设施安装等方面的指导工作。

（二）落实主体责任。各市政府要落实改造工作主体责任，建立市级指挥协调机制，市政府主要负责同志亲自抓，分管负责同志牵头，市相关职能部门参加，抽调人员集中办公。研究制定工作方案、年度改造计划和资金筹集办法，及时安排部署市区改造任务，指导所辖县（市、区）改造工作，确保改造整体工作顺利完成。各县（市、区）老旧小区改造工作，组织方式和实施步骤参照市级开展。

（三）周密组织实施。市内各区政府以街道为基础，充分发挥属地优势，做好群众工作，具体负责老旧小区改造实施工作。按照相关工作导则，做好施工前清障、拆违等前期工作，抓好各项改造内容协调调度，落实好工程招标、施工、监理及验收工作，筹集改造资金，建立老旧小区长效管理机制，有条件的引入物业公司进行后期管理。

（四）尊重居民意愿。老旧小区改造及资金筹措方案应充分征求小区居民、物业及水、电、气、暖、信等产权单位意见，确保改造项目经济实惠，改造资金足额到位。对超出民生基本需求的改造项目，要结合实际，量力而行；对存在争议的改造项目，应反复论证，做好风险评估及应急预案，在取得群众统一意见后实施改造。

（五）加强宣传引导。充分利用传统媒体和新媒体广泛宣传老旧小区改造政策，合理引导小区居民预期，营造政府、社会、居民共同参与老旧小区改造的良好氛围。及时总结老旧小区改造优秀经验，深入挖掘典型做法，促进老旧小区改造平稳有序推进。

湖南省城镇老旧小区改造技术导则（试行）

前　言

　　为推进我省城镇老旧小区改造工作，改善群众居住环境，根据《湖南省住房和城乡建设厅湖南省发展和改革委员会湖南省财政厅关于推进全省城镇老旧小区改造工作的通知》（湘建城〔2020〕50号）的要求，编制组深入调查研究，认真总结工程经验，参考国内最新标准、规范和文件，并在广泛征求设计、施工、建设等相关单位意见的基础上，制定本导则。

　　本导则的主要内容是：第一部分总体要求，包括：1总则；2基本规定；第二部分改造技术要求，包括：3基础类改造；4完善类改造；5提升类改造；第三部分项目管理要求，包括：6项目策划；7项目实施；8项目验收；9其他。

　　本导则由湖南省住房和城乡建设厅负责管理，由湖南省建筑科学研究院有限责任公司负责具体技术内容的解释。执行过程中如有意见或建议，请寄送至湖南省建筑科学研究院有限责任公司（地址：湖南省长沙市芙蓉区解放中路88号，电话：0731-89905801，邮政编码：410000）。

　　主编单位：湖南省住房和城乡建设厅
　　　　　　　湖南省建筑科学研究院有限责任公司
　　参编单位：长沙理工大学

湖南建工集团有限公司

中机国际工程设计研究院有限责任公司

湖南大学

湖南省建筑设计院有限公司

主要起草人：肖敏彭琳娜段正湖周伟

刘宏成任娟尹建新聂科恒

张慧颖李建良许建和王宏明

刘健璇颜佩李敬良

主要审查人：殷昆仑朱晓鸣江山红黄一桥

郭翔孟焕平朱正荣姚付猛

张平根王剑友伍灿良

第一部分　总体要求

1　总则

1.0.1　为推进全省城镇老旧小区（以下简称"老旧小区"）改造工作，进一步明确老旧小区改造的技术要求，规范老旧小区改造的全过程管理，制定本导则。

1.0.2　本导则适用于城市、县城（城关镇）建成时间较早、公共设施落后、影响居民基本生活、居民改造意愿强烈的住宅小区（含独栋住宅楼）。不包括已纳入城镇棚户区改造计划、拟通过拆除新建（改建、扩建、翻建）实施改造的棚户区（居民住房），暂不包括居民自建住房为主的区域和城中村。

1.0.3　老旧小区改造应按照"政府引导、多方参与，科学规划、分步实施，综合改造、基础优先，保护历史、绿色改造"的基本原则，遵照"先基础后完善、先功能后提升、先地下后地上"的顺序，基本实现"房屋使用安全、配套设施完善、环境景观舒适、管理服务优化"的总体目标。

1.0.4　老旧小区改造应符合本导则以及相关文件和技术标准的规定。

2　基本规定

2.0.1　老旧小区改造内容分为基础类、完善类、提升类三类：

1　基础类改造内容：满足居民居住安全需要和基本功能需求的改造；

2　完善类改造内容：满足居民改善型居住功能需求和生活便利性需要的改造；

3　提升类改造内容：丰富社会服务供给的改造。

基础类改造内容为必须改造内容，符合改造条件的应全部进行改造；完善类和提升类改造内容为鼓励改造内容，可结合老旧小区实际情况和小区群众改造意愿选择性进行改造。三类改造具体内容详见本导则附录 A。

2.0.2　老旧小区改造应因地制宜地选取成熟技术，坚持协同改造的原则：给水设施（含二次供水）改造应与创建节水型城市（县城）相结合；排水设施改造应与雨污分流、城镇污水提质增效、海绵化改造相结合；环卫设施改造应与垃圾分类工作相结合；小区道路改造应与停车设施建设相结合；园林绿化改造应与创建园林城市（县城）、园林式小区相结合；老旧小区改造应与历史城区、历史文化街区、历史建筑创新保护利用相结合；管线改造应与强弱电入地相结合。制定老旧小区改造方案时应在实施步骤、技术方案等方面与各专项改造方案有机衔接，统一实施。

2.0.3　鼓励相近或相连的老旧小区通过拆除围墙等障碍物，打破空间分割，拓展公共空间，整合共享公共资源，结合实际集中连片整体改造。

2.0.4　老旧小区改造应注重维护城市传统风貌特色、地域特征和传统街巷肌理，整体色彩和色调应与城镇保持协调。小区内历史保护建筑的改造应符合历史建筑保护的相关法规规定。

2.0.5　老旧小区改造前，实施单位应协调水、电、气、暖、通信等运营企业开展小区内以及直接相关的基础设施联动改造，将行业改造计划与老旧小区改造计划有效对接。多项联动改造宜同步进行。

2.0.6　老旧小区改造前，实施单位应根据确定的改造内容对小区建筑物、构筑物、园林景观、道路及相关设施等进行相应的安全排查、鉴定，并编制排查结果清单。根据排查鉴定结果，对于涉及安全和基本功能的为必须改造内容。老旧小区改造应遵循因地制宜的原则，按现行国家相关标准制定改造方案进行改造，并对发现的问题进行处理。

2.0.7　老旧小区改造所用建筑材料应符合国家、行业和本省现行有关标准的规定，不得采用国家和当地建设行政主管部门明令禁止使用的建筑材料、构配件及半成品，应积极采用节能照明灯具、节水器具，提高绿色建材应用比例。

2.0.8　老旧小区改造的实施应遵循"以人为本，绿色环保"的原则，积极采取绿色施工措施，确保施工和居民出行安全，降低改造施工对小区及附近居民的生活干扰。

2.0.9　老旧小区改造应满足下列要求：

1　老旧小区改造应符合国家、行业和湖南省现行相关标准的规定，以及国家及地方

有关政策的规定;

　　2　老旧小区的改造不应降低相邻幼儿园、托儿所、养老院及中小学教学楼等有日照要求的建筑原有的日照标准;

　　3　老旧小区改造的规划和室外消防通道、室内疏散通道等改造应符合国家现行有关标准的规定,当确有困难时不应降低其原有设计要求;

　　4　老旧小区按照本导则所列的既有住宅建筑改造,同步实施节能改造时,应符合国家、行业和湖南省现行既有居住建筑节能改造标准的规定,有条件的可参照新建居住建筑节能设计标准执行。

2.0.10　老旧小区既有住宅建筑的改造,除增设电梯外,不包括既有住宅建筑的改建和扩建工程。

第二部分　改造技术要求

3　基础类改造

3.1　违章建筑

3.1.1　依法妥善处理老旧小区内侵占公共空间的违章建筑（构筑物）和侵占绿地、道路及消防通道的违法设施时,应满足下列要求:

　　1　依法拆除老旧小区内侵占公共空间的违章建筑物和构筑物,清理道路和消防通道上的障碍物;

　　2　拆除占绿、毁绿的违章建筑物和构筑物,恢复原有绿化功能。

3.1.2　拆除违章建筑和违法设施应符合现行行业标准《建筑拆除工程安全技术规范》JGJ147 的规定。

3.2　房屋公共部分修缮（涉及安全和基本功能）

I　建筑构配件安全维护

3.2.1　老旧小区改造前,实施单位应对小区内房屋公共部分设施进行安全排查、鉴定,并编制排查结果清单。根据排查鉴定结果,对于涉及安全和基本功能的建筑构配件应进行安全维护,按现行国家相关标准制定改造方案进行改造。

3.2.2　对于不满足安全和正常使用要求的雨棚、单元入口坡道、台阶、栏杆扶手等户外构件，应进行改造和修复。无雨棚的楼道单元入口应增设防坠落雨棚。

3.2.3 对于外墙上存在风化、剥落等安全隐患的建筑构配件，应进行修复、拆除或加固处理。

3.2.4 对于建筑外墙上不满足安全和防火要求的附加公共设施，应进行改造和修复。

Ⅱ 屋顶维修

3.2.5 屋顶维修时，应满足下列要求：

1 应对楼顶屋面老旧破损情况和渗漏原因进行排查，编制排查结果清单，并根据排查结果制定修缮或更新重做方案；

2 屋面细部构造应符合现行国家标准《屋面工程技术规范》GB50345 的规定；

3 屋面存在局部渗漏时，应对漏水点进行局部清理，重新铺设防水层，并做好与原有防水层的搭接；

4 老旧破损的屋面雨水口和雨水斗等设施应予以更换，外排水管应结合立面修缮确定颜色及样式；

5 屋面更新改造材料应优先选用对径流雨水水质无影响或影响低的外装饰材料，不宜采用沥青油毡屋面；

6 屋面修缮除抢修外，不宜安排在雨期进行；

7 屋顶维修时，有条件的小区宜结合进行屋面节能改造。

3.2.6 实施海绵化改造或其他有条件的老旧小区，可通过在雨水出口位置增加下渗绿地或将落水管延伸至小区绿地等方式，将屋面雨水纳入海绵化改造的海绵设施中。

3.2.7 屋顶维修应符合现行国家标准《屋面工程技术规范》GB50345、《屋面工程质量验收规范》GB50207、《建筑工程施工质量验收统一标准》GB50300、《建筑与小区雨水控制及利用工程技术规范》GB50400 和现行行业标准《房屋渗漏修缮技术规程》JGJ/T53 及湖南省工程建设地方标准《湖南省住宅工程质量通病防治技术规程》DBJ43／T306 的规定。

3.3 供排水设施

Ⅰ 供水设施

3.3.1 小区内给水管改造时，应满足下列要求：

1 应按照相关标准要求，对用户水表与水表前的管道及系统实施改造；

2 给水系统改造应实现"一户一表"，计量水表采用智能水表；

3 老化、破损的给水管、水表、供水设备等应更换，供水水质、水量和水压应满足生活用水要求。生活饮用水箱应独立设置，其材质应符合生活饮用水卫生标准。当水量和水压不满足要求时，应增设二次供水设施；

4 生活给水管应避开毒物污染区，当受条件限制不能避免时，应采取防护措施；

5 用户水表及其控制阀门，应便于管理维护；

6 室外给水管网改造时，应设置室外消火栓，水量和水压应满足消防用水要求。

3.3.2 二次供水设施改造时，应满足下列要求：

1 不得对小区消防供水系统造成影响；

2 分区给水应充分利用市政压力供水，并保证用水点供水压力不大于0.2MPa；

3 生活水箱（池）应独立设置并配置消毒设施，水箱（池）材料应符合卫生要求，水箱（池）应定期清洗并采取防二次污染的措施；

4 应采用节能型供水设备。

3.3.3 小区给水设施改造时，有条件的小区应按下列方式进行：

1 与创建节水型城市（县城）相结合，统一实施；

2 与供水企业开展的小区内以及直接相关的基础设施改造对接，联动实施。

3.3.4 给水设施改造应符合现行国家标准《建筑给水排水设计标准》GB50015、《城镇给水排水技术规范》GB50788、《民用建筑节水设计标准》GB50555、《住宅设计规范》GB50096和现行行业标准《二次供水工程技术规程》CJJ140的规定。

Ⅱ 排水设施

3.3.5 改造实施前应对小区排水设施进行专项调研，并根据调研结果制定排水设施改造方案。

3.3.6 小区排水设施改造时，应在实施步骤、技术方案等方面与城市雨污分流、城镇污水提质增效、海绵化改造等专项改造方案有机衔接。

3.3.7 雨污合流的小区应进行雨污分流改造。

3.3.8 排水存在雨污混、错接情形的，必须进行改造，并应满足下列要求：

1 生活阳台应设置独立的生活排水立管；建筑生活排水不得排入雨水系统，建筑屋面雨水不得排入生活排水系统；

2 小区生活排水不得排入小区雨水管网，小区雨水不得排入小区污水管网。

3.3.9 低洼地带及地下车库应采取排水防涝措施，提升小区防涝水平。

1 小区防涝改造宜通过增设下凹式绿地、雨水花园、雨水收集设施等海绵化改造措施提升小区的防涝能力；

2 采用重力排水的低洼地带的小区，因管道排水能力不足而引起积水内涝时，应改造排水管道提高排水能力；仍无法满足排水要求时，应增设排水泵等提升设施，改重力排水为机械排水；

3 地下室车道地面出入口应设置防止雨水进入的截水和挡水设施；地下室集水坑的排水泵应采用水位信号控制启停，宜设置水位报警信号传送至监控中心。

3.3.10 排水管、检查井和化粪池等排水设施应从下列方面进行改造:

　　1 对淤堵的排水管予以疏浚清淤;

　　2 对破损的、管径或坡度不符合规范的排水管予以更换;

　　3 对不满足使用要求的检查井和化粪池等排水设施进行疏通、清淤、修复或更换;

　　4 检查井盖应满足设计承载力及强度要求,检查井应采取防坠落措施。

3.3.11 排水设施改造应符合现行国家标准《城镇给水排水技术规范》GB50788、《建筑给水排水设计标准》GB50015、《建筑与小区雨水控制及利用技术规范》GB50400 的规定。

3.4 供电设施及管线设施

3.4.1 小区供电实施"一户一表"改造时,应满足下列要求:

　　1 小区的供电设备、管线,应"一户一表"配置,每套居民住宅供电标准不宜低于4kW;

　　2 "一户一表"应采用智能电表,电表箱应安装在公共区域,安装位置不得影响居民的正常通行。

3.4.2 应对小区现有供电设施的配电总装机容量进行核算,不能满足正常使用需要时应考虑增容,并改造供电设备及线路。

3.4.3 室外供电及通信、网络、有线电视等线路改造,应优先采用穿管或沿排管埋地敷设方式并预留备用管道,现场条件限制不能埋地的应进行梳理规整,拆除无用缆线,消除安全隐患。

3.4.4 室内公共区域的强弱电线路改造宜采用线槽或穿管敷设的方式。

3.4.5 小区供电设施改造时,有条件的小区应按下列方式进行:

　　1 与城镇强弱电线路入地改造等专项改造相结合,统一实施;

　　2 与供电企业开展的小区内以及直接相关的基础设施改造对接,联动实施。

3.4.6 供电设施及管线设施改造应符合现行国家标准《城市电力规划规范》GB/T50293、《居民住宅小区电力配置规范》GB/T36040、《城市工程管线综合规划规范》GB50289、《建筑电气工程施工质量验收规范》GB50303、《住宅设计规范》GB50096 的规定。

3.5 通信设施

3.5.1 老旧小区通信设施改造时,应满足下列要求:

　　1 应采用光纤到户方式,实现三网融合;

　　2 新增的光纤线路应统一设计、统一敷设;

　　3 集中设置室外、楼道内的光纤分配箱。室外、楼道内的光纤分配箱位置宜与单元配电箱集中布置,摆放整齐;

　　4 室外的箱体防护等级不应低于 IP54。

3.5.2 小区通信设施改造时，有条件的小区应按下列方式进行：

    1 与城镇强弱电入地改造等专项改造相结合，统一实施；

    2 与电信运营企业或电信基础设施建设企业开展的小区内以及直接相关的基础设施改造对接，联动实施。

3.5.3 通信设施改造应符合现行国家标准《住宅区和住宅建筑内光纤到户通信设施工程设计规范》GB50846、《住宅区和住宅建筑内光纤到户通信设施工程施工及验收规范》GB50847 和湖南省工程建设地方标准《住宅小区及商住楼通信设施建设标准》DBJ43／003 的规定。

3.6 道路设施

3.6.1 小区道路改造时，应满足下列要求：

    1 应按功能要求确定道路等级，优化路网系统。有条件的小区宜进行人车分流改造；

    2 小区主要道路应能满足救护、救援等车辆通行要求，并设置消防通道标识；

    3 路面排水通畅，无积水现象；

    4 小区道路宜加强与城市慢行系统的衔接。

3.6.2 小区道路路面改造时，应满足下列要求：

    1 应根据路面破损情况进行局部修补或翻新；

    2 路面翻新时，道路路面改造宜采用柔性路面，宅间路宜采用刚性路面，休闲广场和人行道宜采用透水路面；

    3 车行道应设置车辆行驶标示牌和标线；

    4 无障碍道路应满足残障人士出行要求；

    5 井盖应稳固，与路面平顺，无异响，影响使用的应进行整治更换。推广使用下沉式"五防"（防盗、防坠、防沉降、防异响、防冲击）井盖。

3.6.3 小区内道路、停车场、人行道道路设施改造时，有条件的小区宜结合城市海绵改造等专项改造，统一实施。

3.6.4 道路设施改造应符合现行国家标准《城市道路交通设施设计规范》GB50688、《城市居住区规划设计标准》GB50180 的规定。

3.7 供气设施

3.7.1 管道燃气供气设施的增加或改造应由具有相应资质的企业承担。

3.7.2 对于符合安装管道燃气条件的老旧小区应增设管道燃气设施，并应满足下列要求：

    1 燃气管道应安装至居民用火点；

    2 燃气立管应明装，设置醒目的标牌标识，低楼层住宅立管应安装防盗设施；

    3 有燃气管道及设备的建筑空间应具备良好的通风条件。

3.7.3 对已安装管道燃气供气设施的老旧小区进行更新、改造时，应按下列要求进行：

1 达到设计使用年限、已严重腐蚀、损坏失效等存在安全隐患的管道、阀门和调压箱柜等燃气设施应进行更换；

2 应改造安装智能气表，当所在地区具备远传条件时宜改造安装远传智能气表。

3.7.4 老旧小区的管道燃气供气设施进行改造、更新、维护时，应满足下列要求：

1 在燃气设施保护范围内禁止开展影响设施安全的活动，杜绝各种影响安全的因素；

2 燃气管道周边严禁堆放杂物及搭建构筑物。

3.7.5 供气设施改造应符合现行国家标准《城镇燃气设计规范》GB50028 和现行行业标准《城镇燃气输配工程施工及验收规范》CJJ33 等的规定。

3.8 环卫设施

3.8.1 垃圾分类设施改造时，应满足下列要求：

1 应拆除原有的楼梯间垃圾道、垃圾池；

2 小区楼栋应按标准配建生活垃圾分类收集点；

3 小区主要道路和人流活动的公共空间应按照小区四分类投放模式合理设置密封式垃圾分类桶（箱）或垃圾分类厢房；

4 应明确大件垃圾、建筑垃圾临时堆放点，堆放点不得影响道路通行和小区景观，有条件的宜进行遮护和围挡；

5 新建垃圾收集站和转运站应完全密封、干净和整洁，并设置除臭和冲洗设施，飘尘、噪声、臭气、排水等指标应符合国家相关环境保护标准要求；

6 现有敞开式收集站应改造为密闭式收集站；

7 应在小区醒目位置设置生活垃圾分类公示牌，并设置可再生资源回收点。

3.8.2 小区公共厕所改造时，应满足下列要求：

1 消除旱厕、通槽式厕所；

2 采取加强空气流通、改善内部照明、采用防滑地面、更换洁具等技术措施，满足居民使用功能需要，提升内外部整体美观；

3 大便器、小便斗严禁采用非专用冲洗阀；

4 进出口有明显性别标志；

5 污水经化粪池处理后排入城市污水管道；

6 历史保护小区厕所的男女蹲位配比应满足现行行业标准《城市公共厕所设计标准》CJJ14 的有关要求；

7 有条件的小区宜增设无障碍卫生间。

3.8.3 环卫设施改造应符合现行行业标准《生活垃圾转运站技术规范》CJJ/T47、《生活垃圾收集站技术规程》CJJ179、《城镇环境卫生设施设置标准》CJJ27、《城市公共厕所设计标准》CJJ14、《环境卫生图形符号标准》CJJ/T125 的规定。

3.9 照明设施

3.9.1 老旧小区公共照明设施改造时，应满足下列要求：

1 公共照明设施改造应达到小区公共场所照明标准，确保用电安全；

2 公共照明应覆盖小区道路、出入口和活动场地、单元出入口、楼梯间等；

3 住宅门厅、楼道等公共空间照明应采用节能灯具，宜选用 LED 灯，并设置红外感应或声光控延时开关控制；

4 小区道路及庭院照明应采用节能灯具，宜选用 LED 灯或高压钠灯，并采用时间控制方式；

5 小区夜间照明应满足安全、舒适、节能、环保要求，应限制夜间照明光污染，控制照明灯具的亮度、照射角度，避免眩光对居民生活产生影响；

6 增设的室外照明设施应与周围环境相协调，避免对原有建筑物、植物等设施造成破坏。古树名木上不应安装景观灯光设施，景观照明设施应科学设置照射时间，避免妨害夜间植物生长；

7 在进行局部区域的室外照明设施改造时，可采用"微亮化"理念实施，应科学合理地选取小型公共构（建）筑物、园林绿化景观等小微设施配置景观灯光，营造舒适的夜晚光环境。

3.9.2 老旧小区公共照明设施改造应符合现行国家标准《建筑电气照明装置施工与验收规范》GB50617、《绿色照明检测及评价标准》GB/T51268 和现行行业标准《城市道路照明设计标准》CJJ45、《城市夜景照明设计规范》JGJ/T163 的规定。

3.10 围墙大门

3.10.1 应对破损、存在安全隐患的围墙和大门进行修缮，确保安全使用。

3.10.2 围墙改造时，应满足下列要求：

1 不应新增不通透的实体围墙；

2 围墙尺度、材料、色调和结构等应与小区环境相协调；

3 对围墙大门进行改造时，有条件的小区宜结合进行围墙腾退或采用通透式围墙实现拆墙透绿，释放内部公共空间，打通道路微循环系统。

3.10.3 围墙大门改造应符合现行国家标准《城市居住区规划设计标准》GB50180、《民用建筑设计统一标准》GB50352 和湖南省文件《湖南省城市综合管理条例》的规定。

3.11 消防设施

3.11.1 消防设施改造时，应满足下列要求：

1 消防设施的改造应按照消防改造实施方案的要求进行；

2 清理疏通消防通道，修复完善消防设施，满足原设计要求；

3 应检查修缮小区公共区域既有的消防设施，更换老旧、过期的灭火器材、疏散照明灯等消防设施；

4 未设置室外消火栓系统的小区，应结合室外供水管网改造增设室外消火栓系统；

5 消防水源、电源不能满足使用要求的，应结合室外供水管网、供电设施改造等一并进行改造。

3.11.2 消防设施改造应符合现行国家标准《建筑设计防火规范》GB50016、《民用建筑设计统一标准》GB50352 和湖南省文件《湖南省城市综合管理条例》的规定。

3.12 电梯和适老、无障碍设施

3.12.1 具备条件的老旧小区多层住宅建筑增设电梯时，应满足下列要求：

1 应按照《湖南省城市既有住宅增设电梯指导意见》（湘建房〔2018〕159号）实施，有条件增设电梯的，应纳入改造内容；

2 增设电梯应遵循安全、节能、环保、经济等原则，满足结构安全、消防、防灾等工程建设强制性标准的要求，妥善处理相邻关系；

3 增设电梯应根据用户需求，综合考虑施工、安装和运行维护等要求；

4 增设电梯设计应对原有结构进行结构安全评估，制定适宜的技术方案，确保结构安全；

5 增设电梯的设计和施工应符合规划、消防等相关要求；

6 增设电梯不应降低幼儿园、托儿所、医院病房楼、休（疗）养院住宿楼、中小学教学楼、老年人照料中心等有日照要求的相邻建筑原有的日照标准；

7 增设电梯用地应位于既有住宅小区建设用地建筑红线范围内，不得占用市政道路、消防通道、公园绿地，不得破坏既有建筑结构，不得压占地下管线，不得危及公共安全。

3.12.2 老旧小区多层住宅建筑增设电梯应符合现行行业标准《既有住宅建筑功能改造技术规范》JGJ/T390 和湖南省工程建设地方标准《湖南省既有多层住宅建筑增设电梯工程技术规程》DBJ43/T344 的规定。

3.12.3 适老、无障碍设施改造时，应满足下列要求：

1 应因地制宜地完善无障碍设施；应设置户外残疾人、老年人及儿童活动场地；

2 残疾人、老年人及儿童活动场地应设置夜间照明；

3 对已有无障碍设施、适老设施的路段采取修补、维护、清障等措施，确保无障碍设施系统的连续性和实用性；

4 对未配建无障碍设施、适老设施的路段进行重新铺设，包括盲道、轮椅坡道及缘石坡道等；

5 应在醒目位置设置易于识别的无障碍标志牌和安全警示牌。

3.12.4 适老、无障碍设施的改造和维护应符合现行国家法律法规《无障碍环境建设条例》（国务院令第 622 号）和现行国家标准《民用建筑设计统一标准》GB50352、《无障碍设计规范》GB50763、《建筑工程施工质量验收统一标准》GB50300 的规定。

3.13 与小区直接相关的城市、县城（城关镇）基础设施

3.13.1 与小区直接相关的城市、县城（城关镇）道路和公共交通、通信、供电、供排水、供气、供热、停车库（场）、污水与垃圾处理等基础设施改造升级内容应因地制宜综合考虑，并纳入老旧小区改造计划，且宜将老旧小区改造计划与行业改造计划有效对接，结合实施。

3.13.2 与小区直接相关的城市、县城（城关镇）道路和公共交通、通信、供电、供排水、供气、供热、停车库（场）、污水与垃圾处理等基础设施改造升级应符合现行国家标准《城市居住区规划设计标准》GB50180、现行管理办法《城市生活垃圾管理办法（2015年修正本）》（建设部令第 157 号）和湖南省文件《湖南省住宅物业住房品质分类导则》的规定。

4 完善类改造

4.1 房屋公共部分修缮（不涉及安全和基本功能）

4.1.1 有条件的小区宜对破损和风化严重的房屋外墙进行防渗、加固和粉刷处理，必要时重新进行隔热保温、装饰层施工。

4.1.2 有条件的小区宜对沿街建筑物较完整的外墙饰面进行清洗或重新饰面粉刷，并与周边环境风貌相协调。位于历史城区内的小区，其外墙治理应保持原有风貌特色，强化地域文化特色。

4.1.3 有条件的小区宜对破旧、黑暗和杂乱的楼道进行修缮整治。楼道内墙和顶棚应进行粉刷，饰面宜平整光滑并以浅色调为主；楼道内公共设施应满足正常使用要求。

4.1.4 有条件的小区宜根据建筑风格统一的要求，对雨棚、单元入口坡道、台阶等户外构件进行整修改造，对陈旧楼梯的栏杆扶手重新涂装、刷新或更换。

4.1.5 破损严重的公共部位窗户应统一进行修缮或更换，并按现行国家相关标准要求增加护栏。

4.1.6 房屋公共部分修缮应符合现行国家标准《民用建筑设计统一标准》GB50352、《建筑工程施工质量验收统一标准》GB50300、《无障碍设计规范》GB50763、《建筑装饰装修工程质量验收标准》GB50210 和现行行业标准《建筑外墙防水工程技术规程》JGJ/T235、《外墙饰面砖工程施工及验收规程》JGJ126、《建筑外墙清洗维护技术规程》JGJ168 的

规定。

4.2 道路和停车设施

Ⅰ 道路设施

4.2.1 有条件的小区可对路面公共停车位、休闲广场、人行道等进行海绵化改造，并应满足下列要求：

1 老旧小区提质改造前，依据上位规划确定的海绵城市建设指标中年径流总量控制率确定小区雨水源头控制的设计降雨量；

2 广场、停车场、人行道等路面可采用易维护、易清理、透水效果好的铺装材料。

4.2.2 道路设施改造应符合现行国家标准《透水路面砖和透水路面板》GB/T25993、《海绵城市建设评价标准》GB/T51345、《建筑与小区雨水控制及利用工程技术规范》GB50400、《无障碍设计规范》GB50763 和湖南省工程建设地方标准《湖南省透水混凝土路面应用技术规程》DBJ43/T347 的规定。

Ⅱ 停车设施

4.2.3 采用多种形式的停车方式以满足居民非机动车和机动车的停车需求，利用空坪隙地规划停车位，有条件的小区合理规划路面停车位。

4.2.4 合理设置机动车和非机动车停车场地，规范停车秩序，基本实现机动车和非机动车分区停放，标识标线清晰。

4.2.5 有条件的小区可结合小区道路交通条件，设置向社会开放的共享机动车泊位，在周边非交通性道路或支路设置夜间临时停车位。

4.2.6 新增室外停车场地时，宜采用易于维护、经济性好的可渗透地面及材料，并考虑乔木林荫带等遮阴措施。

4.2.7 有条件的老旧小区宜增设机械式立体车库。

4.2.8 停车设施改造应符合现行国家标准《城市居住区规划设计标准》GB50180、《建筑设计防火规范》GB50016、《民用建筑设计统一标准》GB50352 和现行行业标准《车库建筑设计规范》JGJ100 的规定。

Ⅲ 充电设施

4.2.9 在地下停车库配建电动汽车交流充电桩（慢充），在地上停车区域配建电动汽车交流充电桩或非车载充电机（快充）；在非机动车停车区域集中设置电动自行车充电设施。

4.2.10 电动汽车充电设施可根据场地条件采用一机一枪或一机多枪。

4.2.11 各类充电设施应具备充电结束后自行断电、过负荷保护、短路保护、剩余电流保护等功能。

4.2.12 有条件的小区宜引进第三方电动车充电服务企业。

4.2.13　充电设施改造应符合国家文件《国务院办公厅关于加快电动汽车充电基础设施建设的指导意见》（国办发〔2015〕73号）、《住房城乡建设部关于加强城市电动汽车充电设施规划建设工作的通知》（建规〔2015〕99号）和湖南省文件《湖南省电动汽车充电基础设施建设与运营管理暂行办法》（湘政办〔2016〕59号）的规定。

4.3　安防和便民设施

Ⅰ　安防设施

4.3.1　现有单元入口无防盗门的，应增设防盗门；破旧防盗门不能正常使用的，应进行更换或维修。

4.3.2　有条件的小区宜完善安防监控设施。

　　1　小区出入口及重要节点安装监控摄像头，并配置监控室；

　　2　小区视频安防监控系统宜与城市综治平台进行对接，实现联动管理。新增的视频安防监控系统宜采用数字视频监控系统；

　　3　已设视频监控系统的老旧小区进行设备检修，更换老旧破损的设备及线路。

4.3.3　有条件的小区内的幼儿园、物业管理用房和设备用房（如热力站、配电室和调压站等）设置监控摄像头或门禁系统等相应的安防设施。

4.3.4　监控摄像头宜安装在监视目标附近不易受外界损伤的地方，安装位置不应影响现场设备运行和人员正常活动。小区周界采用带云台变焦全景摄像机，并可与周界防范系统联动。小区主要出入口、停车场出入口、主要道路采用枪式摄像机，电梯轿厢内设置半球摄像机。

4.3.5　安防设施改造应符合现行国家标准《视频安防监控系统工程设计规范》GB50395、《安全防范工程技术标准》GB50348的规定。

Ⅱ　便民设施

4.3.6　修缮、配建小区邮政、快递设施和公告宣传栏。邮政、快递设施设置应满足寄递服务方便和寄递渠道安全的需求。

4.3.7　在小区公共空间设置室外活动场地，并增设固定座椅、雨棚和报刊栏等可供休憩驻足的设施。

4.3.8　在室外合理集中配置文化宣传设施、体育健身设施和游乐设施，满足小区居民基本生活要求，条件不足时可布置在住宅架空层。设施器械选择应兼顾实用和美观，材料具有耐久性和环保性，并设置必要的保护栏、柔软地垫和警示牌等。对存在安全隐患的健身器材应及时更换和修复，达到安全使用要求。

4.3.9　增设无障碍等适老设施，方便残疾人和老年人等人群使用。

4.3.10　增设老年人服务设施。增设的老年人服务设施应满足国家相关标准及有关政策的要求。

1 老年人服务用房应结合老旧小区周边社区进行统筹考虑，统一设置，可考虑老年人饭堂、日间照料中心、老年人活动室等功能；

2 选址应选择日照充足、通风良好、交通方便、临近公共服务设施及远离污染源、噪声源及危险品生产、储运的区域；

3 老年人服务用房的主要出入口不宜开向城市主干道；

4 老年人服务用房内部空间及功能应以尊重和关爱老年人为理念，遵循安全、卫生、适用的原则，保障老年人的基本生活质量。

4.3.11 有条件的小区宜增设托儿所及幼儿园。增设的托儿所和幼儿园应满足国家相关标准及有关政策的要求。

4.3.12 小区便民设施的改造和增设应符合现行国家标准《城市居住区规划设计标准》GB50180、《民用建筑设计统一标准》GB50352、《无障碍设计规范》GB50763和现行行业标准《托儿所、幼儿园建筑设计规范》JGJ39、《信息栏工程技术标准》JGJ/T424的规定。

4.4 环境景观整治

4.4.1 小区环境整治应满足下列要求：

1 修缮整治破旧、黑暗和杂乱的楼道，清除楼道墙面小广告、污渍涂鸦等；

2 小区内营业性厨房烟气应经油烟净化装置处理后达标排放。对油渍污染的外墙宜进行统一清洗处理；

3 小区环境整治应符合现行国家标准《民用建筑设计统一标准》GB50352的规定。

4.4.2 小区内部道路整修应满足下列要求：

1 设置安全、连续和舒适的步行道网络，并采用无障碍设计及适老化设计；

2 公共走廊连接邻近住宅小区和周边公共设施，应满足下列要求：

1）连接轨交站点与公共站点、站点与商业、教育和医疗等设施及小区主要出入口，有条件的可连接各楼栋建筑，形成风雨步行系统；

2）结合慢行系统设置。

3 人行道缺乏必要的遮阴设施时，可增设适宜的行道树和遮阴构筑物；

4 有高差的位置按现行国家标准《民用建筑设计统一标准》GB50352的要求，增加护栏、扶手等安全防护设施。栏杆扶手应坚固、耐久，并能承受现行国家标准《建筑结构荷载规范》GB50009规定的水平荷载。栏杆扶手的设计风格应与小区风貌保持统一；

5 人行、小区广场及康体活动区域边缘设置车止石。车止石高度不应低于400mm，间距应控制在0.8m~1.5m。车止石要求坚固美观，与周边环境协调，可采用仿花岗石材质、金属材质或混凝土材质；

6 小区内部道路整修应符合现行国家标准《城市居住区规划设计标准》GB50180、《无障碍设计规范》GB50763、《民用建筑设计统一标准》GB50352、《建筑结构荷载规范》GB50009 和现行行业标准《城镇道路路面设计规范》CJJ169 的规定。

4.4.3 小区绿化提质应满足下列要求：

1 建设节约型园林绿化，应满足当地环境保护和园林绿化建设管理要求；

2 结合小区实际情况，优化绿化空间布局，调整乔灌木配比和常绿落叶植物比例，并适当增加社区公园、小区游园、公共绿地、宅旁绿地、配套公建所属绿地、道路绿地、阳台绿槽、屋顶绿化、垂直绿化和遮阴设施等面积，提高小区立体复合绿化率。新增植物品种选择应以乡土植物为主；

3 保留小区原有的高大乔木、立体绿化等绿化特色，适量增加座椅、花架、廊架、景亭等景观小品；

4 小区绿地应结合绿地规模和竖向设计，建设生态植草沟、下凹绿地、渗水井、渗水管、雨水湿地等海绵设施，消纳屋面、路面、活动场地及停车场的径流雨水，并通过溢流排放系统与雨水管网系统衔接；

5 应按照有关标准对小区内原有的古树名木制定保护方案，禁止异地移栽。保护范围内不得损坏表土层和改变地表高程，除保护及加固设施外，不得设置建筑物、构筑物及架（埋）设各种过境管线，不得栽植缠绕古树名木的藤本植物，并不得设置危害古树名木的有害水、气的设施；

6 小区绿化提质应符合现行国家法律法规《城市绿化条例》、现行管理办法《城市绿线管理办法》和现行国家标准《城市绿地设计规范》GB50420、《城市居住区规划设计标准》GB50180、《海绵城市建设评价标准》GB/T51345、《建筑与小区雨水控制及利用工程技术规范》GB50400、《屋面工程技术规范》GB50345 及现行行业标准《种植屋面工程技术规程》JGJ155 的规定。

4.5 建筑节能改造

4.5.1 既有居住建筑节能改造宜与既有建筑改造相结合。

4.5.2 既有居住建筑节能改造应根据国家和本省节能政策及国家和本省现行有关居住建筑节能设计和既有居住建筑节能改造技术标准的要求，结合当地的地理气候条件、经济技术水平，因地制宜地开展全面节能改造或部分节能改造。节能改造方案应依据《湖南省既有居住建筑节能改造技术方案》（湘建办函〔2014〕53 号）或《湖南省居住建筑节能设计标准》DBJ43/001 制定。

4.5.3 既有居住建筑实施节能改造前，应先进行节能诊断，节能改造方案制定时应根据节能诊断的结果确定进行全面或部分节能改造的内容。

4.5.4 既有居住建筑外墙改造采用外保温技术时，材料的性能、构造措施和施工要求应符合现行行业标准《既有居住建筑节能改造技术规程》JGJ/T129 的规定。

4.5.5 既有居住建筑节能改造应遵循因地制宜的原则，结合使用功能及地域特点，对既有居住建筑的规划与建筑、结构与材料、暖通空调、给水排水、电气等内容进行绿色改造，同时还应有效控制绿色改造施工质量，提升绿色改造后的运营管理水平。

4.5.6 既有居住建筑节能改造应符合现行国家标准《建筑节能工程施工质量验收标准》GB50411、《建筑设计防火规范》GB50016 和现行行业标准《既有居住建筑节能改造技术规程》JGJ/T129、《夏热冬冷地区居住建筑节能设计标准》JGJ134 及湖南省工程建设地方标准《湖南省居住建筑节能设计标准》DBJ43/001、《湖南省建筑节能工程施工质量验收规范》DBJ43/T202 的规定。

5 提升类改造

5.1 立面整治

5.1.1 规范设置建筑立面防盗网、遮阳篷等附加设施，宜采用同一样式，统一安装，并满足防火及防噪声的要求。

5.1.2 规范空调室外机的安装位置，并宜统一设置空调冷凝水管及遮挡百叶。

5.1.3 立面整治应符合现行国家标准《城市居住区规划设计标准》GB50180、《建筑设计防火规范》GB50016、《民用建筑设计统一标准》GB50352 和现行行业标准《建筑外墙外保温系统修缮标准》JGJ376 的规定。

5.2 服务设施

5.2.1 小区服务设施包括党建活动室、读书阅览室、便民服务站、城市农贸市场、便民市场、助餐、家政、健身、便利店、医疗等。

5.2.2 服务设施的选址应根据小区具体情况，选择日照充足、通风良好、交通方便、临近公共服务设施及远离污染源、噪声源及危险品生产、储运的区域。

5.2.3 优先利用小区公共用房、公房租赁使用等设置公共管理设施；当小区业主同意时，可考虑设置在住宅架空层。

5.2.4 利用小区零散用房，在方便居民使用的位置设置多个服务设施。

5.2.5 以小区中心、小区驿站的形式，集中设置多种功能复合的服务设施。

5.2.6 城市农贸市场、便民市场和便利店应满足下列要求：

1 城市农贸市场、便民市场和便利店的设计参考现行国家标准《城市居住区规划设计标准》GB50180，可与小区物管用房、服务驿站等结合布置；

2 考虑合理的服务半径，并设置在运输车辆方便进出的相对独立的地段；

　　3　设置机动车与非机动车停车场。

5.2.7　小区服务设施的改造和增设应符合现行国家标准《城市居住区规划设计标准》GB50180、《建筑设计防火规范》GB50016、《民用建筑设计统一标准》GB50352 的规定。

5.3　智慧管理

5.3.1　小区增设公用移动通信基站，优先改造利用现有铁塔、室外立杆、室内分布系统等设施；统筹规划建设小区通信配套设施，推进移动通信 5G 网络的深度覆盖。

5.3.2　建立小区管理和服务综合信息平台，利用移动互联网、物联网、云计算等技术为依托，提供物业服务、健康养老、商业金融、家庭教育、卫生医疗等各类生活服务。

5.3.3　出入口控制系统宜采用全数字架构或总线架构，可视对讲系统可采用全数字、半数字或模拟架构，设计应符合现行国家标准《出入口控制系统工程设计规范》GB50396 的规定。

5.3.4　增设智能停车道闸系统，具备条件时宜接入城市级停车场系统进行统一运营管理。

5.3.5　有条件的小区路灯改造可选用智慧灯杆，整合小区道路各类杆件及挂载设施，实现多杆合一。应同步建设智慧灯杆的配套设施，包括强弱电线路及管道、配电设备、弱电机箱等。小区智慧灯杆的造型、体量、色彩等与小区环境景观相协调。

5.4　特色风貌

5.4.1　小区改造应延续城镇特色风貌，尊重城市的历史文脉延续和文化基因传承；整体色彩与色调应与城镇色彩与色调保持协调；传承延续小区历史文化特色；挖掘小区历史文化内涵和特色风貌。

5.4.2　保持原有城镇肌理不变时，宜以街道、社区、单元格为单位，结合街道、社区的功能和历史演化进程，营造特色风貌小区。特色风貌小区改造时，应综合考虑下列因素：

　　1　满足正常交通需求和通行路径优化时，应尽可能保留街区道路格局和路面材质；

　　2　特色小区与城市主要道路的交接处和与其他小区的交界面等开放界面宜进行立面风貌改造；

　　3　宜建设尺度适宜的特色风貌主题公园、绿化景观和雕塑等；

　　4　依据小区人文历史，制作文化长廊、社区历史与文化展示墙等，历史文化街区和历史风貌区应设置一处及以上街区历史介绍牌，历史建筑应进行挂牌保护；

　　5　小区内不可移动文物的修缮与利用，须经相关行政部门审核批准。

5.4.3　小区特色风貌的营造应符合现行国家法律法规《历史文化名城名镇名村保护条例》和现行国家标准《历史文化名城保护规划标准》GB/T50357、《城市居住区规划设计标准》GB50180 及《湖南省城市设计技术指南（试行）》的规定。

第三部分　项目管理要求

6　项目策划

6.1　地区改造规划

6.1.1　各地应组织对管辖范围内老旧小区进行摸底并登记造册，摸底内容包括建筑面积、户数、直接相关的基础设施、产权情况、小区物业管理服务、人员规模和结构、群众改造意愿和筹资能力、引入社会资本的可行性等情况。

6.1.2　各地应根据调查摸底编制老旧小区调查摸底报告。

6.1.3　各地结合摸底情况和财政承受能力，对照城市规划，梳理老旧小区周边空间资源，组织制订辖区老旧小区改造规划，并根据老旧小区改造规划建立近中期（三年）项目库。项目库应优先选取建成时间较早、设施严重落后、居民改造意愿强烈、筹资有保障的小区。

6.1.4　各地根据当地老旧小区改造规划和项目库，结合本地区财政承受能力和当地实际情况及上一年度老旧小区改造项目实际执行情况，制订本地区老旧小区年度改造计划。列入改造计划的项目应已明确小区物业管理模式，并应编制老旧小区改造方案。

6.2　小区改造方案

6.2.1　制定老旧小区改造方案前，应在前期摸底的基础上进一步对小区进行详细调研，并形成现状调查报告，总结亟需改造内容，结合群众改造意愿和筹资能力、引入社会资本的可行性等基本情况，通过分析研究，找出存在问题，理清改造思路，制定合理可行、经济适用的改造方案。

6.2.2　老旧小区现状调查报告应包括但不限于下列内容：

　　1　基本情况：建筑面积、户数、产权情况、小区物业管理服务、人员规模和结构等情况；

　　2　需求调研：建筑改造及公共空间改造需求，基层公共管理与公共服务设施、商业服务业设施、市政公用设施、交通场站及社区服务设施、便民服务设施等建设需求，参与公共事务意愿、小区改造建议、出资意愿、引入专业物业的需求及物业费用的承受能力、引入社会资本的可行性等；

3 场地调研：小区历史文化资源、特色风貌、古树名木、小区道路街巷、市政基础设施、配套服务设施、管线情况、公共空间环境、消防及安全隐患等；

4 建筑调研：房屋数量、使用年限、建筑权属、建筑结构类型、房屋质量、房屋设施设备、危破房数量、违章建筑情况等。

6.2.3 小区改造方案应按照基础类、改善类、提升类三大类，遵循"基础类应改尽改，完善类和提升类能改则改"的原则，结合改造资金筹措情况，合理确定老旧小区改造内容、工程量和具体改造方式。

6.2.4 小区改造方案的确定应坚持"以人为本"的原则，编制过程中充分征求并尊重居民意愿。

6.2.5 小区改造方案分为"技术方案"和"实施方案"两部分。

1 技术方案应包括但不限于下列成果内容：

1) 设计总说明、现状调查报告及问题清单、总平面图、改造内容清单、估算投资等；

2) 单项改造内容设计文件：针对每项改造内容的改造设计方案（图纸）、改造工程量、改造方式、改造效果等。

2 实施方案应包括但不限于下列成果内容：

1) 投资估算与资金筹措方案：包括按照"谁受益、谁出资"的原则，制定的居民合理分担、单位投资、市场运作、财政奖补等多渠道资金筹措机制；结合小区实际合理确定改造费用分摊规则，制定的具体资金筹措方案；明确上级财政补助资金、本级财政资金、居民自筹资金、社会资金等情况及所占比例；制定各类资金来源的保障措施、使用方案以及监管措施、资金风险预案等；

2) 居民改造意愿及参与情况报告：包括居民参与问题共找、资金共筹、方案共定情况据实报送，改造共管、效果共评情况；涉及电梯加装的、筹集和使用维修基金的、改建（重建）建筑物及其附属设施等取得小区住宅业主同意的情况等；

3) 长效管理机制：包括日常管理、维修管理、物业费收取和使用情况等；

4) 项目实施计划：包括进度计划和组织计划（合同管理、实施管理、质量安全管理、验收管理等）等。

6.2.6 小区改造方案应采用适宜合理的改造技术和符合定位的产品材料，并应符合现行国家和地方对于老旧小区改造的相关标准或要求。

7 项目实施

7.0.1 老旧小区改造应明确项目实施单位，项目实施单位可为老旧小区改造建设单位，也可为受建设单位委托的具备相应资质的施工企业、安装企业、勘察、设计、咨询单位等项目管理单位，具体负责组织协调小区改造的工程报建、设计、材料采购、工程实施和验收等相关工作。

7.0.2 老旧小区改造项目应提供完整的设计文件。施工图设计文件应由有相应资质的设计单位设计，并按规定经施工图审查合格后方可用于施工。

7.0.3 老旧小区改造施工应由有相应资质的施工单位施工，并按规定办理相关施工许可手续。

7.0.4 施工单位应综合考虑老旧小区所处位置、交通条件、居民出行等情况，编制详细的施工组织设计，积极采取绿色施工措施，科学合理文明地组织施工，确保施工和居民出行安全，并减少对小区及附近居民生活的干扰。

7.0.5 老旧小区改造应按相关规定接受质量安全监管，对老旧小区改造实施、管理的全过程质量安全监管应积极采用信息化手段。

7.0.6 老旧小区既有住宅建筑增设电梯的设计和施工应符合湖南省工程建设地方标准《湖南省既有多层住宅建筑增设电梯工程技术规程》DBJ43/T344 和现行行业标准《既有住宅建筑功能改造技术规范》JGJ/T390 的规定。增设电梯的施工安装，应符合特种设备安全方面的相关规定要求。实施主体对增设电梯施工过程的安全生产负总责，且应当委托具有相应资质的特种设备检验机构进行监督检验。各级住房城乡建设主管部门应加大对老旧小区既有住宅建筑增设电梯施工的巡查力度，落实工程质量、安全生产、文明施工、扬尘治理等管理要求。

8 项目验收

8.0.1 老旧小区改造竣工后，项目实施单位应按规定组织相关责任主体单位进行项目竣工验收并办理竣工验收备案，根据需要可邀请街道、社区以及居民代表等参加。

8.0.2 老旧小区改造验收除既有住宅建筑增设电梯外，应以经审核通过的项目改造方案、本导则和现行相关验收标准为依据。

8.0.3 老旧小区既有住宅建筑增设电梯应依法办理竣工验收手续，竣工验收合格后电梯方可交付使用。

8.0.4 工程质量监督机构应对老旧小区改造竣工验收的组织形式、验收程序、执行验收标准等进行现场监督。

8.0.5 老旧小区改造项目验收通过后，项目实施单位应及时办理资料整理、归档和移交工作。

9 其他

9.0.1 老旧小区改造后，应按改造前明确的小区物业管理模式持续规范地引入物业管理服务，建立健全小区长效管理机制。

9.0.2 老旧小区改造具体工作流程参见本导则附录 B。

附录 A

湖南省城镇老旧小区改造内容清单

类别	项目名称	具体内容	备注
基础类改造内容	1. 违章建筑	依法妥善处理老旧小区内侵占公共空间的违章建筑（构筑物）和侵占绿地、道路的违法设施	满足居民安全需要和基本生活需求的改造
	2. 房屋公共部分修缮（涉及安全和基本功能）	对房屋公共部分进行排查，对存在安全隐患和影响基本功能的进行修缮；楼顶屋面维修和防水	
	3. 供排水设施	维修改造小区内的供水管线，实施"一户一表"，优先加装智能水表；维护改造不符合相关技术、卫生以及安全防范标准的老旧二次供水设施；实施小区雨污分流，设置单独污水立管，卫生间、厨房、阳台等污水全部纳入污水管道集中收集；推进小区室外排水管网雨污分流改造和雨污混、错接改造；疏浚、改造排水管网、检查井及化粪池，更换破损窨井盖；对处于低洼地带或配有地下车库的老旧小区增设排水防涝设施，提升小区防涝水平	
	4. 供电设施及管线设施	维修改造小区内的供电管线，实施"一户一表"；整理归并小区内弱电线缆，拆除无用缆线，具备条件的下地铺设	
	5. 通信设施	对新增广电、电信、移动、联通等光纤线路实行统一设计、统一走管，集中设置室外、楼道内光纤分配箱	
	6. 道路设施	整治翻修小区破损道路；清除各类道路占道物品，合理设置机动车和非机动车停车位，保障机动车和非机动车道通行功能，标识标线清晰	
	7. 供气设施	具备条件的接入管道天然气，改造和置换老旧的管道、阀门和调压箱柜等燃气设施，有条件的用户改造安装远传智能气表	
	8. 环卫设施	改造原有垃圾收集点、垃圾房和转运站等设施，合理设置密封式垃圾桶（箱）或垃圾分类厢房，明确大件垃圾、建筑垃圾临时堆放点；逐步取缔垃圾道、垃圾池，按标准配建垃圾收集点；改造提升小区原有老旧公共厕所	
	9. 照明设施	合理布置路灯管线，改造和增设公共照明设施，满足小区夜间照明和安全用电标准	
	10. 围墙大门	修缮存在安全隐患或老化的围墙、大门。鼓励采取"围墙腾退"或"拆除围墙"的方式释放内部公共空间，或打通道路微循环系统	
	11. 消防设施	清除消防通道上的障碍物，确保救护和消防通道畅通。清理楼栋间和楼道内乱堆杂物，完善消防配套设施	
	12. 电梯和适老、无障碍设施	加大对老旧小区加装电梯的扶持力度，具备条件的老旧小区楼房加装电梯，并按照《湖南省城市既有住宅增设电梯指导意见》（湘建房〔2018〕159 号）实施；完善无障碍和适老设施；建设无障碍通道	
	13. 与小区直接相关的城市、县城（城关镇）基础设施	与小区直接相关的城市、县城（城关镇）道路和公共交通、通信、供电、供排水、供气、供热、停车库（场）、污水与垃圾处理等基础设施的改造升级	

类别	项目名称	具体内容	备注
完善类改造内容	1. 房屋公共部分修缮（不涉及安全和基本功能）	对房屋公共部分进行排查，对确需修缮但不存在安全隐患和不影响基本功能的进行修缮	满足居民改善型生活需求和生活便利性需要的改造
	2. 道路和停车设施	对具备条件的路面公共停车位、休闲广场、人行道等进行海绵化改造；利用空坪隙地规划增设停车位，合理设置机动车和非机动车停车场地；推广建设机械式立体车库；配置充电桩，规范充电设施	
	3. 安防和便民设施	完善小区安防监控设施，在小区出入口及重要区域配置安防监控设备，并建立小区监控室等；修缮、配建邮政、快递设施和公告宣传栏；安装健身器材，增设休闲座椅，完善适老设施，配建养老、托幼等服务设施	
	4. 环境景观整治	整治小区"脏、乱、差"，清理楼道各类小广告；整治餐饮油烟等环境污染问题。整修、打通小区内部道路，疏通步行网络，连接城市慢行系统。按照节约型园林绿化要求实施园林绿化提质工程，建设小区游园、林荫路等可进入林荫空间，对小区绿地实施海绵化改造	
	5. 建筑节能改造	对有条件的，进行既有建筑节能改造	
提升类改造内容	1. 立面整治	规范整治老旧小区立面、窗户和阳台防盗网、外墙外挂空调等	丰富社会服务供给的改造
	2. 服务设施	增设小区党建活动室、读书阅览室、便民服务站等，提标改造城市农贸市场，配套便民市场、助餐、家政、健身、便利店、医疗等配套服务设施	
	3. 智慧管理	推进移动通信5G网络的深度覆盖，建立小区管理和服务综合信息平台；增设小区可视化大门、智能门禁系统及道闸，安装楼道智能门禁系统。推广应用具有"一杆多用"功能的小区智慧灯杆	
	4. 特色风貌	挖掘小区历史文化内涵和特色风貌，打造特色景观、雕塑等，制作文化长廊、社区历史、文化展示墙等	

附录 B

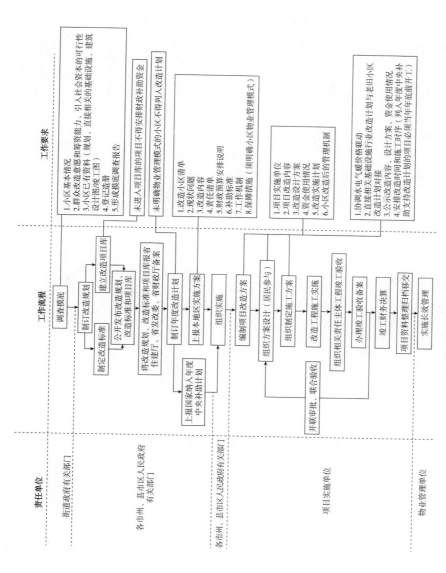

湖南省城镇老旧小区改造工作流程

湖南省住房和城乡建设厅办公室

2020 年 4 月 27 日印发

湖南省住房和城乡建设厅
湖南省发展和改革委员会　湖南省财政厅关于
推进全省城镇老旧小区改造工作的通知

湘建城〔2020〕50号

各市州、县市区人民政府，省直有关单位：

为切实抓好城镇老旧小区改造工作，改善群众居住环境，根据《住房城乡建设部办公厅国家发展改革委办公厅财政部办公厅关于做好2019年老旧小区改造工作的通知》（建办城函〔2019〕243号）精神，结合我省实际，经报省人民政府同意，现就推进全省城镇老旧小区改造工作通知如下：

一、指导思想和基本原则

（一）指导思想。坚持以习近平新时代中国特色社会主义思想为指导，认真贯彻落实党的十九大和十九届二中、三中、四中全会精神，践行以人民为中心的发展思想，按照"先基础后完善、先功能后提升、先地下后地上"的原则，大力实施城镇老旧小区改造，优先解决安全问题，优先补齐功能短板，以微改造见大成效。

坚持"美好环境与幸福生活共同缔造"，调动城镇居民和相关单位的积极性、主动性和创造性，促进城市治理体系和治理能力现代化，增强人民群众的获得感、幸福感、安全感。

（二）基本原则。

政府引导，多方参与。城镇老旧小区改造既要发挥政府的组织引导作用，又要坚持以居民为主体，尊重居民意愿，实现问题共找、方案共定、资金共筹、改造共管、效果共评、成果共享。

鼓励企业、社会力量、管线单位、物业公司等积极参与改造。

科学规划，分步实施。坚持既尽力而为、又量力而行的原则，区分轻重缓急，科学编制城镇老旧小区改造规划，优先实施建成时间较早、设施严重落后、居民改造意愿强烈、筹资有保障的小区。坚决杜绝全面开花、盲目上马，肆意扩大改造内容，随意拔高改造标准，不充分评估筹资能力，造成"半拉子"工程。

综合改造，基础优先。坚持"一区（片）一策"的原则，按照城市整体风貌要求，对片区内有共同改造需求的独栋、零星、分散的楼房进行归并整合，鼓励对片区内距离相近或相连的老旧小区打破空间分割，拆除围墙等障碍物，拓展公共空间，整合共享公共资源，进行集中连片整体改造。在具体选择改造内容、确定改造标准时，应根据资金投入能力，优先保障基础类改造内容。

保护历史，绿色改造。注重维护城市传统风貌特色、地域特征和传统街巷肌理，创新历史城区、历史文化街区、历史建筑、风貌建筑保护利用方式，加强古树名木和现有绿化成果保护。积极建设主题文化小区，丰富小区的时代内涵，弘扬社会主义核心价值观。推进社区海绵化改造，实施雨污分流，提升排水防涝能力；鼓励采用节能照明、节水器具，提高绿色建材应用比例，建设节约型园林绿化，有条件的小区实施既有建筑节能改造。

二、改造要求

（一）改造范围。城镇老旧小区是指城市、县城（城关镇）建成于 2000 年以前、公共设施落后影响居民基本生活、居民改造意愿强烈的住宅小区（含独栋住宅楼）。

已纳入城镇棚户区改造计划、拟通过拆除新建（改建、扩建、翻建）实施改造的棚户区（居民住房），不属于老旧小区改造范畴；以居民自建住房为主的区域和城中村暂不纳入城镇老旧小区改造范围。拟对居民进行征收补偿安置，或者拟以拆除新建（含改建、扩建、翻建）方式实施改造的住宅小区（含独栋住宅楼），不得申报纳入中央补助资金支持城镇老旧小区改造计划。严禁借城镇老旧小区改造之名变相搞房地产开发。

（二）改造内容。包括小区内道路、供排水、供电、供气、供热、垃圾分类处理设施、公共厕所、园林绿化、照明、围墙等基础设施的更新改造，小区内配套养老抚幼、无障碍设施、邻里中心综合体、便民市场等服务设施的建设、改造；小区内房屋公共区域修缮、建筑节能改造，有条件的居住建筑加装电梯等；与小区关联的道路和公共交通、通信、供电、供排水、供气、供热、停车库（场）、污水与垃圾处理等基础设施的改造提升。改造内容分为基础类、完善类、提升类。基础类改造内容，即满足居民安全需要和基本功能需求的改造；完善类改造内容，即满足居民改善型功能需求和生活便利性需要的改造；提升类改造内容，即丰富社会服务供给的改造。对基础类改造内容，坚持应改尽改，中央和省级资金用于基础类改造内容的占比不得低于 70%。有条件加装电梯的，应当纳入改造内容，并在资金上予以支持，重点保障。各地可结合实际，确定老旧小区改造的具体内容和标准，经同级人民政府同意，报省住房城乡建设厅备案。

（三）改造方式。坚持供水设施改造与创建节水型城市（县城）相结合，排水设施改造与雨污分流、城镇污水处理提质增效、海绵化改造相结合，环卫设施改造与垃圾分类工作相结合，小区道路改造与停车设施建设相结合，园林绿化改造与创建园林城市（县城）、园林式小区相结合，老旧小区改造与历史城区、历史文化街区、历史建筑、风貌建筑创新保护利用相结合，管线改造与强弱电入地相结合，稳步提升改造质量和效果。

三、组织实施

（一）开展调查摸底。按照属地原则，各地通过组织实地调查，摸清老旧小区占地面积、建筑面积、直接相关的基础设施、产权情况、人员规模和结构、群众改造意愿和筹资能力、引入社会资本的可行性等基本情况，并登记造册，确保调查数据真实、准确、完整。

（二）编制改造规划和项目库。各地结合摸底情况和财政承受能力，对照城市规划，梳理老旧小区周边空间资源，组织制订 2020—2035 年城镇老旧小区改造规划。各市州、县市区住房城乡建设部门会同发展改革、财政部门，根据老旧小区改造规划建立 2020—2022 年项目库，并根据实施情况及时对项目库进行动态调整，切实提高项目库质量，未进入项目库的项目不得安排补助资金。各地老旧小区改造规划和项目库应经同级人民政府同意并公开发布。各地于 2020 年 6 月底前将改造规划、改造标准和项目库报省住房城乡建设厅、省发展改革委、省财政厅备案。

（三）制订年度计划和实施方案。各市州、县市区根据规划和项目库，结合本年度项目实际执行情况，制订下年度改造计划和实施方案，并报经同级人民政府同意后，于每年10月底前申报次年计划、上报本地区实施方案。实施方案主要包括：改造小区清单、现状问题、改造内容、责任清单、财政预算安排说明、补助标准、工作机制、保障措施等内容。要切实评估论证本地区财政承受能力，不搞一刀切，不盲目举债铺摊子，坚决遏制地方政府隐性债务增量。市州、县市区提出老旧小区改造年度计划时，应提交本地区财政承受能力论证评估报告，证明所提计划在其财政承受能力范围之内。省住房城乡建设、发展改革、财政部门联合审核年度改造计划，确保改造计划与其财政承受能力相匹配，确保项目改造范围、内容、标准符合有关要求。对审核合格的，报省人民政府审定后，上报国家纳入年度中央补助支持城镇老旧小区改造计划。已纳入上年中央补助支持城镇老旧小区改造计划的项目或其他财政支持计划的项目，不得重复申报。申报中央预算内资金的项目，按照《中央预算内投资保障性安居工程专项管理暂行办法》（发改投资规〔2019〕1035号）的相关规定，须录入国家重大建设项目库。

（四）组织项目实施。项目实施前，各地要对每个小区的改造方案进行严格把关，报省住房城乡建设厅审核通过后由市、县政府批准实施。明确项目实施单位，积极协调水、电、气、暖、通信等运营企业开展小区内以及直接相关的基础设施联动改造，切实将行业改造计划与老旧小区改造计划有效对接，统筹推进。

积极引导群众参与制定小区（片区）改造方案，及时公示改造内容、设计方案、资金使用等情况，合理安排改造时间和施工时序，提高改造施工效率，列入年度中央补助支持改造计划的项目必须当年底前开工。项目竣工后，建设单位按规定组织相关责任主体进行项目竣工验收并办理竣工验收备案，根据需要可邀请街道、社区以及居民代表等参加。验收时，要将经审核通过的改造方案作为主要依据。工程质量监督机构应当对工程竣工验收的组织形式、验收程序、执行验收标准等情况进行现场监督。验收通过后，改造项目实施单位应及时完成竣工财务决算，做好竣工项目的资料整理、归档和移交工作。积极采用信息化手段对老旧小区改造、管理实行全过程监管，提高改造、管理水平。

（五）抓好质安监管。各地在对房屋建筑或其他建筑物、构筑物改造时，必须在确保结构安全的情况下进行，涉及到结构改造时必须征询原设计单位意见，并委托有相应资质的设计、施工单位进行相应设计和施工。各级住房城乡建设部门要按相关规定，通过湖南省工程建设项目动态监管平台等，加强对改造工程全过程质量安全监管，加大对加装电梯施工的巡查力度，落实工程质量、安全生产、文明施工、扬尘治理等管理要求。

（六）开展试点示范。选择部分地区开展试点，探索建立统筹协调、项目生成、政府与居民合理共担成本、市场化参与、金融机构支持、群众共建、项目推进、存量资源整合利用、长效管理等机制，形成可复制、可推广的经验。

（七）实施长效管理。改造前，应明确小区物业管理模式，并作为小区列入改造计划的前置条件。对有条件成立业主大会的老旧小区，街道办事处（城关镇人民政府）组织成立业主大会，选举业主委员会，聘请物业服务企业，进行物业管理服务。对不能成立业主大会或者成立业主大会条件暂不成熟的，实行社区托管。对产权单位单一、管理责任主体明确的老旧小区，遵从居民意愿，可以继续选择产权单位管理方式，逐步引导实施市场化物业管理。老旧小区业主根据小区实际情况，也可实行业主自行管理，或者委托其他管理人管理。

四、保障措施

（一）加强组织领导。建立"省级统筹、市县落实、街道和社区全程参与"的工作机制。各市州、县市区人民政府是本行政区域老旧小区改造工作的责任主体，负责审核老旧小区改造年度申报计划和项目内容清单，开展财政承受能力评估，安排老旧小区改造资金，组织做好辖区内老旧小区改造工作。充分发挥基层组织在老旧小区改造中的主导作用。街道和社区要统筹协调业主委员会、物业服务公司等，做好老旧小区改造宣传发动、群众意愿征集、化解处理矛盾纠纷等工作。鼓励通过"互联网＋"等方式搭建沟通议事平台，主动了解居民改造诉求，做到共建共治共享。

（二）明确部门职责。充分发挥省推进保障性安居工程建设联席会议统筹协调作用，形成部门齐抓共管的格局。住房城乡建设部门负责牵头推进城镇老旧小区改造工作，会同发展改革、财政部门编制年度改造计划及项目内容清单，提出中央和省有关资金安排建议方案。发展改革部门牵头做好中央预算内资金支持项目有关的立项、资金计划申报、资金分配、资金使用绩效管理等工作。财政部门负责老旧小区改造专项资金中期规划和年度预算编制，确定专项资金分配方案、下达专项资金预算，对专项资金的使用管理情况进行监督和绩效管理。自然资源部门负责简化优化老旧小区设施改造、加装电梯相关规划许可、用地审批。市场监管部门负责加装电梯有关的监督管理。教育、民政、城管、卫生健康、文化、体育、广播电视、通信、电力等相关部门按照职责分工，配合做好老旧小区改造工作。各部门协同配合，加强信息共享，做好信息比对和项目查重工作。

（三）多方筹措资金。建立多元化的可持续资金筹措机制。

坚持"谁受益、谁出资"原则，建立政府、产权单位、居民合理共担机制。尚未实行社会化管理的单位小区，所在单位要利用自有资金加大对老旧小区改造的投入。市州、县市区人民政府要加大对城镇老旧小区改造的资金投入。水、电、气、暖、通信等运营企业要大力支持，承担一定的设施改造费用。在小区（片区）内新建或改造幼儿园、医务室、体育健身、日间护理、养老等设施的，当地教育、卫生健康、体育和民政等部门要加大支持力度。

鼓励电梯、快递、物流、商贸、停车设施、物业服务等企业进行投资，并通过获得特许经营、公共位置广告收益、便民服务等途径收回改造成本的方式参与老旧小区改造。居民出资部分可通过直接出资、使用（补交）住宅专项维修基金、提取个人公积金、投工投劳、小区公共收益、捐资捐物等方式落实。引导金融机构加大产品和服务创新力度，对实施城镇老旧小区改造的企业提供信贷支持。

（四）简化审批程序。各地要秉着尊重历史、实事求是的原则，切实解决城镇老旧小区历史遗留问题。督促项目实施主体加快完善各类前期审批手续，优化项目工程规划许可、施工许可、竣工验收等各阶段相关程序，以及供水排水、供电、供气、广播电视、通信等基础设施报装接入程序，手续能省则省，程序能并则并，资料能简则简，时限能压则压。对历史建筑进行外部修缮装饰、添加设施以及改变历史建筑结构的，应当履行相关审批手续。各地政府应当出台既有建筑加装电梯的实施办法，明确具体牵头部门、办理流程和补助标准等内容，创造良好环境。

（五）加强绩效管理。各地每年底要对年度改造计划完成情况和中央、省级补助资金使用情况进行绩效自评。省有关部门将对各地城镇老旧小区改造工作进行核实和评价，绩效评价结果作为下年度专项资金安排的依据。

本通知自 2020 年 4 月 10 日起施行，有效期至 2025 年 4 月 9 日。

附件：1. 湖南省城镇老旧小区改造内容清单

2. 湖南省城镇老旧小区改造入户调查表（略）

湖南省住房和城乡建设厅

湖南省发展和改革委员会

湖南省财政厅

2020 年 4 月 2 日

附件 1

湖南省城镇老旧小区改造内容清单

类别	项目名称	具体内容	备注
基础类改造内容	1. 违章建筑	依法妥善处理老旧小区内侵占公共空间的违章建筑（构筑物）和侵占绿地、道路等违法设施	满足居民安全需要和基本生活需求的改造
	2. 房屋公共部分修缮（涉及安全基本功能）	对房屋公共部分进行排查，对存在安全隐患和影响基本功能的进行修缮；楼顶屋面维修和防水	
	3. 供排水设施	维修改造小区内的供水管线，实施"一户一表"，优先加装智能水表；维护改造不符合相关技术、卫生以及安全防范标准的老旧二次供水设施；实施小区雨污分流，设置单独污水立管，卫生间、厨房、阳台等污水全部纳入污水管道集中收集；推进小区室外排水管网雨污分流改造和雨污混、错接改造；疏浚和改造排水管网、检查井、化粪池，更换破损窨井盖；对处于低洼地带或配有地下车库的老旧小区增设排水防涝设施，提升小区防涝水平	
	4. 供电设施及管线设施	维修改造小区内的供电管线，实施"一户一表"；整理归并小区内弱电线缆，拆除无用缆线，具备条件的下地铺设	
	5. 通信设施	对新增广电、电信、移动、联通等光纤线路实行统一设计、统一走管，集中设置室外、楼道内光纤分配箱	
	6. 道路设施	整治翻修小区破损道路；清除各类占道物品，合理设置机动车和非机动车停车位，保障机动车和非机动车道通行功能，标识线条清晰	
	7. 供气设施	具备条件的接入管道天然气，改造和置换老旧的管道、阀门和调压箱柜等燃气设施，有条件的用户改造安装远传智能气表	
	8. 环卫设施	改造原有垃圾收集点、垃圾房和转运站等设施，合理设置密封式垃圾桶（箱）或垃圾分类厢房，明确大件垃圾、建筑垃圾临时堆放点，逐步取缔垃圾道、垃圾池，按标准配建垃圾收集点；改造提升小区原有老旧公共厕所	
	9. 照明设施	合理布置路灯管线，改造和增设公共照明设施，满足小区夜间照明和安全用电标准	
	10. 围墙大门	修缮存在安全隐患或老化的围墙、大门。鼓励采取"围墙腾退"或"拆除围墙"的方式释放内部公共空间，或打通道路微循环系统	
	11. 消防设施	清除消防通道上的障碍物，确保救护和消防通道畅通。清理楼栋间和楼道内乱堆杂物，完善消防配套设施	
	12. 电梯和适老、无障碍设施	加大对老旧小区加装电梯的扶持力度，具备条件的老旧小区楼房加装电梯，并按照《湖南省城市既有住宅增设电梯指导意见》（湘建房〔2018〕159号）实施；完善无障碍和适老设施；建设无障碍通道	
	13. 与小区直接相关的城市、县城（城关镇）基础设施	与小区直接相关的城市、县城（城关镇）道路和公共交通、通信、供电、供排水、供气、供热、停车库（场）、污水与垃圾处理等基础设施的改造升级	

续表

类别	项目名称	具体内容	备注
完善类改造内容	1. 房屋公共部分修缮（不涉及安全和基本功能）	对房屋公共部分进行排查，对确需修缮但不存在安全隐患和不影响基本功能的进行修缮	满足居民改善型生活需求和生活便利性需要的改造
	2. 道路和停车设施	对具备条件的路面公共停车位、休闲广场、人行道等进行海绵化改造；利用空坪隙地规划增设停车位，合理设置机动车和非机动车停车场地；推广建设机械式立体车库；配置充电桩，规范充电设施	
	3. 安防和便民设施	完善小区安防监控设施，在小区出入口及重要区域配置安防监控设备，并建立小区监控室等；修缮和配建邮政、快递设施及公告宣传栏；安装健身器材，增设休闲座椅，完善适老设施，配建养老、托幼等服务设施	
	4. 环境景观整治	整治小区"脏、乱、差"，清理楼道各类小广告；整治餐饮油烟等环境污染问题。整修、打通小区内部道路，疏通步行网络，连接城市慢行系统。按照节约型园林绿化要求实施园林绿化提质工程，建设小区游园、林荫路等可进入林荫空间，对小区绿地实施海绵化改造	
	5. 建筑节能改造	对有条件的，进行既有建筑节能改造	
提升类改造内容	1. 立面整治	规范整治老旧小区立面	丰富社会服务供给的改造
	2. 服务设施	增设小区党建活动室、读书阅览室、便民服务站等，提标改造城市农贸市场，配套便民市场、助餐、家政、健身、便利店、医疗等配套服务设施	
	3. 智慧管理	推进移动通信5G网络的深度覆盖，建立小区管理和服务综合信息平台；增设小区可视化大门、智能门禁系统及道闸，安装楼道智能门禁系统。推广应用具有"一杆多用"功能的小区智慧灯杆	
	4. 特色风貌	挖掘小区历史文化内涵和特色风貌，打造特色景观、雕塑等，制作文化长廊和社区历史、文化展示墙等	

北京市人民政府办公厅关于印发《北京市2020年棚户区改造和环境整治任务》的通知

京政办发〔2020〕11号

各区人民政府，市政府有关部门：

《北京市2020年棚户区改造和环境整治任务》已经市政府同意，现印发给你们，并就有关事项通知如下：

一、落实总规，提升统筹发展水平。严格落实《北京城市总体规划（2016年—2035年）》，坚决维护规划的严肃性和权威性，将棚户区改造与各区人口规划、土地利用、产业发展一体考虑，同步规划，统筹实施。

二、严控成本，依法依规进行融资。各区政府要按照本市相关规定，严控补偿范围，严格补偿标准，加强成本全过程管理、阶段性分析和控制，切实降低征收拆迁成本，依法依规融资，严禁新增政府隐性债务，严格棚改专项债券的发行审核、使用管理和监督，提高使用效益。

三、转变思路，强化项目全过程管理。认真做好项目征收拆迁、安置房建设、土地供应等全过程管理，细化阶段目标，分类指导、有序推进，推动项目顺利收尾、群众早日回迁。

四、加强监管，抓好安全质量管理。各区政府、市有关部门要高度重视安全生产工作，认真履行监管责任，督促企业落实主体责任；加强勘察、设计、施工、验收等全过程质量管理，建设优质精品工程，切实增强群众的获得感、幸福感、安全感。

五、市政府将棚户区改造和环境整治任务列入2020年绩效考核项目，其中征收拆迁、安置房建设、土地供应情况将作为重点考核内容，各区年度任务完成情况应于年底前报市政府。

北京市人民政府办公厅

2020年3月11日

附件

北京市 2020 年棚户区改造和环境整治任务

序号	区	项目数（个）	占地面积（公顷）	2020 年任务（户）
1	东城区	3	69	20
2	西城区	2	30	10
3	朝阳区	18	1364	1000
4	海淀区	2	34	100
5	丰台区	19	1710	200
6	石景山区	3	371	800
7	门头沟区	4	172	0
8	房山区	17	934	500
9	通州区	5	489	300
10	顺义区	9	602	1500
11	昌平区	9	972	500
12	大兴区	11	401	2200
13	平谷区	2	29	346
14	怀柔区	1	14	260
15	密云区	6	572	800
16	延庆区	4	216	150
全市合计		115	7979	8686

东城区 2020 年棚户区改造和环境整治任务

序号	项目名称	四至范围	实施主体	占地面积（公顷）
合计				69.4
1	望坛项目	东至景泰路，南至安乐林路，西至永外大街，北至铁路线。	北京城建兴瑞置业开发有限公司	46.59
2	宝华里项目	东至沙子口规划路，南至区界，西至永外大街，北至安乐林路。	北京宝华地产有限公司	14.46
3	南中轴路周边项目	东至天坛公园西外坛墙，南至天坛公园西门，西至中轴路，北至天坛路。	北京市东城区房屋土地经营管理二中心	8.38

注：本表项目具体四至范围、占地面积以行政主管部门审批为准，具体户数以实际统计为准，实施主体以区政府授权为准。

西城区 2020 年棚户区改造和环境整治任务

序号	项目名称	四至范围	实施主体	占地面积（公顷）
合计				29.7
1	菜园街及枣林南里棚户区改造项目	东至白纸坊胡同，南至白纸坊西街，西至菜园街，北至枣林前街。	北京广安融盛投资有限公司	16.52
2	光源里棚户区改造项目	东至半步桥胡同接半步桥街，南至里仁街西段接宏建南里西、南边界，西至右安门内大街，北至白纸坊东街。	北京天恒正合置业有限公司	13.22

注：本表项目具体四至范围、占地面积以行政主管部门审批为准，具体户数以实际统计为准，实施主体以区政府授权为准。

朝阳区 2020 年棚户区改造和环境整治任务

序号	项目名称	四至范围	实施主体	占地面积（公顷）
合计				1363.9
1	中直安慧职工住宅（小关北里 43 号）工程项目	东至北京藏医院，南至小关北里居住区，西至北苑路，北至世纪嘉园南路。	中直机关工程建设服务中心	5.41
2	永安里旧城区改建项目	东至永安里东路，南至永安东里小区围墙，西至国泰饭店、北京铁路局、朝阳区教委用地边界，北至建国门外大街。	北京国际商务中心区开发建设有限公司	4.8
3	十八里店白墙子项目	东至京津塘高速路，南至东南三环路，西至方庄东路，北至南二环。	北京首开亿信置业股份有限公司	22.6
4	亮马 J 地块公益用地棚改项目	东至现状地税所边界，南至规划酒仙桥南路永中，西至规划驼房营路永中，北至规划学校用地红线。	中交房地产开发（北京）有限公司	2
5	南磨房东郊市场项目	东至东四环辅路，南至深沟村，西至西大望路，北至通惠河。	北京鲲鹏大雅投资实业有限公司	17.3
6	南磨房乡广渠路（含大郊亭 3 号院）项目	东至东四环辅路，南至大郊亭北街，西至西大望路，北至广渠路。	北京广顺鑫合科技发展有限责任公司	19.1
7	三间房南区项目	东至管庄乡，南至豆各庄乡，西至高碑店乡，北至平房乡和常营乡。	北京天泰瑞丰置业有限公司	40.01
8	三间房 D 区棚户区改造和环境整治项目	东至三间房东路，南至朝阳路，西至聚福苑东边界，北至朝阳北路。	北京昆泰嘉恒房地产开发有限公司	115.03
9	平房乡棚改项目	东至平房乡乡界，南至朝阳北路，西至青年路，北至平房乡乡界。	北京聚鑫城投置业有限公司	331.12

续表

序号	项目名称	四至范围	实施主体	占地面积（公顷）
10	东坝北西区域 B 地块项目	东至规划车辆段东侧道路，南至坝河北路（不含东坝医院及养老用地），西至规划回迁房西侧道路，北至规划东坝北街。	京投兴朝置地有限公司	186
11	东坝北西区域 C 地块项目	东至规划驹子房路，南至坝河，西至坝河与规划东坝北街交汇处，北至规划东坝北街。		
12	东坝北西区域 E 地块项目	东至规划驹子房路，南至坝河，西至规划东坝医院东侧道路，北至规划东坝北街。		
13	东坝北西区域 F 地块项目	东至北小河，南至坝河，西至规划驹子房路，北至规划东坝路。		
14	管庄乡棚改项目	东至通州区，南至豆各庄乡、黑庄户乡，西至三间房乡，北至常营乡。	北京仲源房地产开发有限公司	273
15	小红门乡棚改项目	东至小红门乡界，南至南四环路绿化隔离带南边界，西至小红门乡界，北至小红门乡界。	北京中二房地产开发有限公司	295
16	酒仙桥旧城区改建项目	东至四街坊，南至酒仙桥南路，西至"亮马水晶"东侧规划路，北至酒仙桥一中及酒仙桥医院南侧规划路。	北京电控阳光房地产开发有限公司	42.4
17	化石营旧城区改建项目	东至规划金桐东路北段，南至"世纪城市公司"已取得土地边界及朝外大街，西至金桐西路北段、北京武警总队用地，北至朝阳北路。	北京国际商务中心区开.发建设有限公司	4.28
18	甜水园旧城区改建项目	东至朝阳衬衫厂，南至现状朝阳园路，西至甜水园街，北至马道口冷库。	北京甜水园房地产开发有限公司	5.85

注：本表项目具体四至范围、占地面积以行政主管部门审批为准，具体户数以实际统计为准，实施主体以区政府授权为准。

海淀区 2020 年棚户区改造和环境整治任务

序号	项目名称	四至范围	实施主体	占地面积（公顷）
		合计		33.8
1	宝山村回迁安置房地块（一期）	东至 101 铁路，南至阜石路，西至什坊南路，北至田村路。	北京鑫泰世纪置业投资有限公司	15.64
2	宝山村平衡资金地块（二期）	东至 101 铁路，南至西郊砂石场，西至西五环路，北至永定河引水渠。	北京鑫泰世纪置业投资有限公司	18.2

注：本表项目具体四至范围、占地面积以行政主管部门审批为准，具体户数以实际统计为准，实施主体以区政府授权为准。

丰台区 2020 年棚户区改造和环境整治任务

序号	项目名称	四至范围	实施主体	占地面积（公顷）
		合计		1710.3
1	长辛店棚户区改造项目	东至丰台区河西再生水厂及配套管网工程西红线，南至赵辛店跨线桥，西至京广铁路线，北至长辛店大街北口（现状现代叉车林德叉车销售部南墙）。	北京市丰台区房屋经营管理中心	73.92
2	南苑棚户区改造三期项目	C 地块：东至永南路，南至警备路，西至南苑镇中路，北至规划河道北红线。E 地块：东至南苑镇西路，南至北马中路，西至规划大泡子公园东边线，北至规划河道中线。K 地块：东至现状路，西、南至现状铁路，北至警备路南红线。	北京市丰台区房屋经营管理中心	37.59
3	东铁营棚户区改造项目	东至方庄南路，南至石榴庄路，西至同仁东路，北至南三环。	中铁建置业有限公司	56.8
4	小屯西路棚户区改造项目	东至规划玉泉西路，南至万科假日风景居住小区，西至现状部队院及大瓦窑村，北至国营卢沟桥农场用地。	北京城建房地产开发有限公司	12.59
5	南苑村 C 区棚户区改造土地开发项目	东至首都航天机械总公司，南至大兴交界，西至大兴交界，北至规划五环路。	北京中恒瑞通房地产开发有限公司	99.8
6	南苑村 D 区棚户区改造土地开发项目	东至首都航天机械总公司，南至大兴交界，西至大兴交界，北至规划五环路。	北京中恒瑞通房地产开发有限公司	74
7	榆树庄村 B 区棚户区改造土地开发项目	东至规划榆树庄四号路，南至规划榆树庄二号路，西至规划榆树庄东路，北至规划榆树庄一号路。	北京榆树庄园房地产开发有限公司	38.2
8	榆树庄村 C 区棚户区改造土地开发项目	东至规划东老庄东路，南至永合庄村北边界，西至规划丰西铁路东路，北至规划榆树庄一号路。	北京榆树庄园房地产开发有限公司	81
9	看丹村棚户区改造和环境整治项目	东至京沪铁路及丰台科技园区，南至永合庄，西至榆树庄村，北至京广铁路线。	北京市看丹投资管理中心	255.25
10	岳各庄村棚户区改造土地开发项目	东至万丰路与六里桥村相接，南至京石高速，西至小屯村，北至万寿路街道办事处。	北京金丰润鸿置业有限公司	77.29
11	张家坟 A 区棚户区改造土地开发项目	东至长辛店村，南至赵辛店村，西至王佐镇域内的航天三院，北至李家峪、太子峪村。	北京依云房地产开发有限责任公司	147
12	张家坟 B 区棚户区改造土地开发项目		北京依云房地产开发有限责任公司	174.92

续表

序号	项目名称	四至范围	实施主体	占地面积（公顷）
13	张郭庄村 A 区棚户区改造土地开发项目	东至芦井路，南至张郭庄二号路，西至芦辛路，北至长辛店北三十三路。	北京中建方程投资管理有限公司	107.36
14	张郭庄村 B 区棚户区改项目	东至规划芦井路，南至规划杜家坎北二路，西至张郭庄村现状公园，北至规划长辛店北二十路。	北京中建方程投资管理有限公司	53.91
15	东河沿村 A 区棚户区改造土地开发项目	东至长辛店北二十路、芦井路，南至东河沿村三号路、长辛店北二十七路，西至芦辛路、长辛店北十五路，北至长辛店北一路、长辛店北二路。	北京中建方程投资管理有限公司	211.9
16	王佐镇青龙湖地区南一区棚户区改造土地开发项目	东至规划能源中心用地，南至规划青龙湖 25 号路，西至规划青龙湖 1 号路，北至长青路。	国开东方城镇发展投资有限公司	157.65
17	王佐镇青龙湖地区南二区棚户区改造土地开发项目	东至规划青龙湖 28 号路，南至规划青龙湖 25 号路，西至规划青龙湖 5 号路，北至长青路。	国开东方城镇发展投资有限公司	41.5
18	蒲黄榆一里四里危改项目	一里：东至蒲黄榆路，南至蒲黄榆一巷，西至北京特殊教育学院，北至丰台区职高学校。四里：东至蒲黄榆四里路 12、13 和 19 号楼，南至蒲黄榆四巷一号楼，西至小马路与原崇文区交界，北至蒲黄榆小学。	北京亚能鸿业房地产开发有限公司	5.38
19	北甲地棚户区改造项目	C4 地块：东至右安门外大街，南至草桥南街，西至北甲地西路，北至玺萌丽苑小区。F2 地块：东至现状路，南至角门西里南街，西至马家堡西路，北至规划河道绿线。西四顷三地块：东至马家堡西路，南至嘉囿公园，西至角门西路叉口，北至旱河。	北京嘉祥弘益房地产开发有限公司	4.23

注：本表项目具体四至范围、占地面积以行政主管部门审批为准，具体户数以实际统计为准，实施主体以区政府授权为准。

石景山区 2020 年棚户区改造和环境整治任务

序号	项目名称	四至范围	实施主体	占地面积（公顷）
合计				371
1	北辛安棚户区改造 B 区土地开发项目	东至特钢厂区，南至石景山路，西至北辛安路，北至阜石路。	北京安泰兴业置业有限公司	96.79

序号	项目名称	四至范围	实施主体	占地面积（公顷）
2	衙门口棚户区改造土地开发项目	东至北重电机厂，南至丰沙铁路，西至首钢厂区，北至人民渠及莲石西路。	北京石泰基础设施投资有限公司	245.7
3	广宁村棚户区改造项目	东至红光山，南至阜石路，西、北至四平山。	待定	28.55

注：本表项目具体四至范围、占地面积以行政主管部门审批为准，具体户数以实际统计为准，实施主体以区政府授权为准。

门头沟区 2020 年棚户区改造和环境整治任务

序号	项目名称	四至范围	实施主体	占地面积（公顷）
		合计		171.6
1	永定镇冯村南街棚户区改造和环境整治项目	东至冯村路，南至规划中学用地红线，西至西北环线，北至石龙西路。	中建京西建设发展有限公司	20.81
2	永定镇南区棚户区改造和环境改造项目	东至西北环线，南至浅山，西至规划高压走廊，北至石龙西。	中建京西建设发展有限公司	51.95
3	门头沟新城 14 街区棚户区改造及环境整治项目	东至三石路，南至石龙西路，西至规划高压走廊，北至浅山。	北京中冶名祥置业有限公司	53.88
4	永定镇冯村、何各庄地区 3751－C 地块棚户区改造及环境整治项目	东至东侧高压走廊，西、南至浅山，北至北侧高压走廊。	中交住总联合置业（北京）有限公司	44.92

注：本表项目具体四至范围、占地面积以行政主管部门审批为准，具体户数以实际统计为准，实施主体以区政府授权为准。

房山区 2020 年棚户区改造和环境整治任务

序号	项目名称	四至范围	实施主体	占地面积（公顷）
		合计		934.1
1	城关中心区棚户区改造土地开发项目	东至丁家洼河，南至北市村，西至房山西外环，北至迎风路。	北京燕房新城投资有限公司	233
2	拱辰街道渔儿沟村棚户区改造土地开发项目	东至现状商业、行政办公用地西边线，南至规划政通西路中心线，西至规划良坨大街中心线，北至京石高速边线。	北京拱辰兴业房地产开发有限公司	17.38
3	河北镇棚户区改造水泥一厂片区土地开发项目	涉及半壁店、黄土坡、万佛堂三村及双山水泥集团一厂。	北京启迪茂华科技产业发展有限公司	73.58

续表

序号	项目名称	四至范围	实施主体	占地面积（公顷）
4	河北镇棚户区改造水泥二厂片区土地开发项目	涉及磁家务村及双山水泥集团二厂、天维水泥厂。	北京启迪茂华科技产业发展有限公司	76.17
5	长阳镇黄管屯村棚户区改造一片区土地开发项目	东至京广铁路用地及规划绿地东边线，南至规划路中心线及规划绿地南边线，西至规划路中心线、规划京周路及规划绿地西边线，北至规划绿地北边线。	北京福洲房地产开发有限公司	52.9
6	长阳镇黄管屯村棚户区改造二片区土地开发项目	东侧地块：东至规划绿地及规划路，南至规划路，西至规划京周路，北至规划绿地。西侧地块：东至规划京周路，南至规划绿地，西北至京港澳高速。	北京福洲房地产开发有限公司	34.72
7	长阳镇 06、07 街区棚户区改造土地开发四片区项目	东至老长韩路，南至广阳大街，西至现状长周路东边线，北至现状京良路南边线。	北京市房山新城置业有限责任公司	26.26
8	长阳镇 06、07 街区棚户区改造土地开发七片区项目	东至规划绿地东边线，南至规划路北红线，西至规划路东红线，北至现状京良路南边线。	北京市房山新城置业有限责任公司	39.85
9	琉璃河镇中心区洄城等 5 村棚户区改造土地开发一片区项目	东至原京保路（现状京深路）西边线和规划路东红线，南至规划路南红线，西至规划路西红线，北至二类居住用地北边线。	北京住总京房房地产开发有限公司	236.18
10	琉璃河镇中心区洄城等 5 村棚户区改造土地开发二片区项目	东至规划路东红线，南至规划路中心线，西至原京保路（现状京深路）东边线，北至公园用地北边线。		
11	琉璃河镇中心区洄城等 5 村棚户区改造土地开发三片区项目	东至原京保路（现状京深路）西边线，南至电信用地南边线，西至规划道路西红线，北至岳琉路南边线。		
12	琉璃河镇中心区洄城等 5 村棚户区改造土地开发四片区项目	东至防护绿地东红线、同步实施整理东红线，南至安置房地块南红线、同步实施整理南红改造土地开线，西至原京保路（现京深路）东边线，北至同步实施整理北红线		
13	琉璃河镇中心区洄城等 5 村棚户区改造土地开发五片区项目	东至规划路东红线，南至琉窑路南边线，西至规划路西红线，北至同步实施整理北红线。		
14	琉璃河镇中心区洄城等 5 村棚户区改造土地开发六片区项目	东至原京保路（现京深路）西边线，南至规划路南红线，西至规划路东红线，北至同步实施整理北红线。		

序号	项目名称	四至范围	实施主体	占地面积（公顷）
15	阎村镇棚户区改造及环境整治大紫草坞村西片区项目	东至轨道交通以东，南至阎东路，西至大件路与阎东路交叉口，北至大件路。	中建新城（北京）投资发展有限公司	49.76
16	阎村镇棚户区改造及环境整治炒米店村项目	东至京港澳高速，南至规划二路以南，西至六环路，北至规划一路以北。	中建新城（北京）投资发展有限公司	60.03
17	阎村镇棚户区改造及环境整治元武屯村项目	东至银杏东街，南至规划支二路，西至紫码路，北至阎东路。	中建新城（北京）投资发展有限公司	34.26

注：本表项目具体四至范围、占地面积以行政主管部门审批为准，具体户数以实际统计为准，实施主体以区政府授权为准。

通州区 2020 年棚户区改造和环境整治任务

序号	项目名称	四至范围	实施主体	占地面积（公顷）
	合计			488.5
1	通州经济开发区西区南扩区三、五、六期棚户区改造项目	东至现状梁各庄村东侧道路，南至工业区二街，西至张凤路，北至现状京津公路。	北京市通州区住房保障事务中心	72.97
2	张湾镇村、立禅庵、唐小庄、施园、宽街及南许场村棚户区改造项目	东至南许场村土地及太玉园小区，南至京哈高速路，西至东六环及太玉园小区，北至萧太后河及六环辅路。	北京市通州区住房保障事务中心	227.19
3	马驹桥镇西店村、大白村、马村三村棚户区改造项目	东至马桥路，南至南六环，西至新海东路，北至兴华中街。	北京嘉源置业投资有限公司	48.19
4	东方厂周边棚户区改造项目（一片区）	1－A 地块：涉及玉桥中路和京秦铁路周边南关村和乔庄村区域。 1－B 地块：东至六环路，南至梨园南街、滨河中路，西至迎薰东路，北至运河大街、北运河。 1－C 地块：东至现状路，南至滨河中路，西至六环路，北至北运河。	北京城市副中心投资建设集团有限公司	138
5	老城范围内平房棚户区改造项目一期	老城棚改一期：东至葛布店南里小区，南至九棵树东路，西至果园环岛，北至运河西大街。 半壁店大街地块：东至半壁店商业广场，南至京洲北街，西至怡乐中路，北至怡乐南街。	北京市通州区住房保障事务中心	2.13

注：本表项目具体四至范围、占地面积以行政主管部门审批为准，具体户数以实际统计为准，实施主体以区政府授权为准。

顺义区 2020 年棚户区改造和环境整治任务

序号	项目名称	四至范围	实施主体	占地面积（公顷）
合计				602.4
1	杨镇中心区棚户区改造土地开发 A 片区项目	东至中干渠路，南至阳洲鑫园，西至老庄户村，北至二郎庙村。	北京中建京东置业有限公司	67.07
2	杨镇中心区棚户区改造土地开发 B 片区项目	东至东庄户村，南至规划路，西至城市学院东侧，北至规划用地边界。	北京中建京东置业有限公司	57.57
3	杨镇中心区棚户区改造土地开发 C 片区项目	东至环镇路，南至现状农用地，西至三街村东侧，北至杨镇大街。	北京中建京东置业有限公司	108.81
4	杨镇中心区棚户区改造土地开发 D 片区项目	东至二街村，南至空地，西至木燕路，北至杨镇第一中学。	北京中建京东置业有限公司	77.25
5	机场西侧四个村棚户区改造土地开发 A 片区项目	东至首都机场预留地，南至铁匠营村界，西至京密路，北至铁匠营村集体用地。	北京住总京顺房地产开发有限公司	56.73
6	机场西侧四个村棚户区改造土地开发 B 片区项目	村址地块：东至首都机场租赁地，南至铁匠营村界，西至综保区围网，北至铁匠营村集体用地。安置地块：东至规划道路，南至安富街，西至西泗上村安置地块，北至规划六路。	北京住总京顺房地产开发有限公司	55.56
7	机场西侧四个村棚户区改造土地开发 C 片区项目	东至首都机场租赁地，南至二十里堡村界，西至杨二营村界，北至铁匠营村界。	北京中铁诺德顺兴置业有限公司	103.82
8	机场西侧四个村棚户区改造土地开发 D 片区项目	东至首都机场租赁地，南至小王辛庄村界，西至二十里堡村界，北至杨二营村界。	北京中铁诺德顺兴置业有限公司	47.15
9	机场西侧四个村棚户区改造土地开发 E 片区项目	村址地块：东至首都机场租赁地，南至小王辛庄村界，西至小王辛庄村界，北至二十里堡村界。安置地块：东至规划道路，南至安富街，西至西泗上村安置地块，北至顺平路。	北京中铁诺德顺兴置业有限公司	28.46

注：本表项目具体四至范围、占地面积以行政主管部门审批为准，具体户数以实际统计为准，实施主体以区政府授权为准。

昌平区 2020 年棚户区改造和环境整治任务

序号	项目名称	四至范围	实施主体	占地面积（公顷）
合计				972.3
1	中关村生命科学园三期及"北四村"棚户区改造和环境整治 E 地块项目	东至京包铁路，南至玉河南路，西至生命园西环路北延，北至南沙河。	北京中关村生物医药产业投资发展有限公司	61.3
2	中关村生命科学园三期及"北四村"棚户区改造和环境整治 F 地块项目	东至总藏高速西辅路，南至定泗路西延，西至规划路，北至南沙河。	北京中关村生物医药产业投资发展有限公司	64.8
3	中关村生命科学园三期及"北四村"棚户区改造和环境整治 G 地块项目	东至京藏高速西辅路，南至永旺国际商城，西至十一排干渠，北至史各庄桥西延。	北京中关村生物医药产业投资发展有限公司	40.5
4	中关村生命科学园三期及"北四村"棚户区改造和环境整治 H 地块项目	东至十一排干渠，南至永旺国际商城，西至京包铁路，北至定泗路西延。	北京中关村生物医药产业投资发展有限公司	32.3
5	沙河镇西沙屯村、满井西队村棚户区改造和环境整治 A 地块项目	东至东沙河，南至高教园北三街、北京市机械施工公司和北京德盛行塑钢型材加工有限公司用地南边界，西至京藏高速，北至西沙屯村界。	北京建工地产有限责任公司	70.26
6	沙河镇西沙屯村、满井西队村棚户区改造和环境整治 B 地块项目	东至北京德盛行塑钢型材加工有限公司用地西边界、金河水务项目用地，南至高教园北一街、西沙屯一街，西至京藏高速，北至高教园北三街。	北京建工地产有限责任公司	24.92
7	沙河镇西沙屯村、满井西队村棚户区改造和环境整治 C 地块项目	东至东沙河，南至高教园南三街，西至京藏高速，北至西沙屯。	北京建工地产有限责任公司	39.01
8	小沙河村及周边地块棚户区攻造和环境整治项目	东至小沙河村界，南至七里渠南村村界，西至城铁昌平线，北至小沙河水库南岸。	北京未来科学城置汇建设有限公司	603
9	城南街道化庄社区棚户区改造和环境整治项目	东至龙水路，南至京离引水渠，西至昌盛路，北至超前路。	北京兴昌高科技发展有限公司	36.16

注：本表项目具体四至范围、占地面积以行政主管部门审批为准，具体户数以实际统计为准，实施主体以区政府授权为准。

大兴区 2020 年棚户区改造和环境整治任务

序号	项目名称	四至范围	实施主体	占地面积（公顷）
合计				400.5
1	南郊农场棚户区改造项目	东至规划纵七路中心线及 104 国道中心线，南至南郊农场用地边界，西至已征用地边界，北至规划横十二路中心线及规划横八路中心线。	北京三元德宏房地产开发有限公司	44.25
2	黄村镇车站北里 1—7 号楼房改带危改项目	东至兴丰大街，南至兴政南街，西至现状居住用地，北至兴政街。	北京佳兴园房地产开发有限公司	1.9
3	西红门镇新建地区棚户区改造土地开发 A 片区项目	东至凉凤灌渠，南至新凤河，西至金盛大街，北至鼎业路。	北京盛世宏华置业有限公司	73.26
4	西红门镇新建地区棚户区改造土地开发 B 片区项目			
5	旧宫镇南街地区棚户区改造 1 片区项目	东至五福堂路，南至五福堂二号路，西至南苑机场，北至镇域边界。	北京宏炬置业有限公司	84.99
6	旧宫镇南街地区棚户区改造 2 片区项目			
7	青云店镇中心镇区棚户区改造土地开发 A 片区项目	东至东店新村西边界，南至 104 国道，西至 104 国道，北至新旱河。	北京青云祥合建设发展有限公司	19 棚 6.11
8	青云店镇中心镇区棚户区改造土地开发 B 片区项目			
9	青云店镇中心镇区棚户区改造土地开发 C 片区项目			
10	青云店镇中心镇区棚户区改造土地开发 D 片区项目			
11	青云店镇中心镇区棚户区改造土地开发 E 片区项目			

注：本表项目具体四至范围、占地面积以行政主管部门审批为准，具体户数以实际统计为准，实施主体以区政府授权为准。

平谷区 2020 年棚户区改造和环境整治任务

序号	项目名称	四至范围	实施主体	占地面积（公顷）
合计				29.4
1	平谷中心城区棚户区改造项目 A 地块（府前街旧城棚户区改造项目（二期））	PGOO－0010－0003 地块：东至西育才胡同红线，南至向阳西二条红线，西至府前街旧城棚户区改造项目（一期）PGOO－0010－0004 地块东边界，北至府前街旧城棚户区改造项目（一期）PGOO－0010－0004 地块南边界。 PGOO－0010－0006 地块：南至福乐东巷红线，东、西、北至府前街旧城棚户区改造项目（一期）PGOO－0010－0009 地块边界。 向阳南街甲 1 号地块：东至向阳南街甲 1 号权属东边界，南至向阳西二条红线，西至府前街旧城棚户区改造项目（一期）PGOO－0010－0009 地块边界，北至府前街旧城棚户区改造项目（一期）PGOO－0010－0009 地块边界。 C 地块（住宅及幼儿园用地）：东至规划文乐东巷东边界，南至文乐胡同道路中心线，西至文乐北巷道路西边界，北至府前街道路南边界。用地包括：PGOO－0005－6032、6033（2 个建设用地地块）和 PGOO－0005－6030（1 个公园绿地及同步实施整理道路用地）。	待定	3.55
2	平谷中心城区棚户区改造项目 B 地块（南大门）	东地块：东至文化南街，南至洵河，西至西高村西路，北至雪花啤酒厂。西地块：东至西高村西路，南至洵河，西至外环西路，北至都丽华府小区。	北京海悦置业有限公司	25.87

注：本表项目具体四至范围、占地面积以行政主管部门审批为准，具体户数以实际统计为准，实施主体以区政府授权为准。

怀柔区 2020 年棚户区改造和环境整治任务

序号	项目名称	四至范围	实施主体	占地面积（公顷）
合计				14.4
1	庙城中学北棚户区改造项目	东至庙城村棚户区改造土地开发项目用地边界，南至规划道路南边线和相邻国有用地边界，西至北京铁路局国有用地边界，北至庙城村棚户区改造土地开发项目用地边界。	北京银地澜湾置业有限责任公司	14.37

注：本表项目具体四至范围、占地面积以行政主管部门审批为准，具体户数以实际统计为准，实施主体以区政府授权为准。

密云区 2020 年棚户区改造和环境整治任务

序号	项目名称	四至范围	实施主体	占地面积（公顷）
		合计		571.8
1	果园街道西大桥棚户区改造项目	东至现状园林路，南至规划恒通路，西至规划东吉路，北至现状加油站、广电局和交通局。	北京翔能置业有限公司（拟定）	26.58
2	长安新村和南菜园新村旧城改建棚户区改造项目	东至旧密顺路，南至蓝河湾居住小区北边界，西至蓝河湾居住小区东边界，北至现状居住小区。	北京绿州博园投资有限公司	11.83
3	十里堡镇王各庄棚户区改造项目	东至规划一路、规划二支路东侧道路红线及规划公园绿地东边界线，南至规划中街南侧道路红线，西至西统路东侧规划道路红线，北至京密路南侧规划道路红线。	北京住总绿都投资开发有限公司	125.22
4	穆家峪镇新农村刘林池棚户区改造项目	东至京承铁路，南至潮河，西至行宫小区及檀营回迁小区，北至站东路。	北京住总绿都投资开发有限公司	337.32
5	中铁十六局集团有限公司路桥公司密云新北路 29 号院棚户区改造项目	东至中央储备粮密云直属库，南至洪福苑小区，西至密云镇大唐庄和李各庄，北至城西北供热公司。	中铁十六局集团有限公司	16.82
6	溪翁庄镇溪翁庄村棚户区改造项目	东至现状水库中学、敬老院，南至现状居住小区，西至云水大街临街商业用地，北至现状居住区。	天同云溪（北京）置业有限公司	54.01

注：本表项目具体四至范围、占地面积以行政主管部门审批为准，具体户数以实际统计为准，实施主体以区政府授权为准。

延庆区 2020 年棚户区改造和环境整治任务

序号	项目名称	四至范围	实施主体	占地面积（公顷）
		合计		216
1	南辛堡、民主村、百眼泉棚户区改造项目	07 地块：东至汇川街，南至知荣街，西至 07 地块规划边界（含世园会围栏区东侧绿地），北至南辛街。09 地块：东至站前北街，南至圣百街，西至汇川街，北至百泉街。	北京建延房地产开发有限公司	69.69
2	小营村、石河营村棚户区改造和环境整治项目	05 街区地块：东至规划香水园路，南至湖北东路，西至东外小区，北至东外大街西段。06 街区地块：东至规划龙顺路，南至湖北东路，西至规划香水园路，北至北京市建雄建筑集团有限公司用地。	中建京北投资发展有限公司	87.7

续表

序号	项目名称	四至范围	实施主体	占地面积（公顷）
3	康庄镇一街村、二街村、三街村棚户区改造和环境整治项目	东至康张路，南至西官路，西至兴隆商业街，北至铁路南侧。	北京城建兴华康庆房地产开发有限公司	52.28
4	南菜园 1－5 巷棚户区改造二期项目（南菜园 1－5 巷东侧地块项目）	东至妫水南街，南至规划妫雪街，西至东雪路，北至规划林带路。	北京兴延置业有限公司	6.36

注：本表项目具体四至范围、占地面积以行政主管部门审批为准，具体户数以实际统计为准，实施主体以区政府授权为准。

上海市城市更新规划土地实施细则

第一章 总则

第一条 （目的）

为实施《上海市城市更新实施办法》（以下简称《办法》），规范本市城市更新活动，建立科学、有序的城市更新实施机制，制定本细则。

第二条 （工作原则）

城市更新应当坚持以下原则：

规划引领，有序推进。落实规划要求，分类引导，依法推进，实现动态、可持续的有机更新。

注重品质，公共优先。坚持以人为本，激发都市活力，提升城市品质和功能，优先保障公共要素，改善人居环境，增强城市魅力。

多方参与，共建共享。搭建实施平台，创新规划土地政策，使多元主体、社会公众、多领域专业人士共同参与，实现多方共赢。

第三条 （工作要求）

为激发都市活力，完善功能配套，促进功能复合，提升城市品质，鼓励、引导物业权利人按照本细则的相关规定，开展建成区的更新建设活动。

城市更新工作应当统筹更新需求，明确更新项目主体，开展更新评估，确定公共要素内容，编制更新实施计划，实行全生命周期管理。

第四条 （分类引导）

针对公共活动中心区、历史风貌地区、轨道交通站点周边地区、老旧住区、产业社区等各类城市功能区域，应根据不同的发展要求与更新目标，因地制宜，分类施策。

（一）公共活动中心区：建设充满活力的各级公共活动中心区，完善商业、文化、商务、休闲等功能，凸显地方特色，提升公共空间品质。

（二）历史风貌地区：重点保护具有一定历史特征与地域特色的历史文化遗产及资源，包括历史文化风貌区、风貌保护街坊、风貌保护道路（街巷）及不可移动文物、保护保留等各类历史建筑、历史建构筑物等，促进地区功能业态的活化再利用，传承和发扬城市文化。

（三）轨道交通站点周边地区：以公共交通为导向，提高土地使用效率，提升功能复合度，优化功能业态配置，强化交通服务。

（四）老旧住区与产业社区：以构建 15 分钟社区生活圈为目标，促进城市功能混合，完善生产、生活的配套服务，提升社区空间的环境质量。

第五条 （城市更新工作领导小组）

城市更新工作领导小组由市政府及相关管理部门组成，负责领导全市城市更新工作，统筹协调相关部门，对全市城市更新工作涉及的重大事项进行决策。城市更新工作领导小组下设办公室，办公室设在市规划和国土资源主管部门。

第六条 （市规划和国土资源主管部门的职责）

市规划和国土资源主管部门应当根据《办法》及本细则的规定，负责城市更新的日常管理工作，包括制定技术规范、管理规程，组织、协调和监督全市的城市更新工作，指导城市更新的实施，开展城市更新政策的宣传工作。

第七条 （区人民政府的职责）

区人民政府应当根据《办法》及本细则的规定，负责本辖区内的城市更新工作，主要职责包括：

（一）根据区域更新要求，统筹各方更新意愿，制定城市更新年度推进计划，明确更新项目，制定各项目更新评估报告和实施计划。

（二）指定相应部门作为专门的组织实施机构，协调推进城市更新项目实施。

（三）定期评估城市更新项目实施情况，督促更新项目依法合规、按计划落实。

第八条 （组织实施机构和相关部门的职责）

组织实施机构受区人民政府委托，组织更新项目主体，推动城市更新项目开展；应协调各方利益、督促更新义务落实。

街道、镇、园区管委会等相关部门应当充分发挥基层主体作用，协同做好公众参与工作；应按照更新要求，承担公共要素的运营管理职责。

第九条 （城市更新项目主体）

城市更新项目主体包括以下情形：

（一）物业权利人，或者经法定程序授权明确的权利主体。

（二）政府指定的具体部门。

（三）其他有利于城市更新项目实施的主体。

第二章　城市更新评估

第十条 （更新评估的工作要求）

组织实施机构应会同区规划土地管理部门，开展城市更新评估（以下简称"更新评估"）。更新评估应根据主城区单元规划、浦东新区和郊区新市镇总体规划、特定政策区单元规划（以下统称"单元规划"），结合更新需求，划定城市更新单元（以下简称"更新单元"），明确公共要素清单，编制意向性建设方案，形成更新评估报告，报区人民政府批准。

第十一条 （更新评估的内容）

更新评估应形成评估报告，主要内容包括：

（一）划定更新单元。应以更新项目所在地块为核心，宜以单元规划确定的近期更新街坊为基础，结合实际更新意愿，选择近期有条件实施建设的范围划为更新单元，一般最小由一个街坊构成。更新单元内的更新项目可按本细则相关规定适用规划土地政策。

（二）开展公共要素评估。根据相关标准，适当扩大到周边区域开展评估；应落实单元规划明确的相关要求，结合公众意愿和地区发展需求，根据实施急迫度、服务半径合理性以及实施可能性，衔接本细则规定的相关规划土地政策，明确更新单元内应落实的公共要素清单。单元规划正在编制的，应根据相关技术标准和要求，统筹考虑规划实施情况、公众意愿、地区发展趋势等，明确更新单元内应落实的公共要素清单。

（三）编制意向性建设方案。针对更新单元，初步确定更新项目主体，协商落实公共要素清单、适用的规划土地政策等，统筹形成意向性建设方案。

第十二条 （公共要素的认定标准）

符合下列情形之一的，可认定为公共要素：

（一）依据单元规划及相关标准确定的公共要素。

（二）根据公众意愿和地区发展需求，需补充的公共要素。

（三）其他经论证且由市级相关主管部门认定需补充的公共要素。

第十三条 （公共要素的设置要求）

公共要素的布局、规模、形态等应满足公共活动的要求，方便周边居民使用。具体设置要求包括：

（一）保证可达性。应邻近公共空间系统、交通枢纽、轨交站点等，并沿城市道路或公共通道布局。公共空间不得设置围墙，保障 24 小时对外开放。公共服务设施应布局在建筑的三层以下。

（二）提供适宜的规模。各类公共要素的规模应符合《上海市控制性详细规划技术准则》要求。

（三）处理好相邻关系。应避开消防通道、建筑入口等，减少相互干扰，确保公共要素的使用品质。

（四）方便使用。注重标识性、人性化、生态性、安全性。公共空间宜由建筑界面围合，周边的公共建筑应设置朝向公共空间的人行出入口。通过建筑底层架空等方式提供公共空间的，底层架空净空高度原则上在 4.5 米左右，不得低于 3 米。

（五）注重设计和建设品质。公共空间内鼓励种植乔木，应结合实施情况，合理确定乔木覆盖率。鼓励设置公共艺术作品或设施，包括城市雕塑、装置艺术、城市家具等，并明确其建设要求。

第十四条 （更新评估阶段的公众参与）

更新评估阶段应当就本地区发展目标、发展需求和民生诉求等广泛征集公众意见。

公众参与的对象应当包括本地居民、街道或镇政府以及利益相关人。应当发挥所在街道（镇）、居委会、业委会、园区管委会的主体作用，充分听取居民、企业意愿。当评估区域的区位重要或实际情况较复杂时，可进一步征询市更新办公室、政府相关部门、人大代表、政协委员及专家学者的意见。

公众参与方式可为问卷调查、访谈、座谈、意见征询会、网上征询等。鼓励广泛探索和使用大数据分析方法，利用网络新媒体开展形式多样的公众参与。

第十五条 （更新评估与控制性详细规划的关系）

涉及控制性详细规划调整的，由区规划和土地管理部门根据更新评估报告明确的规划调整要求，向市规划和国土资源主管部门报送控制性详细规划局部调整申请，并附区人民政府批复的更新评估报告。

不涉及控制性详细规划调整的，应严格履行建设项目规划管理和土地管理相关规定，实施全生命周期管理。

第三章　城市更新实施计划

第十六条　（实施计划的工作要求）

组织实施机构应当会同街道办事处和镇政府、区人民政府相关部门，组织编制城市更新实施计划（以下简称"实施计划"），明确更新项目主体，统筹明确公共要素的配置要求和现有物业权利人的更新需求，报区人民政府批准。

第十七条　（实施计划的编制原则）

实施计划应针对更新项目，落实评估要求，遵循以下原则：

（一）优先保障公共要素。按更新评估报告的要求，落实公共要素类型、规模和布局等。

（二）协调地块相邻关系。应系统安排跨项目的公共通道、连廊、绿化空间等公共要素，重点处理相互衔接关系。

（三）充分尊重现有物业权利人合法权益，落实更新项目管理责任。通过统筹协调现有物业权利人、公共要素接收与管理运营主体、社会公众、利益相关人等的意见，明确各方权利与责任。

第十八条　（实施计划的编制内容）

实施计划的编制应当包括以下内容：

（一）明确更新项目主体和公共要素的产权接收部门。

（二）形成规划建设用地的全生命周期管理清单，明确公共要素类型、规模、布局、产权移交要求、建设实施要求、运营管理要求等。

（三）根据全生命周期管理清单，由更新项目主体出具承诺书，明确其更新义务；由公共要素产权接收主体出具书面意见，明确其对公共要素的运营管理职责。

（四）公众意见等其他需要列入的相关内容。

第十九条　（实施计划阶段的公众参与）

组织实施机构应组织现有物业权利人和政府相关部门进行协商，并就确定的公共要素、规划相邻关系等征询公众意见。意见征询的方式可为座谈会、论证会、网上征询等。

第二十条 （实施计划与控制性详细规划的关系）

涉及控制性详细规划调整的，应同步组织修编、增补或调整控制性详细规划，包括普适图则和附加图则，经批准的实施计划应当作为控制性详细规划编制审批要件一并上报。

已经区人民政府审批的更新评估报告如未涉及控制性详细规划调整，实施计划阶段提出控规调整需求的，必要时应重新开展更新评估。

第二十一条 （更新项目的实施）

市、区规划和土地管理部门按管理权限，依据已批准的控制性详细规划核提更新项目的规划设计要求，并按照实施计划，纳入土地出让合同进行全生命周期管理。

第四章　全生命周期管理

第二十二条 （全生命周期管理的要求）

市、区规划和土地管理部门应当将更新中确定的公共要素建设、实施与运营要求，依据控制性详细规划与城市更新实施计划，落实到土地、建管、房产登记环节，并在规划土地综合验收、综合执法环节进行监管。

市、区规划和土地管理部门会同产业投资、社会服务、公共事业、建设管理等相关管理部门，综合产业功能、区域配套、公共服务等因素，研究确定项目的功能实现、运营管理、物业持有比例、持有年限和节能环保等要求，以及项目开发时序、评估增设的公共服务设施、公共空间等公共要素，纳入土地出让合同进行管理。

第二十三条 （全生命周期管理的内容）

城市更新项目应按照本市有关经营性用地、工业用地全生命周期管理要求，提升城市功能和品质，提高土地利用质量和效益。

（一）明确物业持有要求。规划用途为商业办公用地的，由区政府根据区域情况明确持有要求：一般地区商业物业的持有比例为不低于80%、办公物业为不低于40%，且持有年限不低于10年；近阶段商业办公楼宇供应量较大的区域，商业物业的持有比例提高到100%，办公物业持有比例不低于60%或100%，持有年限不低于10年或长期持有。出让人应将商业、办公物业的持有比例和持有年限载入土地出让合同，并在出让合同约定商业、办公可售部分以层为单元进行销售。

规划用途为营利性教育、科研、医疗卫生、社会福利等社会事业的，现有物业权利人应当持有全部物业产权。

位于区人民政府确定的重要特定区域的城市更新项目，现有物业权利人应当持有全部物业产权。

（二）允许在跨项目的建筑物之间建设用于公共用途的廊道，其建筑面积可不计入容积率。廊道的建设、运营、管理和权属等要求，经现有物业权利人协商一致并经出让人同意后，应纳入出让合同管理。

（三）加强土地使用权转让管理。土地受让人应当按照土地出让合同约定进行开发建设，出让合同对土地使用权人的出资比例、股权结构、实际控制人变化等有约定的，需事先征得出让人同意。

（四）加强与不动产登记工作衔接。不动产登记机构根据土地出让合同约定，将土地出让合同中约定的对土地使用权人处置土地的限制性条款在不动产登记簿中予以注记，注记内容应当符合不动产登记的操作规范。不动产登记机构应当配合土地管理部门做好相关工作衔接。

第五章　规划土地管理政策

第二十四条　（规划政策应用的要求）

城市更新项目涉及控制性详细规划调整的，其各项规划控制指标的确定，应当符合地区发展导向和更新目标，以增加公共要素为前提，适用本细则明确的规划政策，包括用地性质、建筑容量、建筑高度、地块边界等方面。

城市更新项目中，仅涉及经营性用地性质改变或建筑高度调整的，应提供一定比例的公共开放空间或公共服务设施，但符合《上海市控制性详细规划技术准则》规划执行中土地使用性质适用、建筑高度适用的相关规定除外。

第二十五条　（用地性质的改变）

用地性质混合、兼容和转换包括以下情形：

（一）增加公共服务设施的，可按《上海市控制性详细规划技术准则》规定的混合用地引导表，与各类用地兼容或混合设置，鼓励公共服务设施合理混合设置。

（二）非住宅用地原则上不得调整为住宅用地，租赁住房除外。在满足设施配套的前提下，住宅、商业服务业、商务办公，以及符合区域转型要求的工业和仓储物流用地，可以全部或部分转换为租赁住房。

（三）在满足地区规划导向的前提下，商业服务业用地与商务办公用地可以相互转换，住宅用地可以全部或部分转换为商业服务业或商务办公用地。

（四）根据风貌保护要求确认的保护、保留历史建筑，因功能优化再次利用的，其用地性质可依据实际情况通过相应论证程序进行转换。

（五）市政、交通设施用地在满足底线型功能的前提下，需更新再利用的，应符合地区规划导向，优先调整为公益性设施。

第二十六条　（建筑高度调整）

更新街坊规划保留用地内的建筑高度应当符合高度分区以及相邻关系的要求。在城市重点地区的建筑高度调整应结合城市设计确定。有风貌保护、净空控制的地区应当严格执行相关要求。

第二十七条　（用地边界调整）

同一街坊内的地块可以在相关利益人协商一致的前提下进行地块边界调整，包括以下情形：

（一）更新地块与周边的"边角地"、"夹心地"、"插花地"等无法单独使用的土地合并，所引起的地块扩大。

（二）相邻地块合并为一幅地块。

（三）一幅地块拆分为多幅地块。

（四）在保证公共要素的用地面积或建筑面积不减少的前提下，对规划各级公共服务设施、公共绿地和广场用地的位置进行调整。

第二十八条　（建筑容量调整）

（一）地块建筑面积调整和更新单元总量平衡。增加各地块建筑面积必须以增加公共服务设施或公共开放空间为前提，鼓励增加地面公共开放空间，各种情形对应的建筑面积调整一般不超过本规定设定的上限值。各更新单元内部，可在现有物业权利人协商一致后，进行各地块建筑面积转移补偿。

（二）公共服务设施容量调整。规划保留用地内根据评估要求新增公共服务设施的，可在原认定建筑总量的基础上，额外增加相应的公共服务设施建筑面积。

（三）商业商办建筑容量调整。在建设方案可行的前提下，规划保留用地内的商业商办建筑可适度增加面积，增加的商业商办建筑面积按所提供各类公共要素面积的规定倍数计算（详见附件1）。提供的公共要素面积超出相关标准规范要求的，增加的商业商办建筑面积按规定系数予以折减（详见附件2）。能同时提供公共开放空间和公共服务设施的，按上述分类测算方法的叠加值给予建筑面积奖励。

（四）基于风貌保护的容量调整。符合风貌保护需要的更新项目，除规划确定的法定保护保留对象外，经认定为确需保护保留的新增历史建筑，用于公益性功能的，可全部不计入容积率；用于经营性功能的，可部分不计入容积率。不计入容积率的新增保护保留对象，应当优先作为公共性、文化性功能进行保护再利用。

（五）基于风貌保护的容量转移。建筑容量调整因风貌保护需要难以在项目所在地块实施的，在总量平衡的前提下，允许进行容量转移。应优先转移至临近地块或所在单元的其它地块。确有困难的，经论证后可转移至所在区行政区域内其它地块，且优先转移至轨道交通站点周边地区。

第二十九条 （其他规定）

因确有实施困难，在满足消防、安全等要求的前提下，按规定征询相关利益人意见后，经规划土地管理部门同意，部分地块的建筑密度、建筑退界和间距、机动车出入口等可以按不低于现状水平控制。

第三十条 （土地政策的实施机制）

经区人民政府集体决策后，可以采取存量补地价的方式，由现有物业权利人或者现有物业权利人组成的联合体，按照批准的控制性详细规划进行改造更新。

城市更新项目周边的"边角地"、"夹心地"、"插花地"等零星土地，不具备独立开发条件的，可以采取扩大用地的方式结合城市更新项目整体开发。

第三十一条 （土地出让年期）

城市更新项目以拆除重建方式实施的，可以重新设定出让年期；以改建扩建方式实施的，其中不涉及用途改变的，其出让年期与原出让合同保持一致，涉及用途改变的，用途改变部分的出让年期不得超过相应用途国家规定的最高出让年期。

第三十二条 （土地出让价款）

区规划土地管理部门应当委托土地评估机构，经区人民政府集体决策后，按照新土地使用条件下土地使用权市场价格与原土地使用条件下剩余年期土地使用权市场价格的差额，补缴出让价款。

商务办公等经营性用地的市场评估地价，不得低于相同地段同用途的基准地价。

对于按合同无偿提供的公益设施用地，或按合同约定承担公共服务设施、公共开放空间和城市基础设施等无偿移交政府相关部门的用地，符合划拨用地目录的，可以按照划拨用地方式管理。

第三十三条 （存量补地价的土地出让收入管理）

城市更新按照存量补地价方式补缴土地出让金的，市、区政府取得的土地出让收入，在计提国家和本市有关专项资金后，剩余部分由各区统筹安排，用于城市更新和基础设施建设等。

第三十四条 （有关风貌保护项目的更新政策）

风貌保护项目的土地供应支持政策。经认定的历史风貌保护实施项目，所用土地可以按照保护更新模式，采取带方案招拍挂、定向挂牌、存量补地价等差别化土地供应方式，带保护保留建筑出让。

第三十五条 （其他优惠政策）

对纳入城市更新的地块，免征城市基础设施配套费等各种行政事业收费，电力、通信、市政公用事业等企业适当降低经营性收费。

第六章　附则

第三十六条 （施行日期）

本细则自 2017 年 12 月 1 日起施行。

附件：

1. 符合相关标准规范要求时的商业商办建筑额外增加的面积上限
2. 超出相关标准规范要求时的增加倍数的折减系数

附件 1

符合相关标准规范要求时的商业商办建筑额外增加的面积上限

情形	提供公共开放空间（按用地面积，m²）			提供公共服务实施（按建筑面积，m²）	
	能划示独立用地用于公共开放空间，且用地产权移交政府的	能划示独立用地用于公共开放空间对外开放的，但产权不能移交政府的	不能划示独立用地但可用于公共开放空间 24 小时对外开放，产权不能移交政府的（如底层架空、公共连廊等）	能提供公共服务设施，且房产权能移交政府的	能提供公共服务设施，但房产权不能移交政府的
倍数	2.0	1.0	0.8	1.0	0.5

注：①以上倍数为外环线内，外环外相对应的商业商办建筑额外增加倍数的折减系数为 0.8。②提供地下公共服务设施的，增加倍数的折减系数为 0.8。③更新地块内现状包含公共空间但未向公众开放的（如设有围墙等），如经更新后向公众开放，按照提供不能划示独立用地的公共开放空间的奖励面积倍数执行。④提供存在邻避影响的公共服务设施，经论证奖励面积倍数可适度提高。

附件 2

超出相关标准规范要求时的增加倍数的折减系数

	超出数额	增加倍数的折减系数
公共开放空间	小于或等于相关标准规范要求 50% 的部分	0.8
	大于相关标准规范要求 50% 的部分	0
公共服务设施	小于或等于相关标准规范要求 30% 的部分	0.5
	大于相关标准规范要求 30% 的部分	0

上海市旧住房拆除重建项目实施管理办法

第一条 （制定目的）

为进一步推进留改拆并举，深化城市有机更新，规范拆除重建改造，加快改善市民的居住条件和质量，制定本办法。

第二条 （适用范围）

本办法适用于本市以拆除重建方式实施的旧住房改造项目（以下简称"拆除重建项目"）及管理。

本办法所称的拆除重建是指经管理部门认定，对建筑结构差、年久失修、存在安全隐患、无修缮价值，主要建设于上世纪五十至七十年代左右的不成套公有工房，采取拆除重建并就地安置原住户的旧住房改造行为。

本市依法确定的各类保留保护建筑及其保护范围、建设控制范围内建筑的改造，按照相关法规执行。

第三条 （改造原则）

拆除重建项目实施应当遵循"规划引领、因地制宜、政府扶持、居民自愿"的原则。

第四条 （管理机构）

上海市房屋管理局（以下简称"市房管局"）是本市拆除重建项目实施的管理部门。各区住房保障房屋管理部门（以下简称"区房管局"）负责本辖区内拆除重建项目实施的具体管理。

上海市规划和国土资源管理局（以下简称"市规土局"）是本市拆除重建项目规划土地管理的主管部门。各区规划土地管理部门（以下简称"区规土局"）负责本辖区内拆除重建项目实施的规划土地具体管理。

各区人民政府负责本行政区域范围内拆除重建项目的具体组织实施。

第五条 （认定条件）

拆除重建项目应当符合下列条件：

（一）符合城市规划以及所在区域经济、社会发展要求；

（二）建筑结构差、年久失修、建设于上世纪五十至七十年代左右的以不成套公有工房为主，或被房屋安全专业检测单位鉴定为危房或局部危险房屋、无修缮保留价值的；

（三）经项目范围内专有部分占建筑物总面积三分之二以上、且占总人数三分之二以上的公有住房承租人和业主同意的（意见征询方式由区人民政府确定）；

（四）项目所在地区人民政府同意，确需实施拆除重建改造的。

第六条 （计划立项）

区房管局会同区相关部门结合各区实际情况，按照本办法第五条规定，制定本辖区内的拆除重建项目实施计划，经区人民政府批准同意后，报市房管局。市房管局征询市规土局、市财政局意见后，列入全市旧住房改造拆除重建项目计划。

第七条 （建设单位确定）

公房产权单位或委托管理人为拆除重建项目的建设单位。

对于公房产权不明晰的项目，由区房管局报区人民政府批准，选择区属国有公司作为拆除重建项目的建设单位。

第八条 （编制设计方案和改造实施方案）

建设单位应向区规土局申请核提拆除重建项目的规划条件，并按照规划条件和消防、环保、民防等其他相关技术标准，委托专业设计单位进行拆除重建项目的方案设计。

建设单位依据设计方案编制拆除重建项目的改造实施方案。实施方案应当包括改造范围、主要改造内容、改造资金筹措方式、改造安置方式和方法、协议签约的生效、工程周期等内容。

第九条 （规划土地审批）

建设单位应当将拆除重建项目建设工程设计方案报区规土局审定。区规土局审核建设工程设计方案，其方案公示由建设单位在意见征询时一并进行。

经认定公有住房与周围非公有房屋需合并拆除重建的，非公有房屋土地需按有关规定收回土地后供应给建设单位。建设单位应按本市保障性住房相关供地政策办理用地手续，供地价格经评估后集体决策确定并不低于基准地价。经认定实施合并拆除重建的，应当按照规划土地管理部门核定的规划条件统一规划设计布局后进行建设。

第十条 （方案公示和意见征询）

建设单位应当将经区规土局批准的拆除重建项目设计方案和实施方案在改造项目范围

内向公房承租人和业主公示，征询相关意见。

第十一条 （签订协议）

建设单位与公房承租人和业主签订改造协议，取得改造项目范围内不低于90%（具体比例由区人民政府确定）的公房承租人和业主同意后，协议正式生效。

第十二条 （其他审批）

改造协议生效后，建设单位方可办理建设工程规划许可证等审批手续。

其它审批按照国家和本市建筑工程基本建设程序有关规定执行。

第十三条 （不动产登记）

拆除重建项目的不动产登记应按国家和本市关于不动产登记的相关规定要求执行。

第十四条 （规划设计要求）

拆除重建项目的规划设计应当按照规划导向，明确地区功能优化、公共设施和道路交通完善、居住品质提升、小区环境改善、基础设施完善的目标和要求。

第十五条 （规划技术规定）

拆除重建项目相关建筑间距、建筑退让等技术规定，应当符合《上海市城市规划管理技术规定》的相关技术规定标准。

第十六条 （建筑设计要求）拆除重建项目改造，不得减少原住户房屋的居住面积，并结合改造解决建筑使用功能完善问题。新增部分的住宅，根据其使用功能，其设计标准参照本市保障性住房有关设计要求执行。

拆除重建项目鼓励户型设计创新，鼓励按照"节能、节地、节水、节材、环保"的要求，推广应用新型和可再生材料。

第十七条 （扶持政策）

拆除重建项目纳入本市保障性安居工程并适用相关扶持政策。

通过拆除重建的增量房屋，除用于安置回搬住户外，各区仅限于以政府回购方式用于各类保障性用房使用。

第十八条 （资金来源）

拆除重建项目的改造资金实行多元筹资，通过市、区财政补贴资金、公有住房出售后的净归集资金、政府回购增量房屋的收益、居民出资部分改造费用等来解决改造资金。

第十九条 （租金调整）

拆除重建后的成套公有住房，公房承租人应当按照独用成套公房租金标准支付租金。

第二十条 （施行日期）

本办法自2018年2月11日起施行。

广州市城市更新基础数据调查和管理办法

第一章 总则

第一条 为规范我市城市更新基础数据调查、管理和利用，促进数据资源共享，依据《广州市城市更新办法》和《广州市旧村庄更新实施办法》、《广州市旧厂房更新实施办法》、《广州市旧城镇更新实施办法》，制定本办法。

第二条 广州市城市更新基础数据调查和管理工作适用本办法。

第三条 市城市更新工作领导小组负责审议城市更新基础数据调查和管理的重大事项。

市城市更新部门是城市更新基础数据调查和管理工作的主管部门。负责拟订城市更新基础数据调查与管理政策，制订城市更新基础数据调查技术规范和操作规程，组织编制市级城市更新基础数据调查计划和资金使用计划，实施基础数据普查和基础数据核查，负责全市城市更新基础数据库的建设和管理，协调市级职能部门共享基础数据，指导、协调和监督各区城市更新基础数据调查工作。

区政府是辖区内城市更新片区策划和实施项目基础数据调查工作的责任主体。负责统筹辖区内城市更新片区策划和实施项目基础数据调查工作，协助市城市更新部门开展基础数据普查和基础数据核查的入户调查，组织对实施项目基础数据调查成果进行综合确认，维护辖区内城市更新基础数据调查活动正常的社会秩序，督促街镇、社区居委会、村委等基层组织参与城市更新基础数据调查工作。

区城市更新部门负责辖区内城市更新片区策划和实施项目基础数据调查计划和资金使用计划的申报；指导或组织片区策划和实施项目基础数据调查具体实施工作，并向市城市更新部门报送片区策划和实施项目基础数据调查成果；负责辖区内城市更新基础数据调查工作的指导和宣传。

公安、商务、规划和自然资源、住房和城乡建设、文化、林业和园林、城市管理等职能部门负责按照城市更新基础数据调查工作需要，提供各自职责范围内的共享数据。

第四条 本办法所称基础数据是指城市更新范围的土地、房屋、人口、经济、产业、文化遗存、古树名木、公建配套及市政设施等现状基础数据。

第五条 城市更新基础数据调查按照类型分为基础数据普查、片区策划基础数据调查、实施项目基础数据调查和基础数据核查。

第六条 城市更新基础数据调查涉及测绘工作的，调查单位应具备测绘资质。

第七条 城市更新基础数据调查应按国家、省、市有关部门制定的统一数据标准和技术规范实施。

鼓励基础数据调查技术的创新和改进，采用先进的技术和设备，提高基础数据调查水平。

第二章　调查内容和方式

第八条 城市更新基础数据通过政府职能部门之间提供共享数据与外业调查和测绘相结合方式获取。

人口数据由所辖街道派出所或村社提供共享；经济、产业由商务、统计部门或村社提供共享；公建配套及市政设施等基础数据，由所辖街道、村社或相应主管部门提供共享；文化遗存等基础数据，由街道、村社或文化主管部门提供共享；"三旧"改造标图建库数据，由城市更新部门提供共享；土地利用现状、土地利用总体规划、土地权属、土地勘测定界、完善历史用地手续、留用地指标、基本农田保护、城市总体规划、国土空间规划等数据，由规划和自然资源部门提供共享；房屋基本状况、房屋权利状况以及其他状况等房屋登记数据，由规划和自然资源、住房和城乡建设部门提供共享；城市更新基础数据调查需要的基础测绘成果由规划和自然资源部门提供共享。

共享数据由市城市更新部门统一接收和管理。数据提供部门应当保证数据的时效性、真实性、合法性。

不能通过共享方式获取的数据，通过外业调查和测绘方式获取。调查实施单位负责开展各类共享数据的处理和统计，负责开展外业调查和测绘。

第九条 基础数据普查、片区策划基础数据调查、片区策划和实施项目基础数据核查以及城市更新数据中心建设和管理等所需经费纳入市城市更新部门预算，由市财政统筹安排。

实施项目基础数据调查经费由各区政府统筹解决。

第十条 基础数据调查经费测算按照国家有关测绘与城市规划现状调研工作成本定额核算标准执行。

基础数据核查经费标准根据核查的工作量按照基础数据调查经费的30%计算。

第三章 基础数据普查

第十一条 基础数据普查是在共享数据的基础上，通过数据挖掘、现场调查、测绘，采集城市更新基础数据，满足城市更新工作对基础数据的需求。

第十二条 市城市更新部门根据城市更新工作计划制订每年基础数据普查计划。已开展基础数据普查的区域纳入片区策划年度计划的，对位于基础数据普查计划内的片区策划用地范围，基础数据普查成果应满足编制片区策划方案的要求。

第十三条 市城市更新部门负责对基础数据普查成果验收，验收合格纳入城市更新数据库统一管理和使用。

第十四条 市城市更新部门应当定期组织对基础数据普查成果更新和维护。已入库的基础数据普查成果应当至少3年更新一次，更新内容为基础数据普查相关要素。对经济建设、社会发展和城乡规划建设及重大工程急需的基础数据普查成果应及时进行修测和更新。

第四章 片区策划基础数据调查

第十五条 未开展城市更新基础数据普查的区域需编制片区策划方案的，应进行片区策划基础数据调查。

第十六条 片区策划基础数据调查范围由区政府商市城市更新部门确定。

第十七条 片区策划基础数据调查房屋类数据，结合数据共享情况，通过房屋调查和测绘获取。在满足片区策划方案编制阶段对房屋类数据深度要求的情况下，可以采用户外房产测绘方式获取数据。

第十八条 由区政府委托开展的片区策划基础数据调查成果完成后，由区政府报市城市更新部门开展数据核查，核查办法参照第六章。

第五章　实施项目基础数据调查

第十九条 实施项目基础数据调查是以共享数据、普查数据、片区策划基础数据为基础，调查项目范围内土地、房屋、人口、经济、产业、文化遗存、公建配套及市政设施等现状基础数据，满足编制项目实施方案的要求。

第二十条 实施项目基础数据调查范围由区政府确定，应能覆盖城市更新项目改造范围。

第二十一条 实施项目人口与房屋类数据，结合数据共享，通过入户调查和入户房产测绘获取。

本办法所称入户调查的调查内容包括调查"一户一宅"、"一户多宅"等情况。"一户"的核定标准按照《广州市人民政府办公厅关于加强村庄规划建设管理的实施意见》（穗府办〔2015〕20号）第十六条规定执行。

第二十二条 实施项目基础数据调查成果完成后，由项目所在地区政府组织规划和自然资源、住房和城乡建设、文化、林业和园林、城管及属地镇、街道等部门开展综合确认。

区政府将综合确认的数据在改造项目所在地和区城市更新部门官网公示15日以上。公示期间对数据有异议的，数据调查部门应予以答复，确有错误的，应当更正。数据公示后，由区政府报市城市更新部门开展数据核查。

本办法所称综合确认是指相关职能部门以其掌握的基础业务数据为基础，对调查数据的合法性和准确性出具相关证明文件或意见后，由区政府在职能部门确认的数据基础上实施的一种认可行为。

第六章　基础数据核查

第二十三条　基础数据核查是利用抽查方式对基础数据调查成果进行监督和检查，确保调查数据真实。涉及测绘成果的，按照国家测绘成果质量检查与验收规定开展核查。

第二十四条　市城市更新部门委托开展核查工作。核查单位应当在接收数据之日起 30 日内完成核查，并出具核查结论。遇雷雨天气、部门配合等原因导致核查未能按期完成的，核查时间可延长 15 日。

数据成果核查合格的复函作为片区策划或实施项目基础数据调查成果验收的依据。

经核查合格的数据成果方可作为编制项目实施方案的依据。

第二十五条　基础数据调查成果核查要求如下：

（一）实施项目基础数据通过区政府组织综合确认和公示，公示期无异议；

（二）数据及文档资料齐全；

（三）数据符合统一的技术规范和数据标准；

（四）数据一致性 100% 核查，不合格的予以修正；数学精度按照国家测绘成果质量检查标准要求复测，不合格的予以更正；房屋调查和房产测绘抽查比例不少于 30%，抽查结果与上报核查的成果相较，误差比例小于或等于 5% 的，认定合格；误差比例大于 5% 的，应予以修正。

第七章　数据汇交及管理

第二十六条　片区策划和实施项目基础数据调查成果经核查合格后 30 日内向市城市更新部门汇交。

第二十七条　汇交成果应包括以下内容：

（一）数据汇交清单及说明；

（二）最终成果数据；

（三）数据调查批复文件、技术文档、验收报告等。

第二十八条 市城市更新部门将城市更新基础数据普查和汇交的基础数据调查成果纳入城市更新基础数据库进行集中管理。

（一）建立全市城市更新基础数据管理平台，及时处理、整合基础数据，实现数据统一管理利用。

（二）建立数据接收入库、共享利用和更新维护等管理机制，及时对数据库数据进行更新，保证数据的现势性。

（三）配置符合国家保密、安全管理有关规定的数据存储、管理利用等软硬件环境，确保数据安全。

第二十九条 市城市更新基础数据库由市城市更新部门统一管理，提供利用。

市城市更新基础数据库的数据是编制和审核片区策划和实施项目方案的依据。

第三十条 市城市更新部门建立政府部门城市更新基础数据调查成果共享机制，定期公布、更新数据共享目录，促进数据资源共享利用。

第三十一条 城市更新部门除按政府信息公开规定主动公开数据外，应按以下方式提供数据服务：

（一）政府部门申请内部使用和基于公共利益所需数据，应当无偿提供使用。

（二）涉密数据的利用与服务，按照国家关于涉密成果有关规定执行。

第八章　法律责任

第三十二条 行政机关及其工作人员在城市更新基础数据调查、监督、管理及配合数据调查等工作中，因滥用职权、徇私舞弊、玩忽职守等导致基础数据出现重大错误或者违反保密规定，泄露数据的，对直接负责的主管人员和其他直接责任人员依法给予处分；涉嫌犯罪的，依法移交司法机关处理。

第九章　附则

第三十三条　城市更新基础数据普查计划应优先考虑纳入市城市更新年度项目与资金计划的片区策划范围，避免基础数据调查工作的重复开展。

第三十四条　城市更新基础数据普查、片区策划基础数据调查、实施项目基础数据调查技术标准由市城市更新部门另行制定。

第三十五条　本办法自印发之日起施行，有效期五年。《广州市城市更新基础数据调查和管理办法》（穗更新规字〔2016〕3号）同时废止。

广州市住房和城乡建设局

2020年3月2日

广州市深入推进城市更新工作实施细则

为贯彻落实《广东省国土资源厅关于印发深入推进"三旧"改造工作实施意见的通知》（粤国土资规字〔2018〕3 号），加快推进城市更新工作，结合我市实际，制定本实施细则。

一、坚持规划统领，有序推进城市更新

（一）国土空间规划要强化城市发展战略引领，按照"多规合一"和全市"一盘棋"的要求，统筹生产、生活、生态空间布局，落实城市更新等重点工作，优先保障重大项目用地需求；城市更新建设规划、行动计划要依据国土空间规划，合理划定城市更新重点区域范围，积极引领成片连片更新改造，指导城市更新项目有序推进。

二、动态调整"三旧"改造地块数据库

（二）"三旧"改造标图建库实行动态调整，每季度调整一次，政府重点项目可实时申请调整。市住房城乡建设局于每年 12 月底前报省自然资源厅备案。纳入"三旧"改造

标图建库和办理完善历史用地手续的用地时间为 2009 年 12 月 31 日前。数据申报统一使用 2000 国家大地坐标系，各有关部门配合做好基础资料共享。

三、推进旧村全面改造

（三）旧村全面改造项目因用地和规划条件限制无法实现资金平衡的，区政府（广州空港经济区管委会）可采用征收等方式整合本村权属范围内符合城市总体规划和土地利用总体规划的其他用地作为安置和公益设施用地，采用协议或划拨方式纳入旧村改造一并实施建设，也可通过政府补助、异地安置、异地容积率补偿等方式在全区统筹平衡；市重点项目可在全市统筹平衡。

（四）优化改造成本核算。旧村全面改造涉及的土壤环境调查评估及处理、地价评估、土地勘测定界、审批时测算的土地出让金（采用自主改造、合作改造模式的）、拆迁奖励（从不可预见费中单列）等实际发生的费用增加纳入改造成本。拆迁奖励原则上不得超过改造成本的 3%。

具体项目的改造成本核算由区政府（广州空港经济区管委会）研究确定。改造成本中属于动态调整的项目，由市住房城乡建设局按年度动态调整。

（五）鼓励旧村改造采用先收购房屋后回购的方式实施补偿。对采用政府征收方式改造的，可由征收主体按照市场评估价收购村民既有合法房屋（含符合"三旧"改造补偿政策的房屋），本村村民（户籍人口）按照人均建筑面积 50 平方米的标准、建安成本回购住房；在规定时间内完成签约的，可按本村村民（户籍人口）人均建筑面积不高于 25 平方米给予回购住房奖励。村集体物业由村民按照股份分享。收购价由区政府（广州空港经济区管委会）结合实际情况研究后确定。

（六）对采用自主改造、与有关单位合作改造的旧村，可由村集体经济组织或由其成立的全资子公司、村集体经济组织与公开选择的市场主体成立的合作公司或者村集体经济组织与公开选择的合作主体约定作为开发建设单位的一方作为改造主体，参照本细则第（五）条的规定实施收购补偿。收购价由改造主体委托第三方机构评估，报区政府（广州空港经济区管委会）研究后确定。村集体经济组织需按规定将改造范围内的集体建设用地全部申请转为国有建设用地。

（七）旧村全面改造项目中的复建安置房可纳入棚户区改造计划，免征城市基础设施配套费等行政事业性收费和政府性基金。

（八）规范旧村全面改造引入合作企业招商工作。经区城市更新部门审查符合政策的，由村集体经济组织通过广州公共资源交易平台或区"三资"平台招商，确定合作企业。

四、加大国有土地上旧厂改造收益支持

（九）原土地权利人申请自行改造的"三旧"用地，以协议出让方式供地的，按办理土地有偿使用手续时新规划用途市场评估价的70%缴交土地出让金。"工改工"项目无需缴交土地出让金，但M0用地（新型产业用地）除外。

（十）科研、教育、医疗、体育机构利用自有土地进行城市更新改造的，按《广州市人民政府关于提升城市更新水平促进节约集约用地的实施意见》（穗府规〔2017〕6号）第（七）条的规定缴交土地出让金。

（十一）"三旧"用地发展新型产业（即M0用地），按照市M0用地的相关规定执行。

（十二）旧厂改造交由政府收回，改为居住或商业服务业设施等经营性用地的，居住用地毛容积率2.0以下（含）、商业服务业设施用地毛容积率2.5以下（含）部分，可按不高于公开出让成交价或新规划用途市场评估价的60%计算补偿款。居住用地毛容积率2.0以上、商业服务业设施用地毛容积率2.5以上部分，按该部分的公开出让成交价或新规划用途市场评估价的10%计算补偿款。

（十三）除本细则第（十二）条规定情形外，旧厂原土地权利人申请由政府收回整宗土地的，可按同地段毛容积率2.5商业用途市场评估价的50%计算补偿款。原土地权利人与土地储备机构签订收地协议后12个月内完成交地的，可按上述商业用途市场评估价的10%给予奖励。

（十四）市场评估价的有效期按《城镇土地估价规程》的规定执行。补偿款支付方式由土地储备机构与原土地权利人自行协商。原土地权利人选择公开出让后分成的，原则上预付补偿款不超过新规划用途基准地价的60%。

（十五）"三旧"自行改造属于经营性项目的（"工改工"除外），原土地权利人应将不低于该项目用地面积的15%用于城市基础设施、公共服务设施或其他公益性设施建设，改造主体建成后无偿移交政府指定的接收部门；涉及市政道路的，经区政府（广州空港经济区管委会）同意，可由改造主体拆平后无偿移交政府。移交的用地不需缴交土地出让金。

根据控制性详细规划，前款公益性用地面积不足 15% 的（含改造地块面积较小，无法提供有效的公益性用地的），将不足部分用地按政府批准的控制性详细规划容积率（整宗用地平均毛容积率）计算建筑面积，按办理土地有偿使用手续时整宗用地国有土地上房屋市场评估均价（不含土地出让金）折算土地价款，纳入应缴交的土地出让金范围上缴财政。

（十六）"工改工"自行改造项目，原土地权利人应按照控制性详细规划将涉及的公益性用地用于城市基础设施、公共服务设施或其他公益性设施建设，改造主体建成后无偿移交政府指定的接收部门；涉及市政道路的，经区政府（广州空港经济区管委会）同意，可由改造主体拆平后无偿移交政府。移交的用地不需缴交土地出让金。

五、推进成片连片改造

（十七）旧城连片改造项目，经改造范围内 90% 以上住户（或权属人）表决同意，在确定开发建设条件的前提下，由政府（广州空港经济区管委会）作为征收主体，将拆迁工作及拟改造土地的使用权一并通过招标等方式确定改造主体（土地使用权人），待完成拆迁补偿后，与改造主体签订土地使用权出让合同。

（十八）成片连片改造范围内未能纳入标图建库的建设用地及现状建筑，可结合城市更新（"三旧"）政策进行合理补偿。涉及的农用地和未利用地按相关规定办理。

（十九）成片连片改造项目可按照"价值相等、自愿互利、凭证置换"的原则进行土地置换，包括集体建设用地与集体建设用地之间、国有建设用地与国有建设用地之间的土地置换。

六、推进城市更新微改造

（二十）城市更新改造应结合城市发展战略规划，多采用微改造方式，突出地方特色，注重文化传承、根脉延续，注重人居环境改善，精细化推进城市更新。旧村微改造应注重历史文化和自然生态保护，提升人居环境，促进城乡融合发展。旧城镇微改造应注重消除居住安全隐患，完善生活设施，实现老城区品质和功能提升；对历史文化街区和优秀历史文化建筑，严格按照"修旧如旧、建新如故"的原则进行保护性整治更新。旧厂微改造应注重产业转型升级、土地节约集约利用，充分调动土地权利人的积极性，鼓励金融、文化教育、养老、体育等现代产业及总部经济发展，推动产业高端化发展。

七、加大城市更新项目支持力度

（二十一）推动事权下放，将符合控制性详细规划的城市更新片区策划方案、更新项目实施方案的审定权按程序委托各区政府（广州空港经济区管委会）实施。

将一江两岸三带，重点城市主干道两侧，重点功能区，54 平方公里旧城区，重要生态管控区，历史文化街区，名村，名镇，不可移动文物周边等重点区域范围外的更新项目涉及控制性详细规划调整的审批权依法按程序委托各区政府实施。黄埔区、南沙区、增城区、广州空港经济区按已经市政府下放或委托权限的有关规定办理。

（二十二）村民改造意愿强烈且符合全面改造条件的旧村，已完成微改造的，也可申请全面改造。

（二十三）国有企业利用自有存量用地建设租赁住房，按城市更新（"三旧"）政策可协议出让的，土地出让金的缴交按本细则第（九）条的规定办理。涉及移交公益性用地的，按本细则第（十五）条的规定办理。

（二十四）村集体经济组织可利用集体建设用地（含村经济发展留用地）、复建集体物业用地建设租赁住房。

（二十五）城市更新项目涉及缴交土地出让金可分期缴纳，首次缴交比例不低于30%，余款 1 年内缴清。

八、加快完善历史用地手续

（二十六）加快推进"工改工"和"工改商"等完善历史用地征收手续工作。原以划拨方式取得的和完善历史用地征收手续后的"工改工"用地，涉及以协议出让方式供应的，按办理土地有偿使用手续时同地段工业用途市场评估价的40%缴交土地出让金，"工改商"等用地按本细则第（九）条的规定缴交土地出让金。涉及移交公益性用地的，按本细则第（十五）、（十六）条的规定办理。

完善历史用地征收手续后的"工改商品住宅"或"工改其他公共设施"等用地（旧村改造的除外），由政府按国有土地上旧厂改造政策收储。

（二十七）已批准完善历史用地征收手续的用地，凭改造方案批复申办规划、国土等后续报建审批手续，参照本市申请使用建设用地政策的规定办理。

已批准完善集体建设用地手续的用地，在改造前需按规定抵扣或预支村经济发展留用地指标，纳入旧村全面改造的除外。

九、其他

（二十八）本细则自印发之日起施行，有效期5年。城市更新项目实施方案在本细则印发前已通过市城市更新工作领导小组或原市"三旧"改造领导小组等审议且仍在有效期内的，按实施方案批准时的政策执行；已过有效期的，按程序重新报批。

广州市人民政府办公厅

2019 年 4 月 18 日

深圳市拆除重建类城市更新单元规划审批规定

第一章　总则

第一条　为进一步规范拆除重建类城市更新单元规划（以下简称"更新单元规划"）审批工作，提高行政效率，依据《深圳市城市更新办法》、《深圳市城市更新办法实施细则》（以下简称《实施细则》）等规定，结合工作实际，制定本规定。

第二条　本规定适用于我市更新单元规划制定和修改的审批工作。

本规定所称更新单元规划制定是指首次编制更新单元规划的情形。更新单元规划修改是指修改已批更新单元规划的情形。更新单元规划修改包括对强制性内容的修改与非强制性内容的修改。

第三条　市城市更新和土地整备局负责组织、协调、指导全市更新单元规划审批工作，拟定更新单元规划审批管理政策，组织编制相关技术规则、标准，制定管理规范。

各区政府（含新区管理机构，下同）负责更新单元规划制定与修改的审议报批或者审批。

各区城市更新职能部门负责更新单元规划制定与修改的审查和报批，包括规划初审、规划草案公示及意见处理、规划公告、规划成果归档等相关工作，并做好相关政策解读与宣讲、规划数据统计及信访维稳等工作。

第四条 城市更新单元规划审批坚持全市统一政策、统一标准、统一流程、统一时限的原则，各区不得随意增设或调整相关规程。

第二章 更新单元规划制定

第五条 更新单元规划制定由城市更新单元计划（以下简称"更新计划"）申报主体负责申报。

第六条 更新单元规划制定的申报材料应包含以下内容：

（一）《深圳市城市更新单元规划申报表》（详见本规定附件），需同时提供纸质和电子文件；

（二）申报主体的身份证明材料；

（三）更新单元规划草案，需同时提供纸质和电子文件，并加盖规划编制单位公章。规划草案各阶段文件形式需符合《深圳市拆除重建类城市更新单元规划编制技术规定》（以下简称《编制技术规定》）要求。提供的纸质图纸图幅不小于 A3，比例尺不低于 1∶1000；电子文件应提供 JPG 和 DWG 两种格式文件，以及由城市更新单元规划标准化报批工具打包生成的电子成果（mdb 文件）；

（四）土地信息核查意见的复函；

（五）城市更新单元规划设计合同；

（六）规划编制单位资质证明材料；

（七）非初次申报的应提交原审查单位核发的更新单元规划审查意见；

（八）产业升级项目位于高新区内的，应提交市高新区主管部门的产业专项规划批复或产业意见；位于其他区域的，应提交区产业主管部门出具的产业意见；

（九）按照规定需要进行社会稳定风险评估工作的，应按照《关于对城市更新项目进行社会稳定风险评估工作的通知》（深维稳办通〔2013〕8 号）及相关管理规定，提交社会稳定风险评估报告；

（十）需要提交的其他相关材料。

前款规定的所有书面材料均应加盖申报主体公章（印章）。电子文件应以光盘形式提供。

第七条 更新单元规划制定应符合以下要求：

（一）符合更新计划有关要求，且更新计划在有效期内；

（二）符合国土空间规划的强制性内容，符合基本生态控制线、水源保护区、黄线、紫线、蓝线、轨道保护区、航空管制区、海岸带、高压走廊、微波通道、文物、历史建筑和历史风貌区等区域的控制要求；

（三）衔接落实法定图则和已生效专项规划关于用地性质、市政交通、公共配套、城市设计等方面的控制要求；

（四）符合《深圳市城市规划标准与准则》（以下简称《深标》）、《深圳市建筑设计规则》、《编制技术规定》等国家、省、市相关技术规范要求，以及符合《深圳市拆除重建类城市更新单元容积率审查规定》（以下简称《容积率审查规定》）等城市更新政策要求；

（五）对于邻近城市重大危险设施的城市更新单元，应当在城市更新项目审批中落实相关安全规范要求，并由区城市更新职能部门征求安全主管部门意见；

（六）需要进行历史用地处置的，应在更新单元规划申报时或申报前申请按照《深圳市拆除重建类城市更新单元土地信息核查及历史用地处置规定》进行处置；

（七）因规划统筹需要进行土地清退、用地腾挪、零星用地划入、外部公共设施用地移交等情形的，应划定更新单元范围，同时符合《编制技术规定》和相关规定要求。外部移交公共设施用地不参与用地腾挪。

第八条 拆除范围内实际移交用地按以下原则依次确定功能及用地面积：

（一）落实计划公告确定的公共利益用地。确需功能调整的，应结合规划主管部门意见研究确定，并同步调整更新计划；

（二）落实拆除范围内法定图则或其他法定规划确定的公共利益用地；

（三）落实拆除范围内国土空间规划确定的公共利益用地；

（四）依据规划建筑增量确需增配的城市基础设施、公共服务设施及其它公共利益项目；对于自身无新增需求的更新单元，鼓励配建学校、医院、养老设施等公共利益项目；

（五）在具备经济可行性的前提下，可视情况安排拆除范围周边已规划但难以实施的公共利益项目；

（六）在落实上述公共利益项目用地后，如按法定图则规划为住宅、工业、商业、办公等用途的，其指标应在更新单元规划中一并明确，该部分用地的规划容积按照《深标》予以单独测算，且不计入该城市更新单元开发建设用地的转移容积及奖励容积。

依据前款（一）至（四）项规定，拆除范围内实际移交用地面积大于拆除用地面积的50%时，在城市基础设施和公共服务设施满足《深标》要求且不影响使用功能的前提下，实际移交用地面积可适当酌减，但不得低于拆除用地面积的50%。

城市更新单元范围内的国有未出让用地均实施无偿清退，市政府另有规定的从其规定。清退的国有未出让用地原则上按照法定图则规划功能移交政府，但在拆除范围内用地（不含清退用地）已落实法定图则及相关专项规划配套责任，并满足自身配套需求的前提下，清退的国有未出让用地可通过规划统筹，与更新项目的移交用地进行整合，进一步扩大教育、医疗等独立占地的公共配套设施规模。城市更新单元范围内，拆除范围外的外部移交用地的面积按照计划公告确定，按照法定图则规划功能移交政府。

第九条 更新单元规划制定具备以下情形之一的，由区政府负责审批：

（一）符合已批准法定图则强制性内容的；

（二）不改变法定图则确定的用地性质和配套设施内容且公共利益用地面积不减少，单元规划容积符合法定图则规定或者仅额外增加产权移交政府或政府指定部门的公共配套设施面积，对以下情形作适当调整的：

1、因规划统筹原因优化用地布局，微调公共绿地及配套设施用地边界，调整地块容积率；

2、按照《深标》或各类经批准的专项规划要求，增加公共绿地、公共配套设施的用地面积或建筑规模；

3、道路方案主体线型、规模和功能与法定图则基本相符，仅对部分路口、横断面和交通节点进行微调或增加支路，拓宽支路红线宽度；

4、在符合《深标》要求且有效使用面积不减少的前提下，将独立占地的垃圾转运站、公交首末站、公共停车场、文体活动场地、影剧院、菜市场及其他社区级公共配套设施改为附属建设；

5、因《深标》配套设施面积标准修订而减少法定图则确定的配套设施占地面积。

除前款规定之外的情形，由市城市规划委员会建筑与环境艺术委员会（以下简称"建环委"）审批。市政府另有规定的从其规定。

第十条 区城市更新职能部门在受理更新单元规划制定申报材料后5个工作日内对申报材料进行初审，材料形式、规划内容和深度不符合相关要求的，书面答复申请人并说明理由；符合要求的，区城市更新职能部门应在受理之日起25个工作日内按照有关规定完成审查。

区城市更新职能部门应在受理之日起5个工作日内就申报材料征求相关部门意见，征求意见部门原则上不超过5个，各部门应在5个工作日内依据职能向主管部门反馈书面意见。经审查，如涉及更新单元规划草案的重大修改或涉及信访维稳问题需要进行处理的，区城市更新职能部门可函复申报主体修改规划草案或按照相关规定进行社会稳定风险评估工作。

由区政府审批的更新单元规划制定，区城市更新职能部门审查通过后应在项目现场、机构办公场所和网站进行公示，公示的时间和地点应在深圳特区报或深圳商报上公布。草案公示时间不得少于 30 日，公示期间应当连续且不得中断，如因特殊情况中断的，应当重新进行公示。公示结束后，区城市更新职能部门应当对相关意见进行汇总和处理，将规划草案与公示异议处理意见一并报区政府审批。

由建环委审批的更新单元规划制定，区城市更新职能部门审查通过后报区政府审议，审议通过后按前款规定进行公示。公示结束后，由区政府对相关意见进行汇总和处理，将规划草案与公示异议处理意见一并报建环委审批。

公示结束后，如更新单元规划草案强制性内容有重大改变或有必要再次报区政府审议的情形，区城市更新职能部门应将修改后的规划草案与公示异议处理意见报区政府审议并再次公示。

第十一条　更新单元规划制定经区政府或建环委审批通过的，由区城市更新职能部门于审批通过后 5 个工作日内核发规划批准文件，并在区政府网站进行公告。

第十二条　更新单元规划制定调整已批计划内容的，应先申请调整计划后再申报规划，但具备以下情形之一的，可由区城市更新职能部门按照计划管理有关规定组织完成更新意愿征集工作后，与更新单元规划同步公示、同步申报审批：

（一）因校正技术误差（含坐标、现状地形图、放点等误差）导致已批计划拆除范围变化的；

（二）因城市基础设施、公共服务设施以及其他公共利益项目建设需要导致已批计划拆除范围扩大的（扩大后拆除范围内权属清晰的用地比例须符合计划管理相关规定，如涉及 2010 年结转计划和实施计划项目，则要求扩大部分内权属清晰的用地比例须符合计划管理相关规定）；

（三）因规划统筹需扩大已批计划拆除范围，若扩大的拆除范围包含开发建设用地的，扩大部分面积原则上不得超出原已批计划拆除范围面积的 10% 且不超过 3000 平方米，扩大部分内权属清晰的用地比例须符合计划管理相关规定；

（四）在满足《深标》要求且计划公告的公共利益总用地面积和配套设施有效使用面积不减少的前提下，将独立占地的垃圾转运站、公交首末站、公共停车场、文体活动场地、影剧院、菜市场及其他社区级配套设施改为附属建设的；

（五）在计划公告的公共利益总用地面积不减少的前提下，因《深标》某类配套设施面积标准修订而减少已批法定图则确定的配套设施占地面积的。

第三章　更新单元规划非强制性内容的修改

第十三条　对已批更新单元规划进行优化但不涉及已批准更新单元规划强制性内容的，除本规定第十四条规定情形之外的，应申请城市更新单元规划非强制性内容的修改。

第十四条　具备以下情形之一的，可无需申请更新单元规划修改，直接在用地批准或用地规划许可阶段同步研究确定：

（一）为校正技术误差（含坐标、现状地形图、放点等误差），优化开发建设用地边界和配套设施用地边界；

（二）在符合产业定位的前提下，将2014年1月1日《深标》发布之前已批准更新单元规划且主导建筑功能为研发用途的地块用地性质由"一类工业用地＋二类商业用地"修改为"新型产业用地"的；

（三）修改建筑限高、停车位、出入口、建筑覆盖率、绿化覆盖率、退让用地红线距离等城市设计要求，但更新单元规划批复明确不得修改或位于滨海地区、重点地区且更新单元规划已明确建筑限高的除外。

属于前款第（三）项情形的，应根据有关规定公示征求意见。

第十五条　申请更新单元规划非强制性内容的修改的地块尚未确认实施主体的，由原规划申报主体申报；已确认实施主体的，由实施主体申报；已签订土地使用权出让合同的，由土地使用权人申报。

第十六条　更新单元规划非强制性内容的修改的申报材料应包含以下内容：

（一）更新单元规划修改的说明；

（二）申报主体的身份证明材料；

（三）更新单元规划修改草案，格式要求详见本规定第六条第（三）款；

（四）需要提交的其他相关材料。

第十七条　更新单元规划非强制性内容的修改应符合以下要求：

（一）优化地块划分、开发建设用地边界、配套设施用地边界、支路线位的，捆绑拆除责任与贡献公共利益用地不减少；非公共利益、非技术误差等原因造成的开发建设用地减少，相应计容建筑面积应从建筑总量中扣除；

（二）增加配套设施用地面积和建筑规模的，应符合《深标》或各类经批准的专项规划要求；

（三）修改单独地块建筑总量的，在地块主导用地性质及更新单元内分项建筑面积不变的前提下，调整幅度不超过该地块建筑总量的10％。已签订土地使用权出让合同的地块不得再修改地块建筑总量；

（四）修改实施分期的，应保障各分期利益平衡方案合理可行，且优先落实各项公共利益设施及用地；

（五）更新单元规划已分期进行实施主体确认或签订土地使用权出让合同的，实施主体或土地使用权人只能申请对已进行实施主体确认或签订土地使用权出让合同的相应地块进行修改，且不得影响其他各期的利益。

第十八条 区城市更新职能部门在受理申报材料后5个工作日内对申报材料进行初审，材料形式、规划修改内容和深度不符合相关要求的，书面答复申请人并说明理由；符合要求的，区城市更新职能部门应在受理之日起20个工作日内按照有关规定完成审查。

区城市更新职能部门审查通过后应在项目现场、机构办公场所和网站进行公示，公示的时间和地点应在深圳特区报或深圳商报上公布。草案公示时间不得少于7日，公示期间应当连续且不得中断，如因特殊情况中断的，应当重新进行公示。公示结束后，由区城市更新职能部门对相关意见进行汇总和处理后，报区政府进行审批。

更新单元规划非强制性内容的修改经审批通过后，由区城市更新职能部门核发复函，并在5个工作日内于区政府网站进行公告。

第四章 更新单元规划强制性内容的修改

第十九条 对已批更新单元规划的强制性内容进行修改的，可申请更新单元规划强制性内容的修改。具备以下情形之一的，原则上不予修改强制性内容：

（一）更新单元规划经批准未满两年的；

（二）更新单元内已签订土地使用权出让合同的用地。

未批先建或未按图施工建设的城市更新项目符合处理条件的，经依法处理并完善相关手续后，不再进行更新单元规划强制性内容修改。

第二十条 申请更新规划强制性内容的修改的地块尚未进行实施主体确认的，由原规划申报主体申报；已进行实施主体确认的，由实施主体申报。

第二十一条 更新单元规划强制性内容的修改的申报材料应包含以下内容：

（一）更新单元规划强制性内容的修改的说明；

（二）申报主体的身份证明材料；

（三）更新单元规划修改草案，格式要求详见本规定第六条第（三）款；

（四）需要提交的其他相关材料。

第二十二条 更新单元规划强制性内容的修改应符合本规定第七条要求，应按照有关政策规定重新核定政策性用房及公共配套设施建设规模。

第二十三条 更新单元规划强制性内容的修改按照本规定第十条规定流程报建环委审批。

第二十四条 对于尚未完成移交工作的移交用地的规划功能及指标调整，按更新单元规划强制性内容的修改程序办理，由原规划申报主体或区政府指定部门提出申请，经区政府审查后报建环委审批；对于已完成移交工作的移交用地，其规划功能及指标调整按法定图则局部调整程序由市规划和自然资源局派出机构受理和办理。

第五章　其他

第二十五条 区城市更新职能部门应按规定将相关档案（包括过程文件、成果和公示文件等）报送市规划国土房产信息中心归档。

第二十六条 各区更新职能部门应当按规定及时上传更新单元规划审批过程电子数据，并在审批完成后 5 个工作日内将审批结果抄送市规划和自然资源局。

第二十七条 本规定施行之日前已通过市城市更新主管部门或区政府（新区管委会）审议的城市更新单元规划，可按照审议通过的规划草案报批。

第二十八条 本规定自 2020 年 5 月 10 日起施行，有效期 5 年，原《城市更新单元规划审批操作规则》（深规土〔2013〕786 号）同时废止。

深圳市拆除重建类城市更新单元规划申报表

申报主体	申报单位（人）			
	通讯地址		联系电话	
	法定代表人		身份证号	
	委托代理人		身份证号	

续表

更新计划内容	计划批次	_____年第___批	拆除范围用地面积	_____m²
	须落实的公共利益项目用地面积	_____m²	更新方向	

规划申报基本信息	更新单元名称	_____区_____街道_____更新单元		
	更新单元用地面积	_____m²	拟拆除范围用地面积	_____m²
	开发建设用地面积	_____m²	拟拆除建筑面积	_____m²
	片区法定图则名称	_____片区法定图则		
	申报建筑面积	计容积率总建筑面积（含地下经营性建筑面积）：_____m²，其中包括住宅_____m²（含保障性住房_____m²），商业、办公和旅馆业建筑_____m²（含地下商业_____m²），商务公寓_____m²，产业生产用房_____m²，产业研发用房_____m²（含创新型产业用房_____m²），产业配套用房_____m²，公共配套设施_____m²。 （注：上述类型及未列举的其他各功能类型建筑以《深圳市拆除重建类城市更新单元规划编制技术规定》规定为准。）		

申报人承诺：

本表填报的内容及提交的所有材料的原件或复印件及其内容是真实的。如因虚假而引致的法律责任由申报人承担，与审批（或核准）机关无关。

申报单位（人）：（签章）   法定代表人：

申报时间：

填报说明：

1）法定图则已覆盖区域以法定图则为依据，法定图则未覆盖区域，以分区组团规划为依据。

2）城市更新单元规划申报主体应与更新计划申报主体一致，且申报主体已完成更新单元范围内的土地及建筑物信息核查工作。

3）申报城市更新单元规划应遵守《深圳市拆除重建类城市更新单元规划编制技术规定》的有关规定。

共 1 页

深圳市城中村（旧村）综合整治
总体规划（2019—2025）

深圳市规划和自然资源局

二〇一九年

第一章　总则

第一条　背景

全面贯彻党的十九大精神，以习近平新时代中国特色社会主义思想为指导，深入贯彻习近平总书记对广东重要讲话和对深圳重要批示指示精神，在市委市政府的领导下，从城市发展战略高度出发，以加快建设社会主义现代化先行区为目标，以提高城市发展质量和提升城市竞争力为核心，充分考虑城市发展弹性，在规划期内保留一定比例的城中村，合理有序开展深圳市城中村更新工作，逐步消除安全隐患、维护城市肌理、传承历史文脉、保障低成本空间、完善配套设施、提升环境品质，实现城中村可持续的全面发展。依据相关法律、法规和上层次规划的要求，编制本规划。

第二条　编制依据

1. 《深圳市城市总体规划（2010－2020）》；

2. 《深圳市土地利用总体规划（2006－2020）》；

3. 《深圳市国民经济和社会发展第十三个五年规划纲要》；

4. 《关于提升"三旧"改造水平促进节约集约用地的通知》（粤府〔2016〕96号）；

5. 《关于深入推进"三旧"改造工作实施意见》（粤国土资规字〔2018〕3号）；

6. 《深圳市城市更新办法》（深圳市人民政府令第290号）；

7.《深圳市城市更新办法实施细则》（深府〔2012〕第1号）；

8. 其他相关规划及标准。

第三条 规划范围

本规划研究范围为深圳市城中村用地，主要为原农村集体经济组织继受单位和原村民实际占有使用的土地，包括已划定城中村红线范围内用地、非农建设用地、征地返还用地、旧屋村用地以及原农村集体经济组织继受单位和原村民在上述用地范围外形成的区域，不包括国有已出让用地，但登记在原农村集体经济组织继受单位名下的用地除外。

本规划范围为深圳市城中村现状居住用地。

第四条 规划期限

本规划期限为2019—2025年。

第五条 规划定位

本规划是落实市委市政府保留城中村战略部署的专项规划，是指导各区（含新区，下同）开展更新单元计划制定、土地整备计划制定、棚户区改造计划制定及城中村有机更新工作的重要依据。

第六条 规划目标

以习近平新时代中国特色社会主义思想为指导，深入贯彻党的十九大精神和习近平总书记视察广东重要讲话精神，紧抓粤港澳大湾区建设历史机遇，在市委市政府的领导下，从城市发展战略高度出发，以加快建设国家经济特区、粤港澳深度合作示范区、国际科技产业创新中心为目标，以推动城市高质量发展和提升城市竞争力为核心，坚持以人为本，不急功近利，不大拆大建，注重人居环境改造和历史文脉传承，高度重视城中村保留，合理有序、分期分类开展全市城中村各项工作。

全面推进城中村有机更新，逐步消除城中村安全隐患、改善居住环境和配套服务、优化城市空间布局与结构、提升治理保障体系，促进城中村全面转型发展，努力将城中村建设成安全、有序、和谐的特色城市空间。

第二章 综合整治分区划定

第七条 分区划定目的

通过全面摸查全市城中村用地边界、用地规模、建设情况和改造实施情况等具体信息，合理确定城中村居住用地保留的规模，划定综合整治分区，给予社会明确预期。

有序引导各区在综合整治分区内开展以综合整治为主，融合辅助性设施加建、功能改变、局部拆建等方式的城中村更新（以下简称"城中村综合整治类更新"）。通过微改造的绣花功夫，增加城中村内必要的公共空间与配套设施，提升空间品质，改善人居环境，加强住房保障。

第八条 分区划定对象及其规模

综合整治分区划定的对象是全市城中村居住用地，扣除已批更新单元计划范围内用地、土地整备计划范围内用地、棚户区改造计划范围内用地、建设用地清退计划范围内用地以及违法建筑空间管控专项行动范围内用地。

综合整治分区划定的对象总用地规模约 **99** 平方公里。

第九条 分区划定原则

综合整治分区应当相对成片，按照相关规划与技术规范，综合考虑道路、河流等自然要素及产权边界等因素予以划定。

综合整治分区内单个地块面积原则上不小于 3000 平方米。

位于基本生态控制线、紫线、历史风貌区、橙线等城市控制性区域范围内的城中村用地，市、区城市更新"十三五"规划明确的不宜拆除重建城中村用地，不符合拆除重建标图建库政策的城中村用地，以及现状建筑质量较好、现状开发强度较高的城中村用地，原则上应当划入综合整治分区。

第十条 各区分区规模分配

规划期内全市划定的综合整治分区用地规模为 55 平方公里，占比 56%。其中福田区、罗湖区和南山区综合整治分区划定比例不低于 75%，其余各区不低于 54%，具体规模见下表。

各区城中村居住用地综合整治分区划定规模

各区名称	分区划定规模（公顷）
福田区	127
罗湖区	135
南山区	181
盐田区	12
宝安区	1610
龙岗区	1487
龙华区	859

各区名称	分区划定规模（公顷）
坪山区	409
光明区	416
大鹏新区	266
总计	5502

第十一条 分区划定程序

各区按照综合整治分区规模和原则，拟定辖区的综合整治分区划定方案。市规划和自然资源部门统筹汇总形成全市的综合整治分区划定方案，公开征询意见后报市政府批准。

城中村综合整治分区应建立地理信息数据库并纳入规划"一张图"系统进行管理。

第三章 分区管理及调整

第十二条 综合整治分区管理要求

综合整治分区空间范围执行刚性管控要求，除法定规划确定的城市基础设施、公共服务设施或其他城市公共利益项目的用地、清退用地及法律法规要求予以拆除的用地外，综合整治分区范围内的用地不得纳入拆除重建类城市更新单元计划、土地整备计划及棚户区改造计划。

鼓励综合整治分区内的用地开展城中村综合整治类更新。规范引导各区在综合整治分区内有序推进城中村住房规模化统租改造，满足条件的可纳入政策性住房保障体系。

所有未纳入拆除重建类城市更新计划和已纳入计划但不能在 2020 年前正式实施的城中村，应按照《深圳市人民政府办公厅关于印发深圳市"城中村"综合治理行动计划（2018—2020 年）的通知》（深府办函〔2017〕266 号，以下简称《综合治理行动计划》）的要求，纳入城中村综合治理三年行动实施范围。

第十三条 弹性管理机制

综合整治分区空间范围实施弹性管理机制，因土地整备项目、棚户区改造项目、落实重大基础设施和重大产业项目确需纳入拆除重建类城市更新单元计划的项目以及近期具备高度可实施性的拟拆除重建类城市更新项目的实施需要，各区可按年度对综合整治分区空间范围进行调整，年度调整的总规模不得大于辖区综合整治分区范围用地面积的 10%，规划期内累积调整的总规模不得大于辖区综合整治分区范围用地面积的30%。因落实市级重大项目确需突破前述30%要求的，应报市政府批准。

综合整治分区空间范围调整应遵循"总量指标不减少，功能布局更合理"的原则，由各区政府按年度制定总量占补平衡方案，保障各区的综合整治分区总规模不减少。鼓励各区通过计划清理等方式增加综合整治分区空间范围。

土地整备项目和棚户区改造项目，可先行开展具体工作，在年度综合整治分区范围调整方案中予以占补平衡。城市更新项目需在完成占补平衡后，方可纳入拆除重建类城市更新单元计划。

第十四条 占补平衡方案要求

占补平衡方案应包括项目背景、必要性及可行性分析，调入及调出地块的具体情况（包括用地规模、空间范围、现状建设情况和规划情况等）。其中，调入调出地块应满足以下条件：

（一）调出地块应为土地整备项目、棚户区改造项目或由各区从严把关、充分研究论证、科学决策后认为急需开展拆除重建类城市更新项目涉及的城中村居住用地。

（二）调入地块应为位于划定对象内但未纳入综合整治分区范围且单个地块大于3000平方米的城中村居住用地。

被调出城市更新单元计划、土地整备计划和棚户区改造计划的城中村居住用地优先作为调入地块。

第十五条 占补平衡制定程序

各区政府按以下程序制定综合整治分区范围占补平衡方案：

（一）区相关职能部门负责制定占补平衡方案。其中，城市更新项目由区城市更新部门负责拟定综合整治分区占补平衡方案；土地整备项目由区土地整备部门负责拟定综合整治分区占补平衡方案；棚户区改造项目由区住建部门负责拟定综合整治分区占补平衡方案。

（二）区相关职能部门将拟定的占补平衡方案在项目现场、深圳特区报或深圳商报及部门网站上进行不少于10日的公示后报区政府审批。

（三）各区审批通过后在项目现场、深圳特区报或深圳商报及各区网站上进行公告，抄送市规划和自然资源部门汇总并报市政府备案，纳入规划"一张图"系统进行动态维护。

第十六条 规划中期评估与修订

因城市发展需要，可在规划中期对规划实施情况进行评估，并视情况启动规划修订工作。

第四章　实施保障机制

第十七条　健全城中村更新管理机制

强化城中村更新统筹。以有机更新为理念，以综合整治分区为抓手，统筹安排城中村拆除重建和综合整治，科学、规范、有序地指导全市城中村更新工作的开展。积极推进城中村综合整治类更新，重点关注城中村安全隐患消除、居住环境和配套服务改善以及历史文化特色保留。

统筹多种存量开发实施手段。梳理城市更新、土地整备、棚户区改造之间的衔接关系，建立协调互促的城中村存量用地开发管理机制。以综合整治分区为抓手，通过协调多种存量用地开发手段的实施时序，控制城中村改造节奏，促进城中村可持续发展。

第十八条　优化城中村综合整治实施

强化政府主导和统筹作用。一是由市城管部门牵头，按照《综合治理行动计划》及其实施方案对全市城中村开展综合治理工作。二是积极鼓励各区在综合整治分区内开展城中村综合整治类更新工作，涉及城中村综合治理的，区政府应加大统筹力度有效衔接城中村综合整治类更新。

完善市场主体参与机制。鼓励市场主体参与城中村综合整治类更新，由政府制定相关规则规范市场行为，实施过程中加强政府监督和规划统筹。

强化城中村综合整治质量把关。加强城中村城市设计和建筑风貌控制，强化城中村现有建筑、新建建筑与周边景观环境、风貌、尺度、文化之间的协调。完善公共空间组织，注重开敞空间的互联互通、开放共享。

加强经费支持。按照公平、公开、公正、效益的原则，由各区政府负责牵头制定相关规定，出台资金扶持政策，对综合整治分区内由政府主导实施的综合整治类更新工作予以资金支持。扶持资金应做到计划管理，专款专用，切实实现资金保障目标。

第十九条　强化城中村租赁市场管理

加强城中村租赁市场监管。政府相关部门应加强城中村租赁管理，要求企业控制改造成本，并参照租赁指导价格合理定价。改造后出租的，应优先满足原租户的租赁需求，有效保障城中村低成本居住空间的供应。加强市场秩序整治，严厉打击城中村租赁市场违法违规行为，将违法违规信息纳入信用信息共享平台。

引导城中村存量房屋开展规模化租赁业务。政府相关部门应明确城中村规模化改造的要求和流程，通过计划引导、规划统筹、价格指导等手段，引导各区在综合整治分区内有序推进城中村规模化租赁改造，满足条件的可纳入政策性住房保障体系。经政府统租后实施综合整治类更新的城中村居住用房纳入政策性住房保障体系，进行统筹管理。

第二十条　完善城中村政策保障体系

由市规划和自然资源部门牵头，加快城中村综合整治类更新政策制定工作，具体详见第五章配套政策建议。

由市住建部门牵头，修订完善深圳市房地产市场监管办法，允许政府对城中村综合整治分区内产权手续不完善、但经济关系已理顺的城中村居住用房进行统租并实施综合整治类更新，以及纳入政策性住房保障体系进行统筹管理。

由市住建部门牵头，制定通过规模化租赁将部分城中村综合整治房源纳入政策性住房保障体系的指导意见。

由市城管部门牵头，进一步完善全市城中村综合治理工作配套政策。各区政府在组织实施过程中，将城中村综合整治类更新和城中村综合治理进行有效衔接。

第五章　配套政策建议

第二十一条　构建政府主导管理机制

各区政府根据辖区城市更新五年规划和本规划的要求，制定城中村综合整治类更新单元年度计划，按照"一村一规划"的原则，组织编制更新单元规划，科学制定更新单元实施方案，消除城中村消防隐患，打通交通微循环，完善公共配套设施，增加公共开放空间，提升环境品质。

第二十二条　鼓励多方参与综合整治

综合考虑城中村现状建设情况及经济利益因素，通过允许局部拆建、降低更新单元计划合法用地比例的准入门槛、建立政府专项扶持资金等方式，要求各区政府联合原农村集体经济组织继受单位或鼓励有社会责任感、有实力的大型企业，不以追求利润为目的，积极参与城中村综合整治，以及参与综合整治后物业的统一经营管理，确保城中村的可持续发展。

第二十三条 明确综合整治相关标准

结合城中村的现状空间特色及建设标准，细化通过城中村综合整治类更新实施的分项目标和指标，明确综合整治类更新需要消除的安全隐患以及落实的配套设施类型。

附图

1. 城中村空间分布现状图

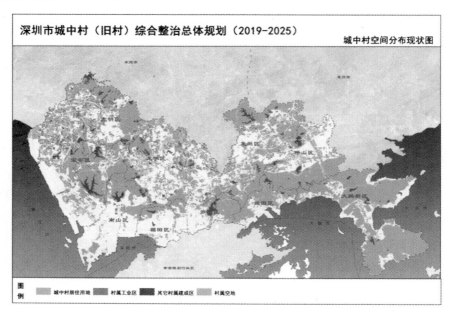

2. 城中村综合整治分区范围图

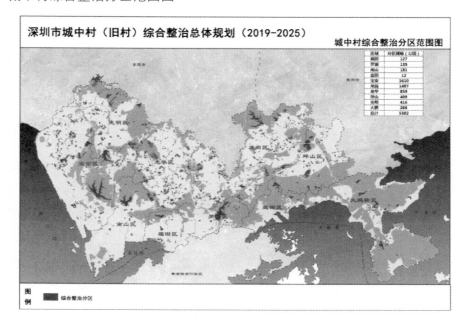

关于进一步鼓励城市更新
促进固定资产投资若干政策[①]

　　为贯彻落实市委十四届九次全会精神，为投资松绑，以减负提速扩面为重点，进一步优化城市更新政策，加快推动项目落地建设和固定资产投资，稳定经济增长预期，结合当前实际，制定如下政策。

　　一、妥善处理新旧地价政策衔接。对于村组集体自行改造或与企业合作改造的"工改居""工改商"项目，以改造方案首次批复时间为界线，批复日期在 2018 年 8 月 15 日之前的，按区片土地市场评估价（容积率修正后）的 20% 计收地价款；批复日期在 2018 年 8 月 15 日之后的，按区片土地市场评估价（容积率修正后）的 30% 计收地价款。

　　二、实施最低挂牌招商起始价系数。单一主体挂牌招商地价款起始价按最低起始价系数核定，即旧村改造、"工改工"（M1、M2、W）单元按 40% 核定地价款起始价，"工改M0"单元按 50% 核定地价款起始价，"工改居""工改商"单元按 70% 核定地价款起始价。政府（集体）收益报价环节完成后，收购主体向市自然资源局提供相应额度的银行保函，可申请退回 90% 的保证金。

　　三、降低更新实施主体税收负担。更新单元（项目）实施主体在出让红线外承担的公共设施建设、易地安置用房建造、道路改造、园林绿化施工或其他工程等责任，应在出让合同约定或单元划定图则、"1＋N"总体实施方案（或改造方案）、实施监管协议等文件中予以明确；对于此前已批但批复未列明有关责任的更新单元（项目），由镇人民政府（街道办事处）与实施主体协商补签实施监管协议并报市自然资源局备案，备案后由镇人民政府（街道办事处）出具确认函件；实施主体因承担上述责任而实际发生并完成支付的

　　① 东莞市发文。

相关支出，在取得合法有效凭证的前提下，可视为符合出让合同约定或政府文件要求的项目规划用地外建设的公共设施或其他工程实际发生的支出。税务机关可根据土地出让合同、镇人民政府（街道办事处）确认函等前述资料和相关合同、协议及合法有效凭证，确认实施主体为取得土地使用权所支付的金额。经市人民政府批准的单一主体挂牌招商更新单元（项目），其不动产权益收购归宗属于政府征收（收回）房产、土地并出让的行为，按相关税收政策办理。改革创新实验区建设领导小组综合协调办公室会同市自然资源部门制定更新单元（项目）配建公共设施的操作规范，明确适用条件、范围、移交流程等内容。

四、降低公共设施配建成本。镇人民政府（街道办事处）安排单独宗地由实施主体全额出资配建公共设施并无偿移交政府的，无须计收地价款，异地配建公共设施的建造成本可以作为单一主体挂牌招商起始价的扣减项。经属地镇人民政府（街道办事处）批准使用国有建设用地配建的，可按划拨方式供地给实施主体，竣工验收后土地连同建筑物一并收回。经属地镇人民政府（街道办事处）批准使用集体建设用地配建的，镇人民政府（街道办事处）、集体经济组织以及实施主体通过签订三方协议，明确可按集体自用方式供地给相应集体经济组织，由实施主体全额出资并自行组织建设，工程竣工验收后移交镇人民政府（街道办事处）或镇人民政府（街道办事处）指定单位管理，相应村（社区）集体经济组织协助办理工程报建等手续，配建项目按照社会投资项目管理，采用备案制进行项目立项，无须核准招投标方式，村集体不需要另行招投标确定勘察、设计、施工、监理等单位。

五、统筹平衡旧城旧村整体改造成本。因建设市级以上重大产业项目、实施重大基础设施及公共服务设施、危旧房改造而必须近期拆除重建或其他市人民政府认为亟需改造的旧城旧村改造项目，由于用地和规划条件限制无法实现盈亏平衡的，由属地镇人民政府（街道办事处）向市拓展优化城市发展空间总指挥部办公室申请，经市拓展优化城市发展空间总指挥部审定同意，纳入年度试点项目库的，可通过异地安置、容积率补偿、公共设施配建、政府补助等方式统筹平衡。异地安置由属地镇人民政府（街道办事处）在辖区内统筹安排；难以异地安置的，可在现有补偿建筑面积基础上增加10%作为额外的建筑面积补偿，但不得超过基础设施及公共服务设施承载力；给予额外建筑面积补偿后仍无法实现盈亏平衡的，可由属地镇人民政府（街道办事处）以减免该项目公共设施配建工程或投入等方式予以支持；如采取上述措施仍无法实现盈亏平衡，由属地镇人民政府（街道办事处）申请对拆迁安置物业、集体经营性补偿物业、片区公共设施建设给予专项补助，专项补助资金由市、镇（街道）、村（社区）按2∶4∶4（适用非欠发达镇）或3∶3∶4（适用欠发达镇）分担，其中村集体部分可以物业形式分担。

具体由属地镇人民政府（街道办事处）制定项目统筹平衡方案，报市拓展优化城市发展空间总指挥部办公室，由该办会同市发展改革局、财政局、住房城乡建设局、农业农村局等相关职能部门审核后，通过"一事一议"方式报请市人民政府审定。

六、实行税收市级留成专项补助。自2019年度起，我市城市更新单元（项目）所产生的土地增值税收入（全口径）较上一年度增长超过6%的部分，按照30%的比例核定金额，补助该城市更新单元（项目）所在的镇人民政府（街道办事处），专项用于支持旧城镇改造、旧村庄改造和镇村工业园提升改造，优先用于相关试点项目的政府补助。75亩以上的连片"工改工"项目，自项目首期工程竣工验收后五年内，入驻的规模以上工业企业或经市工信部门核定的工业企业，其缴交的税收市留成部分，其中增值税（市、镇留成25%）、企业所得税（市、镇留成20%），全额补助给开发主体。

七、降低"工改M0"改造成本。涉及配套型住宅用地（R0）的"工改M0"单元，新型产业用地（M0）部分、配套型住宅用地（R0）分别按50%、70%核定地价款起始价，拆迁补偿成本、集体物业补偿成本、公共设施建设成本等成本抵扣项目按两部分用地的市场评估价分摊。可分割销售"工改M0"项目涉及向村集体补偿M0物业的，村集体补偿物业不可分割销售。可分割销售"工改M0"项目按不高于49%的比例计算可分割销售面积时，私人补偿物业面积及无偿移交政府物业面积需从计算基数中扣除，集体补偿物业面积无需扣除，即：可分割销售面积＝（产业用房总计容建筑面积－私人补偿物业计容面积－无偿移交政府物业计容面积）×49%。

八、合理分摊居住人口公共服务投入。涉及商住用途更新单元（项目）改造后，该商住小区的治安、民政、社卫、文化等属地服务划归改造前用地所属村（社区）的村委会（居委会）承接；若跨两个或以上村（社区）的，由镇人民政府（街道办事处）指定村（社区）承接。后续公共服务相关投入由项目开发主体与镇人民政府（街道办事处）、村委会（居委会）协商，并在实施监管协议约定按一定比例、多种形式共同分担。鼓励项目开发方以物业形式一次性分担，相应物业可经协商纳入实施监管协议，视同开发方配建公共设施适用相关税收政策。

九、合理灵活安排公共设施用地。原土地权利人自行改造单元（项目）在出让红线外提供的公共设施用地不足15%的，可在用地红线内安排建设单独占地且出入口与市政道路相连接的幼儿园、社区中心、社区警务室、社区体育公园、医疗卫生等公共设施，竣工验收后无偿移交镇人民政府（街道办事处）或其指定接收管理单位，不需要调整控制性详细规划；单元（项目）内难以落实或全部落实公共设施用地要求的，或经批准按控规实施而未承担公共设施配建任务的，可经协商按异地配建公共设施落实，也可按加计地价款方式落实。加计地价款按未落实用地的新用途区片市场评估价与已补缴地价的差额计收，具体按以下公式计算：（容积率修正后的新用途区片土地市场评估价×出让宗地面积－补缴地价总额）×未落实用地面积/出让宗地面积。加计地价款按现行规定扣除计提项目和市分成收入后，拨付镇人民政府（街道办事处）专项用于教育设施建设，镇人民政府（街道办事处）在改造方案中明确具体的教育设施项目及实施计划安排，不得将该部分资金用作其他用途或用于其他项目。

十、完善更新项目提容利益共享机制。改造为居住用途且容积率在 2.0 以下（含本数）或改造为商业用途且容积率在 3.0 以下（含本数）的更新单元（项目），在满足公共配套承载力的前提下，镇人民政府（街道办事处）可编制前期研究报告申请适当提高容积率。增加的计容建筑面积可以按照改造后用途的区片土地市场评估价计收地价款，该部分地价款由市、镇五五分成；涉及集体收益的，由镇人民政府（街道办事处）与集体经济组织自行协商解决；支持在政府收益不降低的前提下，以建筑物分成方式替代地价款收缴，具体参照轨道交通 TOD 范围土地容积率调整有关利益分成机制执行。

十一、优化标图建库审查标准。2009 年 12 月 31 日前已建设使用且符合上盖物占地比例要求，但第二次全国土地调查或最新的土地利用现状图确定为非建设用地，不涉及复垦且确需改造建设的，落实建设用地规模后可纳入标图建库范围。旧村改造可以整体核算上盖物占地比例，但不得包含已认定为闲置土地的地块。宗地上上盖物占地比例未达到30%但符合批准的规划条件（下限）的，可纳入标图建库范围。

十二、解决国有工业、仓储用地历史问题。国务院《关于加强土地调控有关问题的通知》（国发〔2006〕31 号）文件下发之前，即 2006 年 8 月 31 日前，挂靠镇人民政府（街道办事处）、镇（街道）属企事业单位使用的国有划拨工业、仓储用地，经镇属资产管理机构报镇人民政府（街道办事处）批准，可以直接补办协议出让到实际使用单位，无需"招拍挂"；涉及地上建筑产权的，可以一并捆绑出让。由于历史原因已批工业、仓储用地范围内没有规划许可手续，需要按照现行新规划条件变更土地使用条件、调整土地红线和完善规划审批手续的，可径行办理，无需纳入已建房屋补办台账。

十三、实施已批工业用地改扩建容差审批。已批工业用地上实施改扩建涉及零星用地（300 平方米以内）不符合现行控制性详细规划的，在不影响公共设施近期实施计划、权属单位承诺今后在该地块进行拆旧建新时无条件服从控制性详细规划实施的前提下，允许权属边界内建筑保留使用并按权属边界出具规划条件、办理规划许可，无需进行控制性详细规划调整；实际建设范围超出已批建设用地范围，或与其他宗地重叠、错位、偏移，其面积较小（300 平方米以内）、与周边权利人无争议、不影响公共设施安排的，在土地权利人承诺依法整改的前提下，可径行按照新的规划条件办理土地和规划变更调整审批手续。

十四、加快处理土地红线重叠导致的抵押和过户问题。因不同坐标系转换、测量误差导致宗地红线出现误差的，具体误差标准参照《关于妥善处理界址范围不一致不动产登记问题的意见》中"属于测量误差范围内的情形"来执行，即不视为土地使用条件变更、规划条件变化，直接办理登记业务。除误差之外其他原因导致宗地红线重叠的，权利人需要办理抵押和转移登记时，先取得土地使用权的一方无需调整宗地红线和取得红线重叠方权利人的同意即可直接办理登记。后取得土地使用权的一方应按照现有政策调整用地红线后办理变更登记，若自愿放弃重叠部分土地使用权的除外。

十五、简化市土地审批委员会议事规则。城市更新单元批次计划、"1＋N"总体实施方案等具体更新单元（项目）审批事项书面征求城市更新联席工作小组相关成员单位及其他单位意见后，相关成员单位及其他单位意见一致同意或无不同意见的，可直接报市人民政府审批；如意见不统一的，则需按原有程序报请小组会议集中讨论后，再报请市人民政府审批。

十六、简化产业类更新单元审批程序。改造后用途为工业仓储用地（M1、M2、W）、新型产业用地（仅适用于 M0，不涉及 M0＋C、M0＋R0）、公益性改造的更新单元（项目）如涉及控制性详细规划调整的，可直接按控制性详细规划调整程序完成调整审批，批准后编制简易单元划定图则或前期研究报告，与单一主体挂牌招商方案或"1＋N"总体实施方案合并审批。

在符合相关技术规范要求且不减少公共设施用地的基础上，工业保护线范围内的工业、仓储用地申请提高容积率不超过 3.0 的，或者工业保护线范围外的工业、仓储用地申请提高容积率不超过 2.5 的，按照控规微调程序进行审批。工业、仓储用地申请提高容积率不超过 3.5 的，无需再提交开发模拟方案。

十七、下放非拆除重建类更新单元审批权。不涉及拆除重建的生态修复类、整治活化类更新单元，由镇（街道）城市更新管理部门或有关责任部门编制简易更新单元划定图则，报镇人民政府（街道办事处）批准、市自然资源局备案，纳入固定资产投资统计项目库和省"三旧"改造成效统计范围，并享受年度考核相关优惠政策。旧工业区整治活化项目因历史原因缺乏建设工程规划许可而未能办理建设工程消防设计审核和备案的，经镇人民政府（街道办事处）审议认为符合《广东省公安厅关于进一步明确建设工程消防设计审核和备案办理有关事项的通知》第三条情形的，提交改革创新实验区建设领导小组综合协调办公室召集相关部门研究协调并形成会议纪要，会议纪要作为办理建设工程消防设计审核或备案的依据。

十八、同步开展土壤污染调查和项目审批。拆除重建类更新单元在单元划定方案或前期研究报告中单独设立编章说明地块使用历史沿革和土壤状况，并由镇人民政府（街道办事处）出具落实有关土壤污染状况调查相关工作承诺书，确保在土地招拍挂前或签订土地出让合同（适用于非招拍挂项目）前按照《东莞市建设用地开发利用土壤环境管理实施方案（试行)》要求完成土壤污染状况调查相关工作，提供相关部门的备案复函，在"1＋N"总体实施方案报批时可不提供土壤污染状况调查有关材料。土地权利人自行改造更新单元，权属清晰无争议的，在"1＋N"总体实施方案报批时，可将规划建设方案一并上报进行提前预审。

东莞市人民政府办公室

2019 年 11 月 15 日

佛山市城市更新专项规划（2016—2035年）

前言

　　"十九大"要求着力增强城市整体性、系统性、生长性，不断提高城市承载力、宜居性、包容性。积极贯彻和落实"十九大"精神是新时代城市规划工作的使命和任务，并应重点做好以下工作，第一，以人民为中心，建设让人民满意的城市；第二，推动城市发展由外延扩张式向内涵提升式转变；第三，践行新发展理念，创新协调绿色开放共享；第四，实现人与自然和谐共生、美丽中国、宜居城市；第五，保护传承历史文化、延续城市特色、塑造城市精神；第六，提高城市治理能力和现代化水平。

　　改革开放以来，珠三角以其独特的发展模式，在区域合作、城市建设、社会经济、文化繁荣等各方面不断创造奇迹，成为带动区域经济发展的重要地区。然而，随着全球经济增长乏力，国内经济逐渐进入"新常态"，面对"存量发展"的新形势，珠三角发展模式也面临全面转型，特别是在产业结构与土地资源供给方面迫切需要优化和调整。

　　佛山市作为粤港澳大湾区的核心城市之一，在社会经济与城市建设取得辉煌成就的同时，也面临转型发展的瓶颈问题，受到土地和空间、资源、环境、人口等方面的制约，城市发展面临诸多困难和挑战，产业转型升级和空间布局优化的任务十分艰巨，城市内部发展不均衡的问题仍然突出，城市功能在空间上的"二元"结构及核心城区与外围地区综合服务水平、环境质量差异较大等问题，已成为制约城市快速发展的最主要因素。全面推进城市更新，向存量土地要效益，已成为佛山市挖掘用地潜力、拓展发展空间、优化城市结构、促进民生建设的必然选择。同时，城市更新还将是佛山市加大产业结构调整力度、加速淘汰落后生产力、加快转变发展模式，实现"保增长、扩内需、抓创新、优结构、重民生"方针的重要抓手。

第一章　总则

第 1 条　为加快推进佛山市城市更新工作，促进城市功能结构的优化调整，有序推进产业结构的优化调整与转型升级，全面提高公共服务设施建设水平，提高人居环境品质，有序实现城市修补和生态修复，充分发挥城市更新在落实《广东省新型城镇化规划（2016 – 2020）》《珠江三角洲全域规划》《佛山市城市总体规划（2011 – 2020）》《佛山 2049 远景发展战略规划》的重要作用，制定本规划。

第 2 条　规划编制依据包括：

（1）《中华人民共和国土地管理法》

（2）《中华人民共和国城乡规划法》

（3）《关于深入推进城镇低效用地再开发的指导意见》（国土资发〔2016〕147 号）

（4）《关于推进"三旧"改造促进节约集约用地的若干意见》（粤府〔2009〕78 号）

（5）《关于提升"三旧"改造水平促进节约集约用地的通知》（粤府〔2016〕96 号）

（6）《佛山市城市总体规划（2011 – 2020）》

（7）《佛山市土地利用总体规划（2006 – 2020）》

（8）《佛山市"十三五"城市建设近期建设规划（2016 – 2020）》

（9）《佛山市国民经济和社会发展第十三个五年规划纲要》

（10）《广佛同城化发展规划（2009 – 2020）》

（11）《佛山 2049 远景发展战略规划》

（12）佛山市及禅城区、南海区、顺德区、三水区、高明区相关"三旧"改造政策文件

（13）其他相关规划及标准

第 3 条　佛山市城市更新是指对符合"三旧"改造的特定城市建成区（包括旧城镇、旧厂房、旧村居及其他用地）内具有以下情形之一的区域，进行综合整治、功能改变、拆

除重建、生态修复、局部加建以及历史文化保护等活动。主要包括以下几种情形：

（1）因城市基础设施和公共设施建设需要或实施城乡规划要求，进行旧城镇改造的用地；

（2）布局分散、土地利用效率低下和不符合安全生产和环保要求的工业用地；

（3）按照"退二进三"要求需要转变土地功能的工业用地；

（4）国家产业目录规定的禁止类、淘汰类产业转为鼓励类产业或以现代服务业和先进制造业为核心的现代产业的工业用地；

（5）城中村、园中村、空心村改造的用地；

（6）布局分散、不具保留价值、公共服务设施配套不完善和危房集中以及列入土地整治工程的村居；

（7）城乡建设用地增减挂钩试点中拆旧复垦区域；

（8）在坚持保护优先的前提下进行适度合理利用的古村落、历史建筑、历史文化街区、文化遗产等用地；

（9）城市治理、村级工业园整治提升等及其它经市或区级人民政府认定属于城市更新范围的用地；

第 4 条　本规划范围为佛山市行政辖区，总面积 3797.72 平方公里。

第 5 条　本规划是佛山市城市更新工作的纲领性文件；是佛山市城市总体规划在城市更新领域的专项规划；是佛山市城市五年规划、城市更新单元计划与城市更新单元规划编制的重要依据；是指导控制性详细规划编制的重要文件。

第 6 条　本规划期限为 2016 – 2035 年。近期为 2016 – 2020 年，远期为 2021 – 2035 年。

第 7 条　本规划解释权属佛山市国土资源和城乡规划局。

第二章　指导思想与更新目标

第一节　指导思想和基本原则

第 8 条　指导思想

全面贯彻落实党的十八大、十八届三中、四中、五中全会、十九大和习近平总书记系列重要讲话以及中央、省城市工作会议精神，以邓小平理论、"三个代表"重要思想、科学发展观为指导，按照"四个全面"战略布局和"五大发展理念"的总要求，紧紧围绕市委市政府系列决策部署，全面深化规划国土体制机制改革，逐步建立健全我市城市更新规划、管理、政策体系，突出规划引领、强化政府统筹、提升更新动力，促进经济社会持续健康发展，为建设现代化国际化创新型城市提供强大支撑和有力保障。

第9条 基本原则

（1）坚持政府引导、规划先行：建立健全政府引导、多部门协同合作的工作机制，加强统筹协调，形成工作合力；坚持规划先行，对城市更新的区位、范围、规模、时序等进行统筹安排，确保城市更新工作的有序开展。

（2）坚持市场运作、因势利导：厘清政府与市场的关系，充分发挥市场在资源配置中的重要作用，鼓励业主、集体经济组织等市场主体和社会力量参与城市更新，形成多元化的城市更新改造模式，增强更新改造动力。

（3）坚持产业优先、保治结合：划定产业发展保护区，配套相关管理办法，为产业提升保空间；以村级工业园整治提升为重点，为产业升级治短板；加大对于产业转型升级的政策扶持和资金奖励。

（4）坚持利益共享、多方共赢：建立完善经济激励机制，协调好政府、市场、业主等各方利益，实现共同开发、利益共享；严格保护历史文化遗产、特色风貌和保障公益性用地，统筹安排产业用地，实现经济发展、民生改善、文化传承多赢。

（5）坚持因地制宜、规范运作：充分考虑各区经济社会发展水平、发展定位等，依据城市总体发展布局，合理确定城市更新方向和目标，分类实施，加强监管，保证城市更新工作规范运作、有序推进。

（6）坚持公众参与、平等协商：充分尊重业主意愿，提高城市更新工作的公开性和透明度，保障业主的知情权、参与权、受益权；建立健全平等协商机制，妥善解决群众利益诉求，做到公平公正，实现和谐开发。

第二节 城市更新目标

第10条 更新目标

1. 远期目标：

通过多元化的城市更新，逐步改善和优化城市空间布局结构，促进产业集群化发展和用地高效利用，全面改善旧城镇、旧村居的人居环境，均衡化布局公共服务设施，完成一批具有示范性的城市更新项目，为把佛山建设成为"先进制造基地、产业服务中心、岭南文化名城、美丽幸福家园"提供空间保障。

2．近期目标：

（1）全市更新规模约为 30km²，其中，拆除重建规模为 15km²。在拆除重建规模中应提供 3km² 的居住用地、5.25km² 的工业用地、3km² 的商业服务业用地、以及 3.75km² 的市政公用设施、道路广场、绿地等其他用地。

（2）到 2020 年城市更新固定资产投资（包括拆迁费用和直接投资）预计约 2500 亿元，拉动国民生产总值累计约 4500 亿元。

（3）全面完成中心城区旧村居改造；基本完成"1+2+5"组团内主要片区的旧村居配套设施完善、环境综合整治；稳步推进旧城镇生活环境质量提升，初步实现宜居城市建设目标。

（4）力争完成 3-5 个重点产业片区改造，为战略性新兴产业腾挪空间，带动产业结构调整，提升园区产业竞争力。

（5）完成 2-3 条成片岭南建筑的风貌街区；借助历史街区的文化符号、内涵和集体记忆，规划引导公共文化综合体建设，促进文化相关和物质空间的有效保护，提升城市形象品质。

（6）通过城市更新有效增加各类配套设施、公共绿地、开敞空间等公益性设施；通过城市更新持续稳定提供保障性住房，力争到 2020 年共计提供保障性住房 31 万 m²。

第三章　城市更新策略

第一节　优化城市布局结构

第 11 条　加快形成"1+2+5"组团式发展格局。

优先对中心城区，南海、顺德等副中心及组团中心范围内的更新对象进行更新改造，优化土地利用结构，提高土地利用效率，完善各类服务功能，满足城市中心地区发展要求，助推城市网络化、组团式发展格局形成。

第 12 条　依托旧城镇更新，落实"强中心"战略。

高标准规划和推动中心城区更新，通过城市修补、生态修复、活化、重建等多种手段振兴老城区，稳步改善"升平路—莲花路老城区"、石湾街道澜石片区、祖庙街道环市片区、奇槎片区、桂城老区等重点地区的配套条件，激活旧区活力，进一步发挥城市核心区的综合服务与城市辐射作用。

第13条 加快对重点地区的成片改造。

以重要产业园区、重大设施周边区域、高铁和轨道站点周边、重要滨水地区为重点，对佛山西站、张槎、佛山老城、季华路城市大客厅、千灯湖金融高新区、三山新城、澜石、佛山新城等统筹规划，强化政府主导作用，鼓励集中连片实施更新，带动基础设施建设和城市功能优化，促进地区经济整体提升。

第14条 鼓励功能复合和空间集约利用。

结合未来人口结构变化，通过空间资源的改造重构，引入多种城市服务功能，以用地、建筑的复合化组织模式来承载多元化功能，满足不同人群的需求。

第二节 提升民生幸福水平

第15条 优先落实公共配套设施，全面提升公共服务水平。

加强更新计划管理，引导公共服务严重短缺地区优先更新、提高更新项目的贡献率。房地结合，重点补充教育医疗设施不足，积极发展文体、社会福利与社区服务设施，提高公共服务水平。

第16条 优化住房结构，合理安排商品房入市节奏。

通过城市更新，重点保证中低价位/中小套型普通商品房和政策性住房的供给，同时合理布置居住用地，丰富商品房类型，提高以商品房为主的二类居住用地比重。到2020年，通过拆除重建提供居住用地3平方公里，建筑面积约900万平方米。

第17条 大力推进保障性住房建设。

加大公共租赁住房的建设力度，通过城市更新，探索按比例配建保障性住房的政策；加大对低收入家庭的住房保障，提高公共住房占全市住房总量的比例，形成覆盖至中等偏下收入人群的住房保障体系。

到2020年，配建保障性住房31万平方米，约0.7万套。

第18条 加强旧危房/棚户区排查改造。

保障市民居住安全，充分利用国家棚户区改造政策，加大政府投入，全面排查消除危房隐患，试点启动危房集中旧居住区的拆除重建。到2020年，基本完成危旧房/棚户区改造14万平方米。

第三节 促进产业转型升级

第19条 大力推进旧厂房升级改造。

以保障制造业发展具备一定规模为目标，以成片产业园区为抓手，积极推动产业向张槎智慧新城、佛山高新区（禅城园）、吉利工业园、都市型产业区等重点园区聚集，促进企业集群化发展。园区内严格控制工改商或居，拟申报拆除重建类计划的，更新方向原则上应为工业功能。到 2020 年，完成旧厂房改造 18 平方公里，其中，拆除重建 9 平方公里，综合整治与功能改变 9 平方公里。

第 20 条 保障工业发展空间，划定产业发展保护区。

为保障有一定规模的工业发展空间，促进工业的转型和集聚发展，按照城市地域空间分工及工业布局规划要求，在全市范围内划定不小于 350 平方公里的产业发展保护区。划入产业发展保护区的工业用地，严格控制"工改居""工改商"等，鼓励其"工改工"，并适当配建一定比例的配套服务设施。

（1）划定标准

①制造业基础较好、集中成片、符合城乡规划和产业规划的产业园区，包括：已认定为国家、省、市级工业园区以及区、镇两级重点工业园区；

②根据符合城乡规划和产业规划可继续用于产业发展的现状村级工业园区及产业聚集区；

③对市、区国民经济和产业发展有重大保障作用的工业用地及新产业用地，包括政府储备用地；

④其他需要划定的工业用地。

（2）分类标准

产业发展保护区按照规模分为三类，具体规模以《佛山市产业发展保护区划定》为准。

①产业园区：指结合市经济发展需求，合理集聚各种生产要素，在一定空间范围内进行科学整合，有效提高产业化的集约强度、重点发展产业特色、配套功能较齐全的产业集聚区。

②产业街区：指具有一定集聚度、产业关联度的连片产业发展区。产业街区结合实际情况可划入一级管理区或二级管理区管理。

③产业地块：指具有较为重要的产业发展意义，但规模较小、不连片的单宗或多宗邻近地块。产业地块纳入二级管理区管理。

（3）分级标准

产业发展保护区根据管控强度分为两级管控，并依据《佛山市城市棕线管理办法》管控。

①一级管理区是为了保障城市长远发展而确定的工业用地管控区。

②二级管理区是为了稳定城市一定时期工业用地总规模、未来逐步引导转型的工业用地管控区，可将现状工业基础好、虽与规划用途不符，但近期仍需保留为工业用途的用地

划入二级管理区，实行弹性控制。

第21条 扶持民营中小企业，加大创新型产业用房的配建供给。

民营企业、中小企业充满活力，是佛山未来经济的希望。在对工业厂房改造中，配建适当比例的创新型产业用房，通过政府的政策扶持为中小企业特别是创新型企业提供廉价的创业空间，以促进佛山产业经济的多元化发展。

第22条 加速产业配套建设，促进产城融合发展。

对于佛山重要的产业园区、高新技术产业园区、开发区等，在发展产业的同时，高标准的规划城市综合服务功能。对于产业配套或综合服务功能不足的园区等，通过城市更新加大公配设施建设，一方面要满足园区对生产性服务业的发展需求，另一方面也要满足员工的生活需求，力争达到生产、生活与生态"三生融合"。

第四节　建设低碳绿色城市

第23条 树立有机更新理念，探索多元更新方式。

加强更新项目规划引导，适当限制拆除重建类更新项目布局在"现状土地利用低效、更新潜力较大、周边交通、环境、设施等承载力充足"的空间范围内，鼓励旧厂房、旧村等进行以拆除重建为主、综合整治为辅或者以综合整治为主、融合功能改变、加建扩建、局部拆建等复合式的更新方式，尽量减少不必要的拆建行为。

第24条 加大历史文化资源保护，塑造城市特色风貌。

注重历史遗存保护与旅游产业发展、公共空间营造、岭南特色文化街区建设相结合。对更新项目中保留历史文物或具有历史价值的建筑时，给予容积率奖励等支持政策；鼓励市场主体在拆除重建项目留存宗庙、祠堂、古树名木，鼓励对古村落进行整体性保护。

第25条 严格执行绿色建筑标准，倡导绿色更新。

通过制定更新标准与技术规范，合理运用装配式建筑、建筑废弃物综合利用、提高土石方平衡水平、提升城市"海绵体"的规模和质量等多种低碳生态技术，不同的更新方式推行不同的低碳更新要求，积极推动绿色低碳更新。鼓励市场开发单位开展绿建与低碳更新试点，在更新全过程贯彻低碳化规划建设理念，发展低碳园区、低碳社区。

第26条 贯彻生态修复工作会议精神，加强生态资源保护。

严格控制生态控制区、水源保护区内的更新行为，逐步清退生态敏感性地区的违法建筑，推动重要功能区的生态恢复和整治复绿。稳步推动山、水、田、园的生态修复工程，结合北江、西江、东平水道、陈村水道、顺德水道、容桂水道、汾江河、佛山涌、吉利涌、西南涌等水系、河道整治进行沿岸地区城市更新，践行低冲击开发模式，同步推动沿岸城区功能转型，促进"山、水、城、人"的有机融合。

第五节　基础设施系统更新

第 27 条　加快完善综合交通系统。

探索城市更新与重大交通工程同步规划、同步修复建设与同步使用机制，以更新实施为契机，促进支路网加密、交通设施完善、慢行及步行空间建设，促进综合交通系统提升。重点开展佛山新机场的选址研究工作、完善佛山西站枢纽建设、完成轨道 2 号线一期、3 号线、广州轨道 7 号线西延段等工程建设工作；禅桂中心城区范围内支路网的加密和系统优化工作；重点完善文华公园、亚艺公园、佛山公园、滨江湿地公园等大型公园慢行系统；完善佛山第一医院、佛山市中医院、佛山妇幼保健院、南海人民医院等大型医院周边慢行设施。

第 28 条　加快市政基础设施升级改造。

建立预警机制，以基础设施支撑能力作为更新规模和时序判断的重要依据，避免因城市更新造成市政设施过载；以更新为契机，重点推进"升平路—莲花路老城片区"、石湾街道澜石片区、奇槎片区等老城区的基础设施建设和完善，形成"地上地下联动"更新，有序推动设施扩容，破解设施支撑瓶颈。

第 29 条　逐步提升公共安全。

稳步推进位于汾江河、东平水道、陈村水道等内部主要水系周边的易涝区、以及雷岗断裂带、广三断裂带、顺德断裂带等沿线的易塌陷区、地质滑坡区等自然灾害隐患地区更新改造，同步开展公共安全工程和防治设施建设，巩固城市安全防线。

第四章　更新方式与规划功能

第一节　城市更新方式

第 30 条　城市更新方式包括综合整治、功能改变、拆除重建、生态修复、局部加建以及历史文化保护等。

（1）综合整治主要包括改善消防设施、改善基础设施和公共服务设施、改善沿街立面、环境整治和既有建筑节能改造等内容，但不改变建筑主体结构和使用功能。综合整治类更新项目一般不加建附属设施，因消除安全隐患、改善基础设施和公共服务设施需要加建附属设施的，应当满足城市规划、环境保护、建筑设计、建筑节能及消防安全等规范的要求。

（2）功能改变指改变部分或者全部建筑物使用功能，但不改变土地使用权的权利主体和使用期限，保留建筑物的原主体结构。功能改变类更新项目可以根据消除安全隐患、改善基础设施和公共服务设施的需要加建附属设施，并应当满足城市规划、环境保护、建筑设计、建筑节能及消防安全等规范的要求。

（3）拆除重建主要指通过建筑物、构筑物及其他附着物的拆除清理、重新建设的方式进行改造。拆除重建类更新项目应当严格按照城市更新单元计划、城市更新规划的规定实施。

（4）生态修复主要是指对城市更新用地进行整治、拆旧和复垦等，恢复生态景观用途、水利设施用途或作为农用地使用。

（5）局部加建主要是指保留改造地块范围的部分或全部原有建筑物且不改变土地使用功能及使用期限，在改造地块的空余土地或拆除不保留建筑空出的土地上进行加建、改建，完善改造项目用地的整体功能。

（6）历史文化保护主要是指已纳入城市更新范围的古村落、历史建筑、文化遗产等用地，在坚持保护优先的前提下进行适度合理利用。

第二节　城市更新功能指引

第31条　依据《佛山市土地利用总体规划（2006－2020）》，城市更新用地中，农业用地64.20平方公里，占10.95%，建设用地515.66平方公里，占87.99%，其他土地6.18平方公里，占1.05%。

城市更新图斑在土地用途上应符合佛山市土地利用规划的控制要求，通过城市更新推动多规合一。

表1　2020年佛山市土地利用规划与城市更新图斑叠加分析表

用地类型		面积（平方公里）	占更新总量的比例（%）
农用地	耕地	3.12	0.53
	园地	18.48	3.15
	林地	15.58	2.66
	牧草地	0.37	0.06
	其他农用地	26.65	4.55
	农用地小计	64.20	10.95
建设用地	城乡建设用地	495.05	84.47
	交通水利用地	16.99	2.90
	其他建设用地	3.63	0.62
	建设用地小计	515.66	87.99

续表

用地类型		面积（平方公里）	占更新总量的比例（%）
其他土地	水域	2.30	0.39
	自然保留地	3.88	0.66
	其他土地小计	6.18	1.05
城市更新图斑总计		586.04	100.0

第32条 城市更新用地中，规划城市建设用地（H11）461.6 平方公里，其中居住用地（R）128.1 平方公里，产业用地（M 与 W）117.7 平方公里，公共设施用地（A 与 B）91.0 平方公里，绿地与广场用地（G）39.8 平方公里。

城市更新图斑在土地用途上应符合城市规划的用地功能要求，通过城市更新推动城市功能的优化。

表2 2020 年佛山市城市更新规划建设用地统计表

用地性质	规划规模（平方公里）	占城市建设用地比例（%）	占建设用地比例（%）
居住用地 R	128.1	27.8	24.4
公共管理与公共服务设施用地 A	26.4	5.7	5.0
商业服务业设施用地 B	64.6	14	12.3
商住混合用地 BR	7.3	1.6	1.4
工业用地 M	112.8	24.4	21.5
物流仓储用地 W	4.9	1.1	0.9
道路与交通设施用地 S	74.7	16.2	14.2
公用设施用地 U	3.0	0.6	0.6
绿地与广场用地 G	39.8	8.6	7.6
城市建设用地 H11	461.6	100	87.9
村庄建设用地 H14	59.3	—	11.3
区域交通设施用地 H2	0.8	—	0.2
区域公用设施用地 H3	0.1	—	0.0
特殊用地 H4	1.9	—	0.4
采矿用地 H5	0.6	—	0.1
其他建设用地 H9	0.9	—	0.2
建设用地 H	525.2	—	100

第五章　城市更新分类指引

第一节　旧村居更新指引

第33条　旧村居以完善配套和改善环境为目标，拆除重建和综合整治兼顾，积极引导原农村集体经济组织发展转型升级，提高城市化建设质量。

（1）位于中心城区，建筑质量较好、建设年代较新的旧村居，原则上以综合整治为主，通过改善沿街立面、完善配套设施、增加公共空间、美化环境景观，提升旧村居生活环境品质。

（2）位于狮山、大良—容桂副中心或西南、大沥、西樵、北滘—陈村、高明组团中心，以及佛山1号线二期、佛山2号线一期、佛山3号线和广州7号线西延线等轨道站点周边500米范围内的旧村居，适度考虑拆除重建，加公共配套设施建设力度，发展商业零售、商务办公、酒店旅游等服务业。

（3）位于"1+2+5"组团外且建筑老化、隐患严重的旧村居，鼓励以拆除重建为主，提高物质空间质量、完善商贸服务、公共服务、市政交通等综合服务功能。

（4）经市、区主管部门认定具有历史文化特色的旧村居，原则上以综合整治为主，修缮祠堂、庙宇等具有历史文化价值的建筑群，强调历史文脉的传承与延续，在保护的前提下，发展特色文化产业与旅游产业。

（5）空心村应以拆旧复垦为主，节约集约建设用地指标。

（6）其它类型的旧村居以综合整治为主，推行现代居住区物业管理模式，加强旧村居治安管理与消防安全管理，增强社区文化认同。其中位于产业园区的旧村居，可通过综合整治提高居住品质，为产业提供居住和配套服务功能。

第二节　旧厂房更新指引

第34条　旧厂房更新改造要以完善城市功能为目标，重点是推进产业"退二进三"及产业转型升级，规划功能在符合上层次规划前提下，统筹采取拆除重建、综合整治、功能改变等多种更新方式，为产业发展提供优质的物质空间。

（1）位于市高新区或产业发展保护区内优势区位（轨道站点周边800米范围内）的

旧厂房，可适当开展拆除重建，发展研发、中试、检测等功能，促进产业创新。

（2）位于城市主中心区、副中心区和组团中心区与轨道站点周边 800 米范围内的旧厂房，以拆除重建为主，兼顾综合整治和功能改变，逐步置换生产制造功能，结合产业基础与区位特征，主要发展企业总部、文化服务、商贸会展等第三产业，推动产业升级。

（3）位于产业发展保护区内一般工业园区（轨道站点周边 800 米范围以外），鼓励综合整治或功能改变类更新，结合园区定位与产业基础，发展高新技术产业、战略性新兴产业、先进装备制造业以及优势传统产业等。

（4）其它片区的旧厂房，在规划指引下尊重市场意愿开展更新，发展居住、商业以及科教培训、保税服务、旅游、物流会展、文化创意等特色产业，促进城市功能多元发展。

第三节 旧城镇更新指引

第 35 条 佛山市的旧城镇包括旧住宅区、工商住混合区等更新对象，其中，旧住宅区更新以优化居住环境与完善配套设施为目标，采取以综合整治为主的更新方式，审慎开展拆除重建；工商住混合区以实现多元化商业、居住等复合功能为目标，鼓励采取综合整治的更新方式。

（1）对建筑质量存在重大安全隐患、具有重大基础设施和公共设施建设需要以及保障性安居工程等公共利益建设需求的旧住宅区，可在政府主导下实施拆除重建；其他情形的旧住宅区，建议通过政府主导、社区参与等方式开展综合整治，通过实施建筑外观整饰、环境美化、发展底层商业、加建电梯和完善配套，改善居住环境。

（2）对具有历史人文特色的旧城镇，以综合整治为主进行保育、活化与复兴，注重环境保护与文化继承，保留传统街区肌理和生活特色，并鼓励与旅游开发进行有机结合。

（3）对工商住混合区，调动业主积极性，鼓励业主与政府合作开展综合整治，优化功能布局，营造商业氛围，促使旧城镇重新焕发活力。

第六章 近期重点更新地区指引

第一节 重点地区划定

第 36 条 近期重点地区是指改造需求迫切、改造动力较强，对提高城市经济、社会文化和生态环境等综合效益具有重要意义的更新地区，主要从以下五类地区中选择。

（1）近期重点发展的产业地区，包括现代制造业园区、现代物流业园区、都市型产业园区等。

（2）污染严重或用地效益较低的产业地区。

（3）通过"退二进三"推动城市功能调整的重点地区。

（4）亟待振兴和活力提升的旧城镇与历史人文特色地区。

（5）因重大基础设施建设需要调整用地功能的地区。

第二节　分类更新指引

第37条　重点地区分类

根据规划功能定位将近期重点地区划分为三类，即功能强化类、产业提升类、交通带动类。

第38条　功能强化类

功能强化类地区因优化、集聚、提升城市功能的要求而划定，城市更新应建立在维持该区域活力的基础上，通过功能完善、环境美化，增强城市功能集聚和辐射能力，带动自身及周边地区的更新活动。该类地区包括新城中心区、旧城镇。

新城中心区主要为佛山新城、沥桂新城、德胜河一江两岸片区。周边分布有大型的创意产业园区，大规模的市区级体育、文化、医疗及教育设施，以及大型的高品质住区，对中心区配套服务功能需求较大，是城市功能即将集聚的地区。通过城市更新完善功能布局，加快城市化进程，实现城市跨越式发展。

旧城镇主要包括佛山老城、桂城老区、三水老城。这些地区是城市早期建成区，区位条件优越、现状建设密度和人口密度偏高，城市功能负担较重，且部分地区涵盖有丰富的历史文化街区及文物保护单位。通过城市更新适当降低城市建设规模，逐步向外疏解人口及低端城市功能，整合空间资源、改善环境质量，促进该地区活力提升以及彰显岭南历史文化名城特色。

第39条　产业提升类

产业提升类地区作为佛山经济未来发展最主要的潜力地区，城市更新应完善各类配套设施，提升管理水平，加快园区整合、产业集聚。该类地区包括现代制造业园区、现代物流园区和都市型产业园区。

现代制造业园区主要为佛山高新区顺德园、佛山高新区南海园、佛山高新区禅城园等，现状存在部分原村镇建设管理的低水平工业区，产业层次较低、污染能耗较高。应通过城市更新、园区整合等方式完善配套设施、提升管理水平，淘汰、置换低效能、高污染等低端产业，促进产业升级、空间集聚、效益提高。

都市型产业园区主要为绿岛湖都市产业园、智慧新城、云计算产业基地等，做为禅城区重点打造的都市型产业园区，现状仍存在一些低水平的村级工业园。应通过城市更新，促进产业转型升级，淘汰现状低端产业，发展会展专业市场及都市型产业。

第 40 条 交通带动类

交通带动类地区由于重大交通设施建设而有序推进用地功能调整，城市更新在满足道路交通设施建设的同时，应淘汰低端产业、完善城市功能、美化城市环境，同时保护好岭南文化风貌。该类地区重点包括佛山西站周边地区以及地铁 2 号线、3 号线、4 号线、6 号线沿线、广佛肇城际轨道交通站点周边地区。

第七章 配套设施与综合交通

第一节 公共服务设施指引

第 41 条 总体要求

（1）为了加快推进佛山公共服务设施均等化建设，提升城市整体服务水平，城市更新应优先保障公共服务设施、市政基础设施等用地的供给，结合各类设施建设确定更新单元，并优先纳入更新计划，满足城市发展和居民生活的多样化需求，提升民生幸福水平。

（2）城市更新可根据实际需求，通过拆除重建、功能改变、综合整治、局部加建等方式完善配套设施，也可对既有配套设施进行挖潜改造，提高服务供给能力。

第 42 条 公共服务设施布局

（1）公共服务设施包括教育设施、医疗卫生设施、文化娱乐设施、体育设施、社会福利与保障设施、行政管理与社区服务设施等。

（2）按照城市规划要求，全市更新范围（586.0km²）内应落实公共服务设施 1047 处，主要分布在禅城、南海、顺德区以及三水、高明区的西南街道、云东海街道和荷城街道。其中，教育设施 634 处，医疗卫生设施 154 处，文化娱乐设施 171 处，体育设施 88 处等。

（3）在规划期内应优先落实上述公共服务设施，其规模及相关指标应满足控制性详细规划要求，若缺乏控规指引时应满足《佛山市城市规划管理技术规定（2015 年修订版）》

的相关要求。

表3　佛山市城市更新范围内公共服务设施规划一览表

数量（处） 地区 设施	禅城区	南海区	顺德区	三水区	高明区	全市域
教育设施	96	302	157	48	31	634
体育设施	4	57	13	10	4	88
文化设施	54	78	8	19	12	171
医疗设施	20	69	43	15	7	154

第二节　市政基础设施指引

第43条　总体要求

（1）通过空间腾挪与功能调整，保证大型市政设施的建设，通过更新项目推进近期建设规划中重大市政设施落地。包括：新建佛山500千伏顺德Ⅱ输变电站、扩建南海第二水厂、新建贺丰排涝泵站、新建1座门站、新建高压管道140公里等。

（2）以节约集约利用土地、保障公共安全为前提，积极探索市政设施附属建设的实施路径。

第44条　市政基础设施布局

（1）市政基础设施包括给水工程设施、排水工程设施、电力工程设施、通信工程设施、燃气工程设施，以及环境卫生设施等。

表4　佛山市城市更新范围内市政基础设施规划一览表

数量（处） 地区 设施	禅城区	南海区	顺德区	三水区	高明区	全市域
给水设施	0	4	5	3	0	12
供电设施	31	41	13	19	6	110
环卫设施	2	8	23	9	4	46
排水设施	2	8	10	0	3	23
通信设施	11	4	0	1	0	16
消防设施	0	18	0	2	1	21
邮政设施	3	21	0	10	1	35

（2）按照城市规划要求，全市更新范围（586.0km²）内应落实市政工程设施、环境卫生设施、综合防灾和减灾设施263 处，主要分布在中心城区、大沥镇、狮山镇、大良—容桂、西南街道和荷城街道。其中，给水设施12 处，排水设施23 处，供电设施110 处，邮政设施35 处，通信设施16 处，环卫设施46 处，消防设施21 处等。

（3）在规划期内应优先落实上述市政设施，其规模及相关指标应满足相关专项规划及《佛山市城市规划管理技术规定》的相关要求。

第三节　交通基础设施指引

第 45 条　总体要求

（1）为将佛山建设成为广佛一体化的国家级综合运输枢纽，打造珠三角核心城市并辐射粤西沿海、西江流域的交通枢纽城市，提升城市的区域辐射力和竞争力，促进"广佛肇经济圈一体化"、"广佛同城化"，城市更新中应结合大型交通设施的建设划定城市更新单元，并优先纳入更新计划。

（2）城市更新单元规划编制中应优先纳入各类综合交通设施，确保综合交通设施的用地供给，并按照城市规划要求建设。

（3）为了构筑"畅达、绿色、公平"的健康交通体系，积极实现"健康交通，幸福佛山"的发展目标，更新改造应充分考虑与综合交通体系的高效衔接。

第 46 条　对外交通布局

（1）通过城市更新手段，在城市更新中协调预留佛山西—阳江铁路等线路，以铁路和城际轨道枢纽为核心。促进广佛铁路枢纽布局由"四主一辅"向"五主三辅"布局结构的转变进程。预留广佛江珠城际线、广佛环线城际线等城际轨道交通线路。新建佛山西站和高明站，将佛山建设成为广佛一体的国家级综合运输枢纽，打造珠三角核心地区辐射粤西沿海、西江流域的交通枢纽城市。

（2）完善对外公路通道网络，在城市更新中协调预留"双轴、三环、九射"区域性通道。整合现有场站资源，结合佛山市铁路、城际及城市轨道交通的规划建设情况，通过城市更新的手段形成"七主十辅"的公路枢纽（客运站）结构。

第 47 条　公共交通布局

（1）全面落实公交优先政策，建立以城市轨道交通为骨干，以常规公交为主体，积极推进轨道交通1 – 13 号线和有轨电车19 条线路的沿线及站点周边区域的城市更新改造。

（2）加强轨道交通、新型公交、常规公交和辅助公交之间的衔接，加快轨道交通接驳换乘枢纽周边地区的更新改造，建立以轨道交通为导向型的更新改造体系。加强公交车场、首末站等场站建设，保障公交场站用地，并继续推进公交专用道建设，保障公交路权优先，提高公共交通的整体服务水平。

第 48 条 道路交通布局

（1）结合更新改造，加快快速路及干线性主干道的规划建设。尽快实施连接各功能组团的禅西大道、环城快速、季华路东西两个延线、荷岳路等。增加支路建设，提高路网密度，改善城市交通微循环系统，通过改造挖掘现有设施的使用潜力。

（2）完善全市快速路系统。新增建设禅西大道南段和华阳南路南延伸段等连接南北向的快速联系道路和建设大道等连接东西向的道路。并结合城市更新完善中心城区道路系统，提高低等级道路网密度。

（3）在人口密度、车流量较大的城市更新地区，考虑设置机动车停车场；在中心城区以外区域，基于公交线路、轨道线网等客流通道走廊的城市更新地区，可建立停车换乘枢纽设施，引导居民转变出行方式结构，截断进城车流，缓解中心区交通压力；在轨道交通及地面公交车站，根据需要就近设置自行车停车处；在城市居住类更新区可适当加配10%的社会公共停车位，改善老旧住宅区停车难问题。

（4）在更新改造的同时，积极推进慢行交通系统建设，为步行者及自行车使用者创造安全、便捷和舒适的交通环境。在轨道及公交站点周边建设完善的步行交通网络，在祖庙片区、千灯湖片区、禅西新城张槎功能片、佛山西站枢纽片区等地区通过空中连廊或地下通道等立体慢性交通设施实现人车有效分流。

第八章 环境影响专章

第 49 条 环境影响评价依据

为深入贯彻落实科学发展观，依法全面推进规划环境影响评价工作，从决策源头防止因生产力布局、资源配置不合理导致的环境问题，促进全省经济、社会与环境全面协调可持续发展，依据《中华人民共和国环境影响评价法》、《规划环境影响评价条例》（国务院令第559号）、《广东省人民政府关于进一步做好我省规划环境影响评价工作的通知》（粤府函〔2010〕140号），对本专项规划进行环境评价专章说明。

第 50 条 环境生态控制要求

本专项规划为全市城市更新战略层面的专项规划，对佛山市城市更新的目标、规模、方向、策略等提出相关要求和指引，在编制过程中充分衔接了《佛山市空间规划》《佛山市城市生态控制线划定规划》《佛山市绿地绿线规划》《佛山市蓝线规划》《佛山市历史文化名城保护规划》等相关规划，在编制各区城市更新专项规划时应落实相关环境生态控制要求，在开展具体城市更新工作中，落实和推动上述规划要求的复垦、复绿、复蓝、历史保护工作。

第九章　各区城市更新指引

第一节　禅城区

第 51 条　禅城区更新目标

通过城市更新，完善基础设施、公共服务设施，重点打造佛山城市中轴线，推动城市升值。为把禅城区建设成为"佛山市行政、文化、产业服务、商务会展、区域合作与科技创新的综合型中心"提供空间保障。

第 52 条　禅城区更新对象

禅城区更新资源总量为 6706.1 公顷，其中旧厂房 3835.2 公顷，占全区更新资源的 57.2%；旧城镇 1480.0 公顷，占全区更新资源的 22.1%；旧村居 1390.9 公顷，占全区更新资源的 20.7%。

第 53 条　禅城区旧厂房指引

禅城区产业发展保护区用地规模不应小于 21 平方公里。重点保障中心城区产业集聚区、佛山高新技术产业开发区禅城吉利园两大片区工业用地规模。鼓励通过拆除重建的方式，发展研发、中试、检测等功能，促进产业用地高效集约，推动产业创新。

张槎片区、奇槎商贸区旧厂房以拆除重建为主，兼顾综合整治和功能改变。完善公共配套，重点打造集居住、商贸、文化、企业总部为一体的功能片区。

第 54 条　禅城区旧城镇指引

禅城区旧城镇改造重点强化中心功能，结合生产配套服务和都市生活配套需求，大力提升现代服务业。重点改造佛山老城升平路、筷子路片区、禅城北门户中山公园周边地区。通过高标准升级改造，强调高端综合服务功能，打造祖庙商业文化中心。镇安片区通过城市更新完善公共配套，改善人居环境，打造生活环境优美的高品质居住片区。

第 55 条 禅城区旧村居指引

禅城区旧村居重点推动南庄片区城中村升级改造，建筑质量较好、建筑年代较新的旧村居，以综合整治为主。通过改善沿街立面、完善公共服务设施配套和市政设施供给，增加公共休闲空间，改善城中村整体环境。

第 56 条 禅城区公共配套设施供给

按城市规划要求，禅城区更新范围内应落实公共服务设施 179 处，其中教育设施 100 处、医疗设施 20 处、文化设施 55 处、体育设施 4 处。主要分布在祖庙片区、张槎东部片区、奇槎片区。重点打造祖庙综合服务中心（以岭南文化为特色、服务佛山及周边地区的区域级文化中心）和鄱阳奇槎商务中心。

第 57 条 禅城区交通设施供给

按城市规划要求，禅城区更新范围内应落实 52 处公共交通设施，包括公交枢纽站 12 处、公交首末站 23 处、公共停车场 17 处；新增快速路约 2.1 千米，其中 2.0 千米位于城市更新资源图斑内；新增城市干道约 94.4 千米，其中 45.9 千米位于城市更新资源图斑内。

第 58 条 禅城区市政设施供给

按城市规划要求，禅城区更新范围内应落实市政设施共 6 处，包括供电设施 1 处、环卫设施 2 处、排水设施 3 处。

第 59 条 禅城区重点统筹片区划定

禅城区共划定 25 片城市更新重点统筹片区，总规模为 3664.8 亩，其中 2020 年更新规模为 2436.4 亩。重点统筹片区主要分布在祖庙片区、张槎东部片区、奇槎片区、北园片区南部、绿岛湖片区以及佛山一环西线片区。重点统筹片区空间分布详见"禅城区重点统筹片区规划图 01"，具体规模如下表：

表 5 禅城区重点统筹片区相关信息一览表

片区序号	片区面积（ha）	总计	更新类型		
			旧城镇	旧厂房	旧村居
1	99.0	82.1	3.0	45.2	33.9
2	87.1	84.9	84.9	0.0	0.0
3	98.0	80.6	80.6	0.0	0.0
4	123.0	93.2	0.0	77.9	15.3
5	112.0	76.2	2.5	35.2	38.6
6	148.3	122.4	3.5	116.1	2.8
7	199.2	116.9	14.6	86.6	15.7
8	54.0	26.7	7.5	18.0	1.2

片区序号	片区面积（ha）	总计	更新类型		
			旧城镇	旧厂房	旧村居
9	125.3	32.1	13.4	17.3	1.5
10	97.7	48.5	48.5	0.0	0.0
11	173.9	170.5	170.5	0.0	0.0
12	163.2	132.4	1.3	105.7	25.4
13	123.3	113.4	0.0	113.4	0.0
14	149.3	80.6	68.6	7.6	4.4
15	102.5	70.3	49.8	20.5	0.0
16	169.9	129.8	96.1	33.7	0.0
17	155.1	103.3	45.6	50.2	7.4
18	268.1	158.1	32.4	108.1	17.6
19	171.2	96.9	33.2	22.4	41.3
20	368.5	161.6	2.9	73.4	85.2
21	123.7	101.9	46.3	24.9	30.6
22	318.7	202.5	122.3	60.8	19.4
23	66.3	42.6	0.0	15.0	27.6
24	83.2	62.6	0.0	62.6	0.0
25	84.6	46.4	0.0	46.4	0.0
合计	3664.8	2436.4	927.6	1140.9	368.0

第 60 条 禅城区重点统筹片区指引

禅城区重点统筹片区需统筹建设 89 处公共设施、2 处市政设施、72 处公共交通设施；统筹新建 26212.4 米城市干道，其中城市更新图斑内需新建 19153.9 米城市干道。需统筹建设的公共设施、市政设施和公共交通设施、道路交通设施空间分布详见"禅城区重点统筹片区规划图 02"。

第二节　南海区

第 61 条 南海区更新目标

通过城市更新，以提高质量和效益为中心，以产城人融合发展为路径。为把南海区建设成为"经济高质、城市高品、服务高效、社会优治、环境优美、民生优享'六位一体'的品质南海"提供空间保障。

第 62 条 南海区更新对象

南海区更新资源总量为 26238.9 公顷，其中旧厂房 16795.1 公顷，占全区更新资源的

64%；旧城镇 4719.9 公顷，占全区更新资源的 18%；旧村居 4723.9 公顷，占全区更新资源的 18%。

第 63 条 南海区旧厂房指引

南海区产业发展保护区用地规模不应小于 144 平方公里。重点保障狮山产业集聚区、南海西部片区产业集聚区、和顺工业园、志高家 S 电产业园、罗村新光源产业化示范基地、沙头工业园、西樵产业园、金沙工业园、小塘汽配园、狮北北园的工业用地规模。上述产业园鼓励通过综合整治，结合园区定位与产业基础，发展高新技术产业、战略性新兴产业、先进装备制造业以及优势传统产业等。

沥桂新城片区旧厂房通过城市更新，以拆除重建为主，逐步置换生产制造功能，转变为企业总部、文化服务、商贸会展、高档居住功能。突出城市建设的示范效应，建设成为南海的"城市客厅"。

佛山西站枢纽片区旧厂房通过城市更新，以综合整治和功能提升为主，强调"产城人"融合，形成以产兴城、以城促产、以产聚人、以人旺城的新格局。

第 64 条 南海区旧城镇指引

提升沥桂新城片区、里水中心区、狮山中心镇区、丹灶、西樵、九江中心镇区、九江北部滨江片区整体环境品质。重点推动沥桂新城、广佛商贸城周边片区旧城镇更新，以优化居住环境与完善配套设施为目标，主要采取综合整治的更新方式，优化功能布局，激活旧城镇活力。

第 65 条 南海区旧村居指引

南海区旧村居更新改造包括城中村和城郊村两类。

城中村重点更新改造桂城广东金融高新技术服务（C 区）、三山新城片区以及桂城、大沥、里水、狮山靠近广州的城中村。建筑质量较好、建筑年代较新的旧村居，原则上以综合整治为主，完善配套设施、增加公共空间、提升生活环境品质。适度考虑拆除重建，发展商业、办公等服务业。

城郊村改造集中在西樵镇，重点结合西樵国家湿地公园，保留村庄桑基鱼塘特色，打造具有岭南水乡特色的村居，实现与西樵山相互呼应、形成山水相依的佛山市城市绿色生态名片。

第 66 条 南海区公共配套设施供给

按城市规划要求，南海区更新范围内应落实公共服务设施 505 处，其中教育设施 301 处、医疗设施 69 处、文化设施 78 处、体育设施 57 处。主要集中在千灯湖综合服务中心（佛山市的市级综合公共服务中心）、三山新城商务服务中心。

第 67 条 南海区交通设施供给

按城市规划要求，南海区更新范围内应落实 275 处公共交通设施，包括公交枢纽站 17 处、公交首末站 131 处、公共停车场 127 处；新增高速路约 22.4 千米，其中 7.8 千米位于城市更新资源图斑内；新增快速路约 18.6 千米，其中 13.2 千米位于城市更新资源图斑内；新增城市干道约 473.0 千米，其中 102.7 千米位于城市更新资源图斑内。

第 68 条 南海区市政设施供给

按城市规划要求，南海区更新范围内应落实市政设施共 105 处，包括给水设施 4 处、供电设施 42 处、环卫设施 8 处、排水设施 8 处、通信设施 4 处、消防设施 18 处、邮政设施 21 处。

第 69 条 南海区重点统筹片区划定

南海区共划定 28 片城市更新重点统筹片区，总规模为 5039.7 亩，其中 2020 年更新规模为 3087.5 亩。重点统筹片区主要分布在佛山西站综合服务区、大沥板块中部、广佛商贸城片区、黄岐片区南部、佛一环东线片区、千灯湖片区东部、平洲片区中心、石肯片区。重点统筹片区空间分布详见"南海区重点统筹片区规划图 01"，具体规模如下表：

表 6 南海区重点统筹片区相关信息一览表

片区序号	片区面积（ha）	总计	更新类型		
			旧城镇	旧厂房	旧村居
1	144.5	78.9	29.7	47.9	1.2
2	215.1	96.0	1.9	64.2	29.8
3	262.9	243.5	138.9	104.6	0.0
4	181.4	87.9	0.0	80.1	7.7
5	276.4	107.2	0.3	102.9	3.9
6	269.4	150.9	5.1	144.7	1.1
7	166.5	108.5	95.3	3.7	9.5
8	238.4	107.8	2.3	104.8	0.7
9	129.8	99.1	1.4	97.7	0.0
10	111.2	71.2	19.9	42.7	8.6
11	99.3	137.3	99.3	32.2	5.8
12	157.3	107.7	0.0	107.7	0.0
13	153.3	35.6	8.1	27.4	0.1
14	203.7	138.5	47.3	88.5	2.7
15	124.1	64.8	17.2	37.4	10.2
16	407.4	193.7	37.0	139.7	17.0

续表

片区 序号	片区面积 （ha）	总计	更新类型		
			旧城镇	旧厂房	旧村居
17	141.2	122.8	0.0	36.5	86.3
18	210.8	151.9	6.4	83.6	61.9
19	215.8	104.3	0.0	60.6	43.6
20	224.6	112.6	0.8	60.7	51.1
21	199.8	140.8	0.0	140.8	0.0
22	144.7	97.4	0.4	97.0	0.0
23	157.5	142.5	0.0	0.4	142.1
24	219.0	156.6	0.0	0.9	155.7
25	154.6	77.9	0.0	69.9	8.0
26	73.3	60.4	0.0	0.7	59.7
27	56.8	26.3	0.0	26.3	0.0
28	101.0	65.8	0.0	65.5	0.2
合计	5039.7	3087.5	511.5	1869.0	707.0

第70条 南海区重点统筹片区指引

南海区重点统筹片区需统筹建设 74 处公共设施、22 处市政设施、65 处公共交通设施；统筹新建 58746.6 米城市干道，其中城市更新图斑内需新建 26381.2 米城市干道。需统筹建设的公共设施、市政设施和公共交通设施、道路交通设施空间分布详见"南海区重点统筹片区规划图 02"。

第三节 顺德区

第71条 顺德区更新目标

通过城市更新，以提升城市价值品质为核心，以打造宜居、宜业、宜游的"理想城乡"为目标。为把顺德区建设成为一座面向区域、令人向往的"开放之城、创新之城"提供空间保障。

第72条 顺德区更新对象

顺德区更新资源总量为 14245.3 公顷，其中旧厂房 8236.4 公顷，占全区更新资源的 57.8%；旧城镇 4119.8 公顷，占全区更新资源的 28.9%；旧村居 1889.1 公顷，占全区更新资源的 13.3%。

第73条 顺德区旧厂房指引

顺德区产业发展保护区用地规模不应小于 93 平方公里。重点保障北滘—陈村产业集聚区、大良—容桂产业集聚区、佛山高新技术产业园佛山顺德园、广隆集约工业园区、北滘工业区、伦教工业区、世龙工业区、凤翔工业区、西部生态产业区、格兰仕工业区、顺德科技工业园 B 区、勒流港口工业区、均安畅兴工业区、龙江西部工业区的工业用地规模。上述工业园区内旧厂房鼓励综合整治或功能改变类更新，结合园区定位与产业基础，发展智能家电、现代医药、总部经济、健康产业。

重点推动乐从中德工业服务区、乐从钢铁物流加工贸易二期、德胜河北岸、容桂眉蕉河片区旧厂房改造。建议以拆除重建为主，发展企业总部、商贸会展、文化休闲等特色产业。

第 74 条　顺德区旧城镇指引

顺德区旧城镇更新重点为提升主要交通干道两侧城镇形象，重点改造顺德乐从北围片区、陈村东部片区、105 国道沿线北滘、伦教、大良、容桂等镇中心区旧城镇用地；乐从、龙江两镇广湛公路两侧旧城镇用地。以优化居住环境与完善配套设施为目标，采取以综合整治为主的更新方式，以提升城镇中心区生活品质。

第 75 条　顺德区旧村居指引

顺德区旧村居重点推动佛山新城片区、沙滘牧伯里片区、乐活苑及周边湿地片区旧村居综合整治。重点推动顺德东南部顺德高新技术产业开发区 A – B 区旧村居升级改造，加强村园互动，为高新技术产业为主导的制造业基地提供配套服务。

第 76 条　顺德区公共配套设施供给

按城市规划要求，顺德区更新范围内应落实 222 处公共设施，包括教育设施 158 处、医疗设施 43 处、文化设施 8 处、体育设施 13 处。主要分布在顺德东部地区的大良、容桂。重点打造大良—容桂副中心。

第 77 条　交通设施供给

按照城市规划要求，顺德区更新范围内应落实 150 处公共交通设施，包括公交枢纽站 24 处、公交首末站 109 处、公共停车场 17 处；新增高速路约 16.2 千米，其中 4.8 千米位于城市更新资源图斑内；新增快速路约 29.3 千米，其中 12.4 千米位于城市更新资源图斑内；新增城市干道约 230.0 千米，其中 32.2 千米位于城市更新资源图斑内。

第 78 条　顺德区市政设施供给

按照城市规划要求，顺德区更新范围内应落实市政设施共 51 处，包括给水设施 5 处、供电设施 13 处、环卫设施 23 处、排水设施 10 处。

第 79 条　顺德区重点统筹片区划定

顺德区共划定 12 片城市更新重点统筹片区，总规模为 2311.2 亩，其中 2020 年更新规模为 1030.8 亩。重点统筹片区主要分布在陈村花卉世界片区、乐从沙良河片区、德胜—南城水轴片区。重点统筹片区空间分布详见"顺德区重点统筹片区规划图 01"，具体规模如下表：

表7　顺德区重点统筹片区相关信息一览表

片区序号	片区面积（ha）	其中2020年更新规模（ha）			
		总计	更新类型		
			旧城镇	旧厂房	旧村居
1	212.0	207.6	0.2	112.1	95.3
2	295.6	78.9	52.2	8.7	18.0
3	196.2	64.0	64.0	0.0	0.0
4	431.6	161.0	0.0	156.6	4.4
5	136.0	120.0	0.0	0.0	120.0
6	159.3	69.3	58.0	11.3	0.0
7	98.5	28.8	19.8	9.0	0.0
8	274.8	3.0	0.0	3.0	0.0
9	152.7	107.1	5.1	102.0	0.0
10	125.5	82.6	53.5	29.1	0.0
11	123.8	72.8	0.0	72.8	0.0
12	105.4	35.8	33.8	2.0	0.0
合计	2311.2	1030.8	286.5	506.6	237.7

第80条　顺德区重点统筹片区指引

顺德区重点统筹片区需统筹建设15项公共设施、4项市政设施、28项公共交通设施；统筹新建4904.7米城市干道，其中城市更新图斑内需新建2175.5米城市干道。需统筹建设的公共设施、市政设施和公共交通设施、道路交通设施空间分布详见"顺德区重点统筹片区规划图02"。

第四节　三水区

第81条　三水区更新目标

通过城市更新，以"筑特色高地、造服务之芯"发展战略为抓手，以"三产融合、产城互动、绿色发展"为导引，以"广佛创智之城、岭南水韵胜地"为总目标，引领产业和城市转型升级，优化全区空间合理布局，推动基础设施有序建设。为把三水区建设成为"广佛创智之城、岭南水韵胜地"提供空间保障。

第82条　三水区更新对象

三水区更新资源总量为6069.1公顷，其中旧厂房4521.2公顷，占全区更新资源的74.5%；旧城镇1217.9公顷，占全区更新资源的20.1%；旧村居330.0公顷，占全区更新资源的5.4%。

第83条　三水区旧厂房指引

三水区产业发展保护区用地规模不应小于56平方公里。重点保障木棉工业片区、大塘工业园、白坭工业园、金本工业园的工业用地规模。

重点改造中心城区旧厂房，推进产业"退二进三"，采取拆除重建、综合整治、功能改变等多种更新方式，主要更新为商业办公、文化服务、高档居住片区。

第 84 条 三水区旧城镇指引

三水区旧城镇改造以建设"产业新城、南国水都、广佛肇绿芯"为总体目标，重点推动西南旧城片区、白坭镇旧城区、乐平镇中心区、芦苞镇中心区旧城镇改造，完善配套设施，提升镇中心区整体形象和居民生活品质。

第 85 条 三水区旧村居指引

三水区旧村居改造集中在云东海三水新城片区和云东海生态旅游区，以整村拆迁改造为主，结合周边用地开发，打造成为商务功能突出、居住环境宜人、配套设施齐全、公共环境优美、空间富有吸引力的三水新城门户区。周边分散的村居重点进行环境整治和完善设施配套，改善居民生活环境，提高村居生活品质。

第 86 条 三水区公共配套设施供给

按城市规划要求，三水区更新范围内应落实公共服务设施 92 处，其中教育设施 48 处、医疗设施 15 处、文化设施 19 处、体育设施 10 处。主要分布在西南中心城区以及各镇街中心区。

第 87 条 三水区交通设施供给

按城市规划要求，三水区更新范围内应落实 62 处公共交通设施，包括公交枢纽站 3 处、公交首末站 33 处、公共停车场 26 处；新增高速路约 44.9 千米，其中 2.5 千米位于城市更新资源图斑内；新增城市干道约 329.3 千米，其中 16.2 千米位于城市更新资源图斑内。

第 88 条 三水区市政设施供给

按城市规划要求，三水区更新范围内应落实市政设施共 44 处，包括给水设施 3 处、供电设施 19 处、环卫设施 9 处、通信设施 1 处、消防设施 2 处、邮政设施 10 处。

第 89 条 三水区重点统筹片区划定

三水区共划定 5 片城市更新重点统筹片区，总规模为 870.5 公顷，其中 2020 年更新规模为 455.9 公顷。重点统筹片区主要分布在西南旧城片区。重点统筹片区空间分布详见"三水区重点统筹片区规划图01"，具体规模如下表：

表 8　三水区重点统筹片区相关信息一览表

片区序号	片区面积（ha）	总计	更新类型		
			旧城镇	旧厂房	旧村居
1	220.9	129.5	0.0	129.5	0.0
2	145.8	98.7	79.0	19.7	0.0
3	121.7	45.9	13.7	20.7	11.5
4	137.2	33.9	0.0	33.9	0.0
5	244.9	147.9	58.6	84.2	5.0
合计	870.5	455.9	151.4	288.0	16.5

第 90 条 三水区重点统筹片区指引

三水区重点统筹片区需统筹建设 14 项公共设施、12 项市政设施、10 项公共交通设施；统筹新建 4066.4 米城市干道，其中城市更新图斑内需新建 1914.7 米城市干道。需统筹建设的公共设施、市政设施和公共交通设施、道路交通设施空间分布详见"三水区重点统筹片区规划图 02"。

第五节　高明区

第 91 条 高明区更新目标

通过城市更新，以打造"珠西先进制造高地、岭南美丽田园新城"为总目标，协同推进高明区区域定位，产业升级，空间布局和城市品质的大力提升。为把高明区建设成为"珠三角核心区辐射西江经济带的重要节点，广佛肇经济圈重要的先进制造业基地和物流中心，滨江生态休闲旅游城市"提供空间保障。

第 92 条 高明区更新对象

高明区更新资源总量为 5344.4 公顷，其中旧厂房 3473.0 公顷，占全区更新资源的 65.0%；旧城镇 1659.6 公顷，占全区更新资源的 31.0%；旧村居 211.8 公顷，占全区更新资源的 4.0%。

第 93 条 高明区旧厂房指引

高明区产业发展保护区用地规模不应小于 36 平方公里。重点保障荷城—杨和产业集聚区、国家高新技术产业园区佛山高明园、明城工业集聚区、富湾工业集聚区的工业用地规模。结合园区定位与产业基础，通过工业结构调整、技术改造、战略新新兴产业的发展，促进工业的生态化发展。

第 94 条 高明区旧城镇指引

高明区旧城镇更新改造以打造"珠西先进制造高地、岭南美丽田园新城"为目标，重点更新明城城南新区和高明老城片区。完善公共设施配套，改造升级沿街商业，提高城镇生活品质。

第 95 条 高明区旧村居指引

高明区旧村居重点更新改造荷城高明老城片区、西江新城片区、富湾工业区；杨和欧浦花城项目周边、明城工业区周边旧村居。完善配套设施、增加公共空间、美化环境景观，提升旧村居生活环境品质。同时，为周边工业园区提供配套服务，促进园村融合。

第 96 条 高明区公共配套设施供给

按城市规划要求，高明区更新范围内应落实公共服务设施 54 处，包括教育设施 31 处、医疗设施 7 处、文化设施 12 处、体育设施 4 处。重点提升高明老城片区公共服务水平，加强荷城商圈商业中心的建设，并对沿街商业进行改造，强化形成以商业街为主的区级城市次级中心，并形成生活气息浓厚的老城综合公共中心。

第 97 条 高明区交通设施供给

按城市规划要求，高明区更新范围内应落实 117 处公共交通设施，包括公交枢纽站 4 处、公交首末站 109 处、公共停车场 4 处；新增高速路约 30.2 千米，其中城市更新资源图斑内不涉及新增高速路；新增城市干道约 267.4 千米，其中 14.1 千米位于城市更新资源图斑内。

第 98 条 高明区市政设施供给

按城市规划要求，高明区更新范围内应落实市政设施共 15 处，包括供电设施 6 处、环卫设施 4 处、排水设施 3 处、消防设施 1 处、邮政设施 1 处。

第 99 条 高明区重点统筹片区划定

高明区共划定 3 片城市更新重点统筹片区，总规模为 831.4 亩，其中 2020 年更新规模为 591 亩。重点统筹片区主要分布在荷城旧城片区。重点统筹片区空间分布详见"高明区重点统筹片区规划图 01"，具体规模如下表：

表 9　高明区重点统筹片区相关信息一览表

片区序号	片区面积（ha）	总计	更新类型		
			旧城镇	旧厂房	旧村居
1	212.7	147.5	130.2	17.3	0.0
2	264.9	174.0	166.0	8.0	0.0
3	353.8	269.5	264.5	4.9	0.0
合计	831.4	591.0	560.8	30.2	0.0

第 100 条 高明区重点统筹片区指引

高明区重点统筹片区需统筹建设 21 项公共设施、6 项市政设施、11 项公共交通设施；统筹新建 8270.8 米城市干道，其中城市更新图斑内需新建 2603.4 米城市干道。需统筹建设的公共设施、市政设施和公共交通设施、道路交通设施空间分布详见"高明区重点统筹片区规划图 02"。

第十章　保障机制

第一节　健全更新管理机制

第 101 条 强化城市更新年度计划管理

（1）科学制定城市更新年度计划，以更新计划为抓手，对全市更新活动的规模和空间分布进行统筹，全面实现本规划所确定的各项目标。

（2）按照本规划要求，依照《佛山市城市更新单元规划制定计划申报指引》，科学运用城市更新决策支持系统，合理划定城市更新单元范围，实施城市更新年度计划的常态申报、动态调校。

（3）本规划确定的近期重点地区，以及重大城市基础设施、公共服务设施涉及的更新地区应优先纳入城市更新年度计划，市城市更新主管部门、市各有关主管部门与各区政府应加强引导和统筹，大力推进。

（4）纳入城市更新计划的项目原则上应在本规划确定的更新范围内。如本规划确定的更新范围外确实存在个别项目具备改造必要性的，应严格按照相关计划程序进行申报，经审议批准后方可纳入更新单元计划。

第 102 条　建立专项规划动态调整机制

（1）数据库的动态调整。结合标图建库审批权下放，佛山市在标图建库管理方面采用了即报即批的管理方式，为适应管理模式的变化，专项规划的数据库将建立半年一次的动态调整机制。

（2）近期重点地区的动态调整。近期重点地区是审批城市更新单元计划是否可以优先纳入的重要依据，由于省市重大政策调整或重大设施、重大项目落地所带来的近期重点区域的变化，应在专项规划中及时调整，并同步调整重点地区更新指引。

（3）与重大规划的动态调校。专项规划应与省、市重大规划进行动态调校，因粤港澳大湾区重大规划，佛山市一级城市总体规划、土地利用总体规划调整所出现的变化，专项规划应及时审视，动态调校，调校后的成果应在通过专家评审后重新向社会公示。

第 103 条　构建城市更新单元规划制度

（1）本规划更新单元的划分已与佛山市控规创新所确定的管理单元及街坊界限进行了相关衔接。

（2）本规划是指导法定图则编制中城市更新单元划定的重要依据。在控制性详细规划编制中，应对本规划所划定的更新范围进行深入研究，合理确定城市更新单元。

（3）城市更新单元规划应在本规划以及已批控制性详细规划的指导下科学编制。经批准的城市更新单元规划视为对已批控制性详细规划的修改，是出具规划行政许可、实施相关规划建设管理的依据。

（4）城市更新单元规划应以保障城市公共利益落实为原则，确保改造范围内用于城市基础设施、公共服务设施或其它城市公共利益项目建设的用地应不小于改造范围的 15% 且大于 3000 平方米。

（5）加快完善单元规划编制的内容、深度、成果形式等技术指引和要求，构建地权重构、利益平衡、责任捆绑、风险评估的城市更新单元规划制度。

第 104 条 加大与控规改革创新的衔接

（1）编制内容上的衔接。一方面，城市更新单元范围的划定要以街坊为重要依据，原则上更新单元的范围应小于街坊范围，涉及到的规划指标在街坊范围内平衡；另一方面，加强更新单元实施的分期特征与街坊总量平衡的衔接，单个项目或分期实施应在城市更新计划的前期研究报告中进行科学的总量平衡研究。

（2）管理和审批上的衔接。一是城市更新单元规划必须以已批控规为依据，没有已批控规的不得启动更新单元规划的编制；二是已批的城市更新单元规划可以替代已批控规或地块开发细则，是项目建设和管理出具行政许可的依据；三是审批方面，城市更新单元规划不涉及调整控规或仅是技术修正的，由区政府批准；涉及到局部调整的需要市国土规划局审核，规委会审议通过后，由市政府批准；涉及到控规修编的，必须先完成控规修编程序，再以修编后的控规为依据编制城市更新单元规划。

（3）与不同"控规"之间的衔接。佛山市控规改革创新成果正式开启的时间点为 2018 年 1 月 1 日，在此之前没有以街坊为基本单位的控规，城市更新单元都认定其为地块开发细则；已按照控规改革创新成果编制或已完成旧版控规转译的，城市更新单元视其为控规。因此，针对不同层次的"控规"，在编制成果及管理要求上也应与控规改革创新的要求相一致。

第 105 条 强化连片开发引导制度

（1）强化"旧厂房"用地与"旧城镇、旧村居"用地之间的捆绑改造，根据难易程度，进行统一谋划、全面开发。

（2）强化"经营性用地"与"公益性用地"之间的捆绑改造，确保公益性设施的落实。

（3）探索"混合出让模式"，出台混合出让细则，指导国有用地与集体用地之间，不同规划用地性质的土地之间的混合出让。

（4）结合"增减挂钩"政策，整合零星零散用地，实现对零散用地的整合改造及用地指标效益的优化。

第二节 完善更新政策体系

第 106 条 以省"三旧"改造政策为指导，结合佛山实际尽快完善

土地房屋清理确权相关政策，理顺土地权属关系，合理解决土地历史遗留问题，加快违法建筑处理，科学解决土规挂起问题，有序推进城市更新活动。

第 107 条 探索高度城市化地区城市更新配套土地政策，深化完善土地出让、地价测

算、土地整备等相关政策，为城市更新活动提供政策保障。

第 108 条 尽快制定适应城市更新要求的城市房屋拆迁政策，确定拆迁补偿标准等相关政策。

第 109 条 加快研究制定与城市更新相关的房屋产权管理政策以及投融资政策等，积极落实相关税费政策。

第 110 条 加快出台佛山市城市更新实施意见，结合佛山城市更新实践，启动《佛山市城市更新办法》《佛山市城市更新办法实施细则》的制定。

第三节 建立更新资金保障

第 111 条 多渠道筹资。对于市区级重大设施建设及改造升级项目、历史文化街区保护更新项目、棚户区改造项目等，要采取增加财政补助、加大银行信贷支持、吸引民间资本参与、扩大债券融资、企业和群众自筹等办法筹集资金。

第 112 条 探索建设容积率交易平台，将轨道交通站点周边用地，在 TOD 开发模式下超出城市规划管理技术规定上限的土地出让金收益在保障及满足轨道交通建设需要的前提下，可优先用于历史文化街区和生态恢复区建设。

第 113 条 各级政府要加大城市更新资金的投入力度，推动政府主导的城市更新项目，推进旧城镇和旧村居综合整治改造。拓宽社会投资渠道，积极吸引社会资金投入城市更新活动。

第四节 加强工作组织保障

第 114 条 强化市一级城市更新工作领导小组的职权，提高对全市更新改造工作的统筹和协调能力。加快推进市、区两级城市更新局的建设，规范市、区城市更新管理的程序及边界。

第 115 条 进一步明确市、区、镇街三级城市更新（"三旧"改造）工作部门的事权，建立职能清晰、分工明确、权责一致的全市城市更新工作体制。

第 116 条 加强城市更新项目的信息化管理，以全市国土、规划信息化统筹为基底，以佛山市"三旧"改造项目管理系统为平台，将城市更新项目的计划、规划、申报、审批、实施、监管纳入一体化信息管理。管理系统以"属地管理，分级负责"为原则，各级城市更新主管部门应明确专人并对填报信息的真实性和合规性负责，项目信息将作为城市更新成效统计、评比考核、审计督查等的主要依据。

第 117 条 建立互动开放的城市更新公众参与制度，将公众参与贯穿于计划制定、规划编制、项目实施与监管的全过程，形成多方互动、和谐共赢的社会参与机制。

第五节　强化实施评估机制

第 118 条　结合《佛山市国民经济与社会发展"十三五"规划》和《佛山市近期建设与土地利用规划（2016－2020）》，根据城市更新实施情况，对本规划确定的目标、策略和相关指标进行中期评估与调校。

第 119 条　建立城市更新的年度评估机制，追踪更新计划的整体落实情况，记录和评价重点更新项目的开展情况，定期对城市更新工作绩效进行评价与反馈，促进更新目标与配套管理制度的不断优化。

第 120 条　适时对城市更新的相关政策进行研究、检讨与评估，提高政策的科学性、适用性和可操作性。

第 121 条　建立城市更新的目标责任监督考核制度，按照城市更新的工作分工和进度要求，制定责权清晰的考核机制，定期检查监督，全面落实本规划的各项目标与要求。

市域附图目录

01	区位分析图
02	城市更新对象空间分布图
03	城市更新分区指引图
04	城市更新规划指引图
05	近期重点地区更新指引图
06	城市更新与产业发展布局指引图
07	城市更新与公共服务设施建设指引图
08－1	城市更新与交通基础设施建设指引图 1
08－2	城市更新与交通基础设施建设指引图 2
09	城市更新与市政基础设施建设指引图
10	城市更新与"三道"规划指引图
11	城市更新地下空间规划指引图
12	各区城市更新重点统筹片区布局指引图

分区附图目录

01	禅城区重点统筹规划图（1、2）
02	南海区重点统筹规划图（1、2）
03	顺德区重点统筹规划图（1、2）
04	三水区重点统筹规划图（1、2）
05	高明区重点统筹规划图（1、2）

佛山市城市更新专项规划(2016-2035年)

01　区位分析图

珠三角区域关系图

南　海

佛山市位于广东省中南部，地处珠江三角洲腹地东倚广州，南邻港澳，西连肇庆、江门，北接清远，地理位置优越；市内有西江、北江及其支流贯穿，属于典型的三角洲河网地区；大致呈"人"字型。近几十年，佛山地区发展较快，目前已成为全国工业化与城镇化快速发展的城镇密集地区之一。

佛山市区域位置图

南　海

佛山市现为地级市，辖禅城区、南海区、顺德区、高明区、三水区五区；全市东西相距约103千米，南北相距愈110千米，总面积约3797平方公里。中心城区范围包括禅城区行政辖区、南海区桂城街道和狮山镇罗村社会管理处、顺德区乐从镇行政辖区，总面积为361.66平方公里。

佛山行政区划分图

三水区

南海区

中心城区

禅城区

高明区

顺德区

佛山市国土资源和城乡规划局　　佛山市城市规划设计研究院

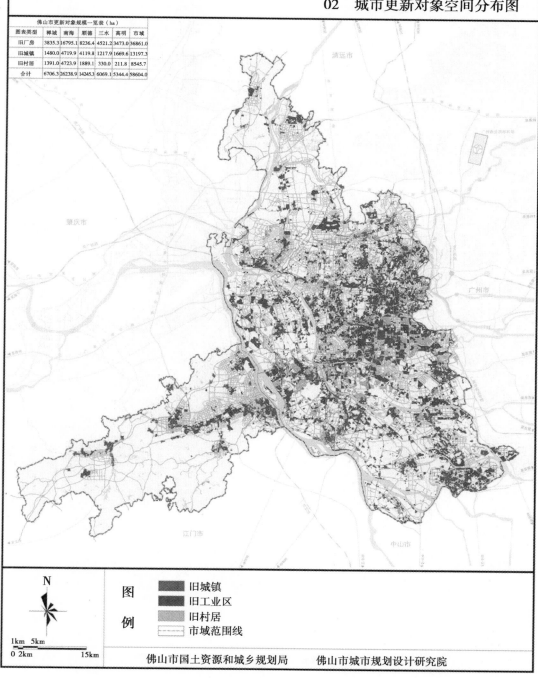

佛山市城市更新专项规划(2016-2035年)

02　城市更新对象空间分布图

佛山市更新对象规模一览表（ha）

图表类型	禅城	南海	顺德	三水	高明	市域
旧厂房	3835.3	16795.1	8236.4	4521.2	3473.0	36861.0
旧城镇	1480.0	4719.9	4119.8	1217.9	1669.6	13197.3
旧村居	1391.0	4723.9	1889.1	330.0	211.8	8545.7
合计	6706.3	26238.9	14245.3	6069.1	5344.4	58604.0

图例

- 旧城镇
- 旧工业区
- 旧村居
- 市域范围线

1km 5km

0 2km 15km

佛山市国土资源和城乡规划局　　佛山市城市规划设计研究院

佛山市城市更新专项规划（2016-2035年）

03　城市更新分区指引图

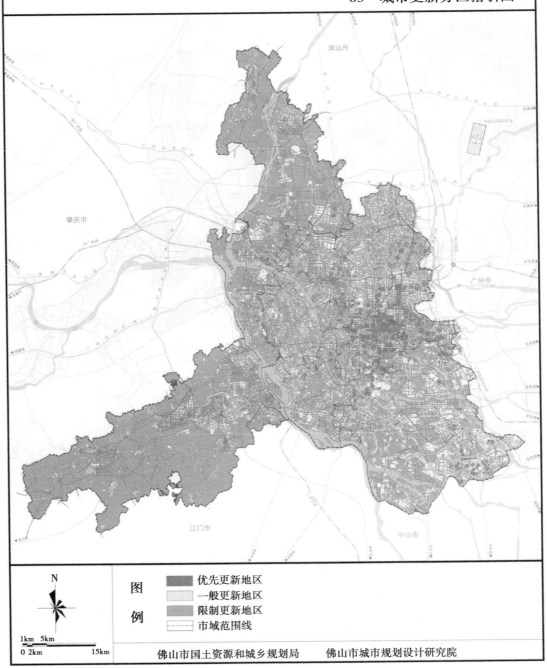

图例

- 优先更新地区
- 一般更新地区
- 限制更新地区
- 市域范围线

N

1km 5km
0 2km　　　　15km

佛山市国土资源和城乡规划局　　佛山市城市规划设计研究院

佛山市城市更新专项规划(2016-2035年)

04 城市更新规划指引图

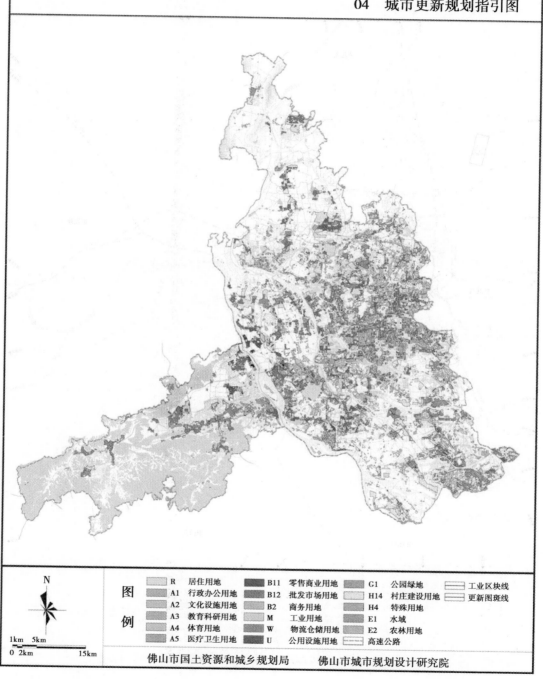

N

1km 5km

0 2km 15km

图例

R	居住用地	B11	零售商业用地	G1	公园绿地		工业区块线
A1	行政办公用地	B12	批发市场用地	H14	村庄建设用地		更新图斑线
A2	文化设施用地	B2	商务用地	H4	特殊用地		
A3	教育科研用地	M	工业用地	E1	水域		
A4	体育用地	W	物流仓储用地	E2	农林用地		
A5	医疗卫生用地	U	公用设施用地		高速公路		

佛山市国土资源和城乡规划局　　佛山市城市规划设计研究院

佛山市城市更新专项规划（2016-2035年）

05 近期重点更新地区指引图

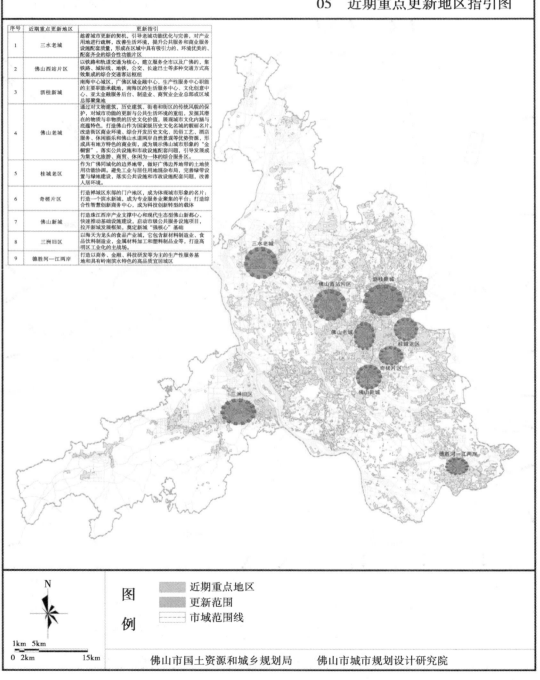

序号	近期重点更新地区	更新指引
1	三水老城	趁着城市更新的契机，引导老城功能优化与完善，对产业用地进行疏解，改善生活环境，提升公共服务和商业服务设施配套质量，形成在区域中具有吸引力的、环境优美的、配套齐全的综合性功能片区
2	佛山西站片区	以铁路和轨道交通为核心，建立服务全市以及广佛的、集铁路、城际线、地铁、公交、长途巴士等多种方式高效集成的综合交通客运枢纽
3	沥桂新城	南海中心城区，广佛区域金融中心，生产性服务中心职能的主要职能承载地、南海区的生活服务中心、文化创意中心、亚太金融服务后台、制造业、商贸业企业总部或区域总部聚集地
4	佛山老城	通过对文物建筑、历史建筑、街巷和街区的传统风貌的保护，对城市功能的更新与公共生活环境的重组，发掘其潜在的物质与非物质的历史文化价值，展现城市文化内涵与底蕴特色，打造佛山市作为国家级历史文化名城的靓丽名片。改造街区商业环境、综合开发历史文化、民俗工艺、酒店服务、休闲娱乐和佛山水道两岸自然景观等优势资源，形成具有地方特色的商业街，成为展示佛山城市形象的"金楣窗"，落实公共设施和市政设施配套问题。引导发展成为集文化旅游、商贸、休闲为一体的综合服务区。
5	桂城老区	作为广佛同城化的边界地带，做好广佛边界地带的土地使用功能协调。避免工业与居住用地混杂布局，完善绿带设置与绿地建设，落实公共设施和市政设施配套问题，改善人居环境。
6	奇槎片区	打造禅城区东部的门户地区，成为体现城市形象的名片；打造一个滨水新城，成为专业服务业聚集的平台；打造综合性智慧创新商务中心，成为科技创新转型的载体
7	佛山新城	打造珠江西岸产业支撑中心和现代生态型佛山新都心、快速推动基础设施建设，启动市级公共服务设施项目，拉开新城发展框架，奠定新城"强核心"基础
8	三洲旧区	以海天为龙头的食品产业城，它包含新材料制造业、食品饮料制造业，金属材料加工和塑料制品业等，打造高明区工业化的主战场。
9	德胜河—江两岸	打造以商务、金融、科技研发等为主的生产性基地和具有岭南滨水特色的高品质宜居城区

N

图
例

近期重点地区
更新范围
市域范围线

1km 5km
0 2km 15km

佛山市国土资源和城乡规划局　　佛山市城市规划设计研究院

佛山市城市更新专项规划(2016-2035年)

06 城市更新与产业发展布局指引图

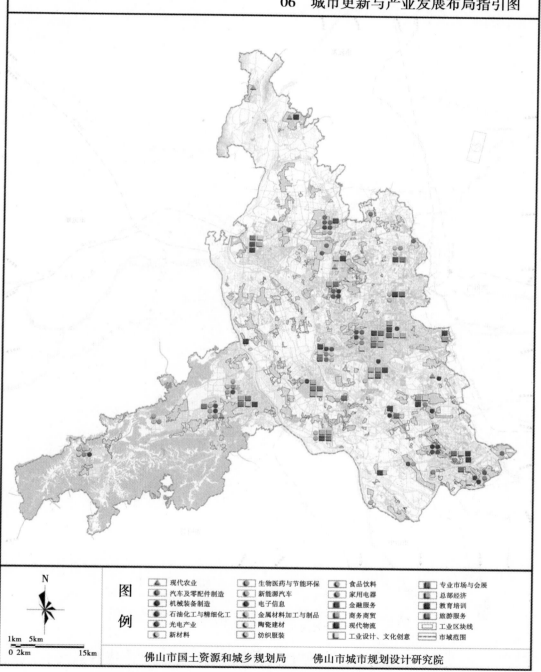

图例

现代农业	生物医药与节能环保	食品饮料	专业市场与会展
汽车及零配件制造	新能源汽车	家用电器	总部经济
机械装备制造	电子信息	金融服务	教育培训
石油化工与精细化工	金属材料加工与制品	商务商贸	旅游服务
光电产业	陶瓷建材	现代物流	工业区块线
新材料	纺织服装	工业设计、文化创意	市域范围

1km 5km
0 2km 15km

N

佛山市国土资源和城乡规划局   **佛山市城市规划设计研究院**

佛山市城市更新专项规划（2016-2035年）

07 城市更新与公共服务设施建设指引图

佛山市城市更新范围内公共服务设施规划一览表

数量地区（处） 设施	禅城区	南海区	顺德区	三水区	高明区	全市域
教育设施	96	302	157	48	31	634
体育设施	4	57	13	10	4	88
文化设施	54	78	8	19	12	171
医疗设施	20	69	43	15	7	154

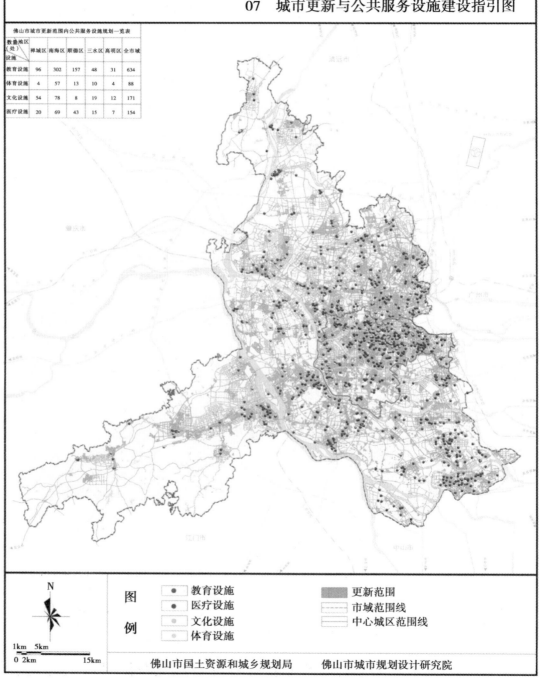

图例

- ● 教育设施
- ● 医疗设施
- ○ 文化设施
- ○ 体育设施

更新范围
市域范围线
中心城区范围线

1km 5km
0 2km 15km

佛山市国土资源和城乡规划局　　佛山市城市规划设计研究院

佛山市城市更新专项规划(2016-2035年)

08 城市更新与交通基础设施建设指引图1

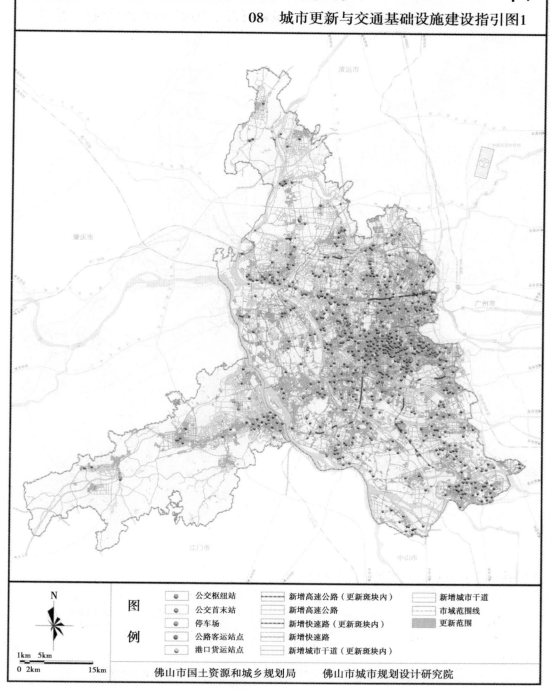

图例		
公交枢纽站	新增高速公路（更新斑块内）	新增城市干道
公交首末站	新增高速公路	市域范围线
停车场	新增快速路（更新斑块内）	更新范围
公路客运站点	新增快速路	
港口货运站点	新增城市干道（更新斑块内）	

佛山市国土资源和城乡规划局　佛山市城市规划设计研究院

佛山市城市更新专项规划（2016-2035年）

08 城市更新与交通基础设施建设指引图2

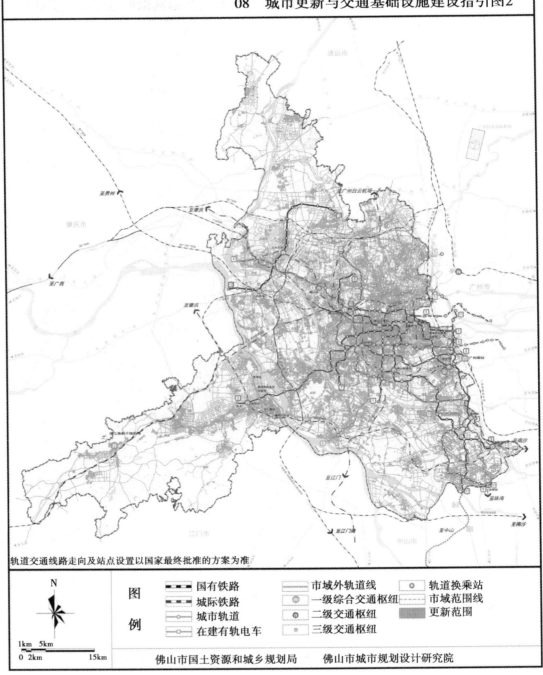

轨道交通线路走向及站点设置以国家最终批准的方案为准

图
例

国有铁路	市域外轨道线		轨道换乘站
城际铁路	一级综合交通枢纽		市域范围线
城市轨道	二级交通枢纽		更新范围
在建有轨电车	三级交通枢纽		

佛山市国土资源和城乡规划局　　佛山市城市规划设计研究院

佛山市城市更新专项规划（2016-2035年）

09　城市更新与市政基础设施建设指引图

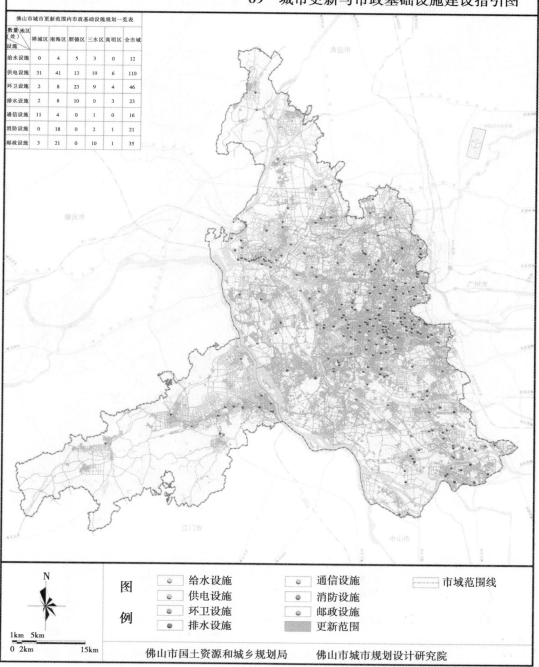

佛山市城市更新范围内市政基础设施规划一览表

设施	数量(处) 地区	禅城区	南海区	顺德区	三水区	高明区	全市域
给水设施		0	4	5	3	0	12
供电设施		31	41	13	19	6	110
环卫设施		2	8	23	9	4	46
排水设施		2	8	10	0	3	23
通信设施		11	4	0	1	0	16
消防设施		0	18	0	2	1	21
邮政设施		3	21	0	10	1	35

图例

- ○ 给水设施
- ○ 供电设施
- ○ 环卫设施
- ● 排水设施
- ○ 通信设施
- ○ 消防设施
- ● 邮政设施
- 更新范围
- ----- 市域范围线

N

1km　5km
0　2km　　　15km

佛山市国土资源和城乡规划局　　佛山市城市规划设计研究院

佛山市城市更新专项规划（2016-2035年）

10　城市更新与"三道"规划指引图

图例

受三道影响图斑	仅受水道影响图斑	地铁线路
仅受绿、水两道影响图斑	仅受轨道影响图斑	普通铁路
仅受轨、水两道影响图斑	三道均无影响图斑	城际铁路
仅受绿、轨两道影响图斑	绿道（粗细有不同）	火车站点
仅受绿道影响图斑	水道（蓝线）	地铁站点

1km 5km
0 2km 15km

佛山市国土资源和城乡规划局　　佛山市城市规划设计研究院

佛山市城市更新专项规划（2016-2035年）

11 城市更新地下空间规划指引图

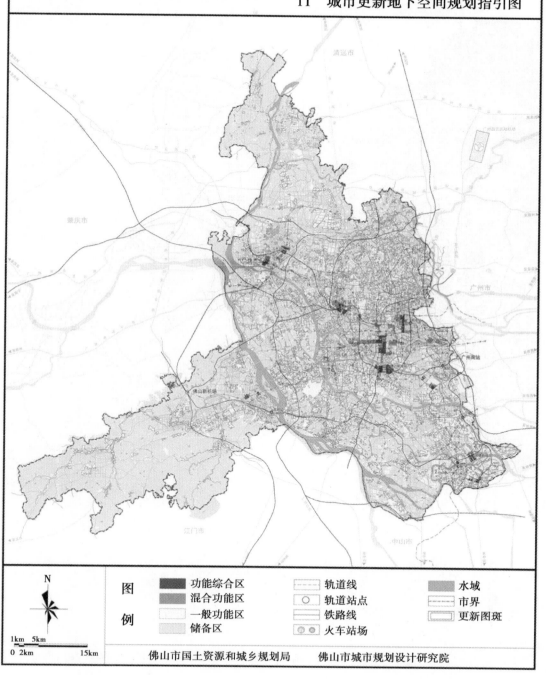

图例

N

1km 5km
0 2km 15km

功能综合区	轨道线	水域
混合功能区	轨道站点	市界
一般功能区	铁路线	更新图斑
储备区	火车站场	

佛山市国土资源和城乡规划局　　佛山市城市规划设计研究院

佛山市城市更新专项规划（2016-2035年）

12 各区城市更新重点统筹片区布局指引图

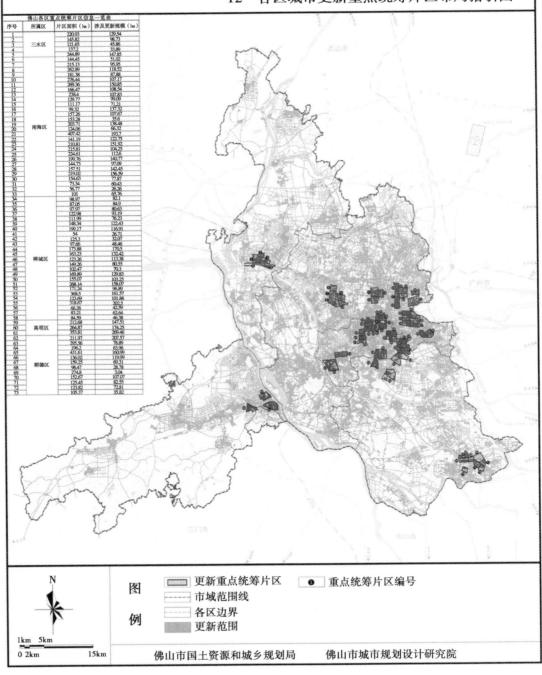

图例
更新重点统筹片区　　❶ 重点统筹片区编号
市域范围线
各区边界
更新范围

佛山市国土资源和城乡规划局　　佛山市城市规划设计研究院

佛山市城市更新专项规划(2016-2035年)

禅城区重点统筹规划图 01

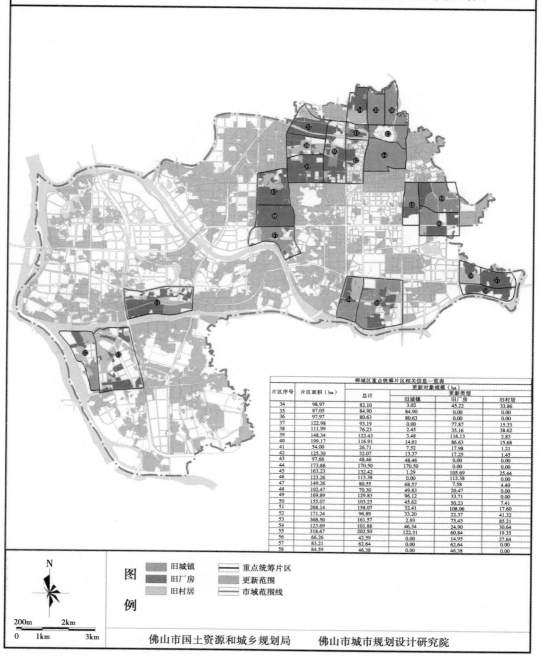

禅城区重点统筹片区相关信息一览表

片区序号	片区面积（ha）	更新对象规模（ha）			
		总计	旧城镇	旧厂房	旧村居
34	98.97	82.10	3.02	45.22	33.86
35	87.05	84.90	84.90	0.00	0.00
36	97.97	80.63	80.63	0.00	0.00
37	122.98	93.19	0.00	77.87	15.33
38	111.99	76.23	2.45	35.16	38.62
39	148.34	122.43	3.48	116.13	2.83
40	199.17	116.91	14.61	86.63	15.68
41	54.00	26.71	7.52	17.98	1.21
42	125.30	32.07	13.37	17.25	1.45
43	97.66	48.46	48.46	0.00	0.00
44	173.88	170.50	170.50	0.00	0.00
45	163.23	132.42	1.29	105.69	25.44
46	123.26	113.38	0.00	113.38	0.00
47	149.26	80.55	68.57	7.58	4.40
48	102.47	70.30	49.83	20.47	0.00
49	169.89	129.83	96.12	33.71	0.00
50	155.07	103.25	45.62	50.23	7.41
51	268.14	158.07	32.41	108.06	17.60
52	171.24	96.89	33.20	22.37	41.32
53	368.50	161.57	2.93	73.43	85.21
54	123.69	101.88	46.34	24.90	30.64
55	318.67	202.50	122.31	60.84	19.35
56	66.26	42.59	0.00	14.95	27.64
57	83.21	62.64	0.00	62.64	0.00
58	84.59	46.38	0.00	46.38	0.00

N

图
例

	旧城镇		重点统筹片区
	旧厂房		更新范围
	旧村居		市域范围线

200m   2km
0   1km   3km

佛山市国土资源和城乡规划局   佛山市城市规划设计研究院

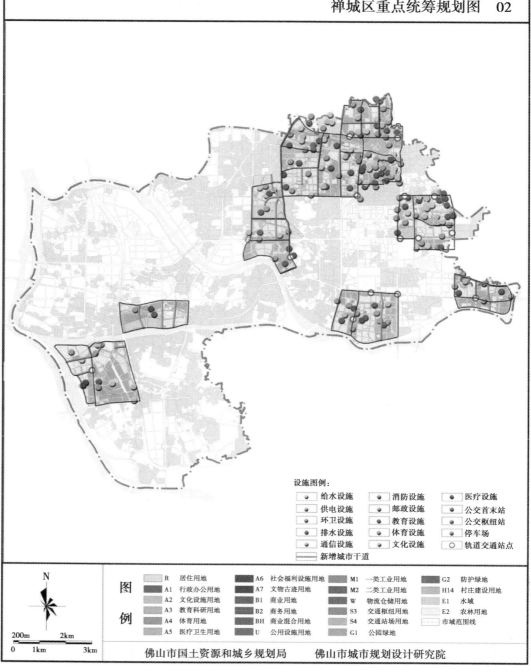

佛山市城市更新专项规划

禅城区重点统筹规划图　02

设施图例：

给水设施	消防设施	医疗设施
供电设施	邮政设施	公交首末站
环卫设施	教育设施	公交枢纽站
排水设施	体育设施	停车场
通信设施	文化设施	轨道交通站点
	新增城市干道	

图例

N

200m　2km
0　1km　3km

R 居住用地	A6 社会福利设施用地	M1 一类工业用地	G2 防护绿地
A1 行政办公用地	A7 文物古迹用地	M2 二类工业用地	H14 村庄建设用地
A2 文化设施用地	B1 商业用地	W 物流仓储用地	E1 水域
A3 教育科研用地	B2 商务用地	S3 交通枢纽用地	E2 农林用地
A4 体育用地	BH 商业混合用地	S4 交通站场用地	市域范围线
A5 医疗卫生用地	U 公用设施用地	G1 公园绿地	

佛山市国土资源和城乡规划局　　佛山市城市规划设计研究院

佛山市城市更新专项规划(2016-2035年)

南海区重点统筹规划图　01

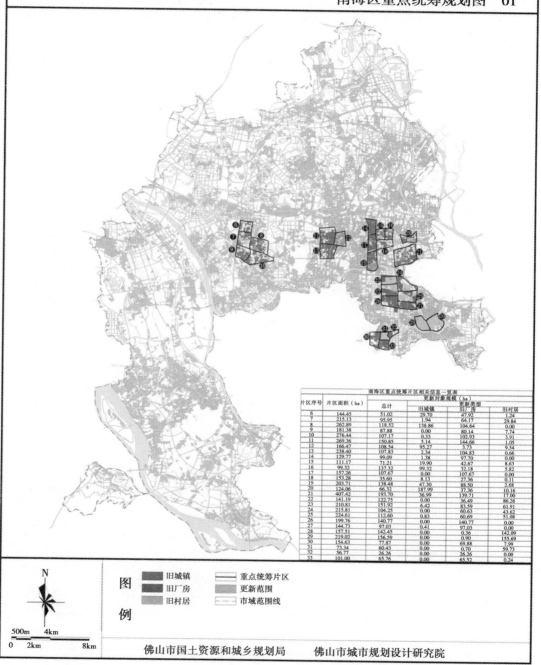

南海区重点统筹片区相关信息一览表

片区序号	片区面积（ha）	总计	更新对象规模（ha）		
			更新类型		
			旧城镇	旧厂房	旧村居
6	144.45	51.02	29.70	47.92	1.24
7	215.13	95.95	1.94	64.17	29.84
8	262.89	118.52	138.86	104.64	0.00
9	181.38	87.88	0.00	80.14	7.74
10	276.44	107.17	0.33	102.93	3.91
11	269.36	150.85	5.14	144.66	1.05
12	166.47	108.54	95.27	3.73	9.54
13	238.40	107.83	2.34	104.83	0.66
14	129.77	99.09	1.38	97.70	0.00
15	111.17	71.21	19.90	42.67	8.63
16	99.32	137.32	99.32	32.18	5.82
17	157.26	107.67	0.00	107.67	0.00
18	153.28	35.60	8.13	27.36	0.11
19	203.71	138.48	47.30	88.50	2.68
20	124.06	66.32	187.99	37.36	10.16
21	407.42	193.70	36.99	139.71	17.00
22	141.19	122.75	0.00	36.49	86.26
23	210.81	151.92	6.42	83.59	61.91
24	215.81	104.25	0.00	60.63	43.62
25	224.61	112.60	0.83	60.69	51.08
26	199.76	140.77	0.00	140.77	0.00
27	144.73	97.03	0.41	97.03	0.00
28	157.51	142.45	0.00	0.36	142.09
29	219.02	156.59	0.00	0.90	155.69
30	154.63	77.87	0.00	69.88	7.99
31	73.34	60.43	0.00	0.70	59.73
32	56.77	26.26	0.00	26.26	0.00
33	101.00	65.76	0.00	65.52	0.24

图例

旧城镇　　重点统筹片区
旧厂房　　更新范围
旧村居　　市域范围线

N

500m　4km
0　2km　8km

佛山市国土资源和城乡规划局　　佛山市城市规划设计研究院

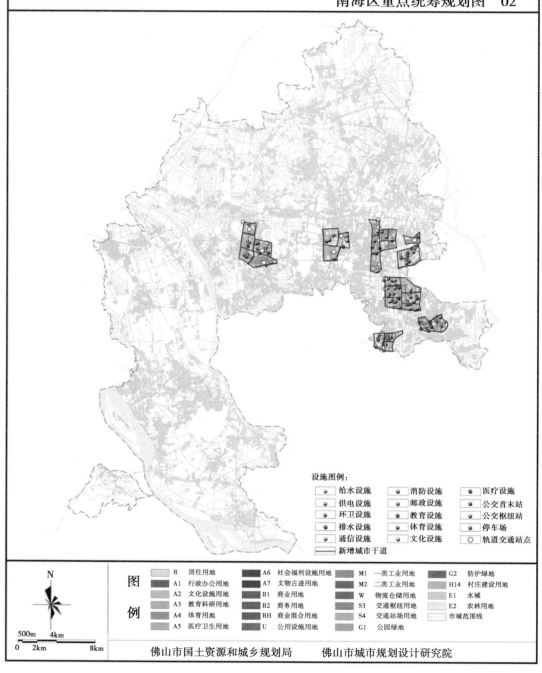

佛山市城市更新专项规划（2016-2035年）

南海区重点统筹规划图 02

设施图例：

给水设施	消防设施	医疗设施
供电设施	邮政设施	公交首末站
环卫设施	教育设施	公交枢纽站
排水设施	体育设施	停车场
通信设施	文化设施	轨道交通站点

新增城市干道

N

图例

500m 4km
0 2km 8km

R	居住用地	A6	社会福利设施用地	M1	一类工业用地	G2	防护绿地
A1	行政办公用地	A7	文物古迹用地	M2	二类工业用地	H14	村庄建设用地
A2	文化设施用地	B1	商业用地	W	物流仓储用地	E1	水域
A3	教育科研用地	B2	商务用地	S3	交通枢纽用地	E2	农林用地
A4	体育用地	BH	商业混合用地	S4	交通站场用地		市域范围线
A5	医疗卫生用地	U	公用设施用地	G1	公园绿地		

佛山市国土资源和城乡规划局　　佛山市城市规划设计研究院

佛山市城市更新专项规划(2016-2035年)

顺德区重点统筹规划图　01

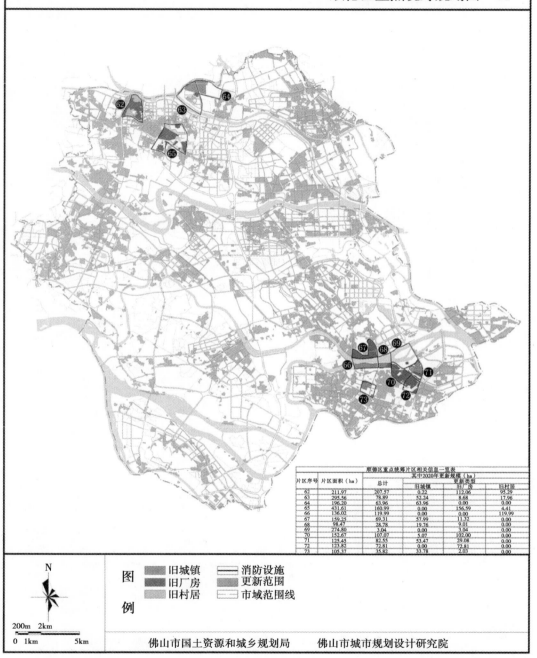

				顺德区重点统筹片区相关信息一览表		
				其中2020年更新规模（ha）		
片区序号	片区面积（ha）	总计		更新类型		
				旧城镇	旧厂房	旧村居
62	211.97	207.57		0.22	112.06	95.29
63	295.56	78.89		52.24	8.68	17.96
64	196.20	63.96		63.96	0.00	0.00
65	431.61	160.99		0.00	156.59	4.41
66	136.02	119.99		0.00	0.00	119.99
67	159.25	69.31		57.99	11.32	0.00
68	98.47	28.78		19.76	9.01	0.00
69	274.80	3.04		0.00	3.04	0.00
70	152.67	107.07		5.07	102.00	0.00
71	125.45	82.55		53.47	29.08	0.00
72	123.82	72.81		0.00	72.81	0.00
73	105.37	35.82		33.78	2.03	0.00

N

图
例

旧城镇　　消防设施
旧厂房　　更新范围
旧村居　　市域范围线

200m　2km
0　1km　　　5km

佛山市国土资源和城乡规划局　　佛山市城市规划设计研究院

佛山市城市更新专项规划(2016-2035年)

顺德区重点统筹规划图　02

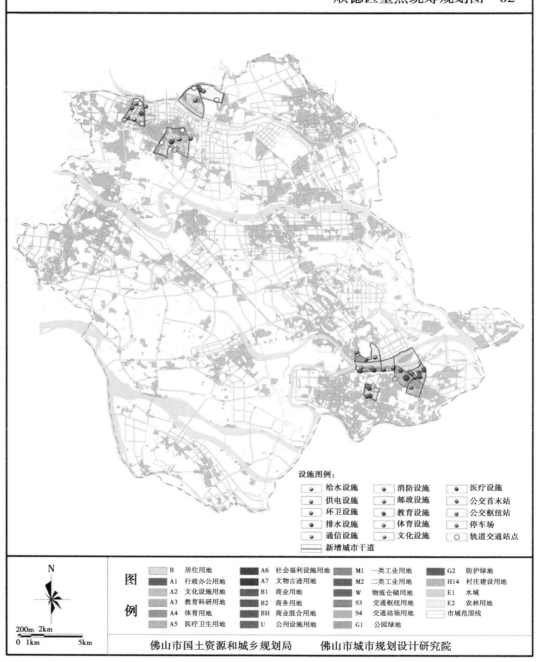

设施图例：

◉ 给水设施	◉ 消防设施	◉ 医疗设施
◉ 供电设施	◉ 邮政设施	◉ 公交首末站
◉ 环卫设施	◉ 教育设施	◉ 公交枢纽站
◉ 排水设施	◉ 体育设施	◉ 停车场
◉ 通信设施	◉ 文化设施	◎ 轨道交通站点

新增城市干道

图
例

N

200m　2km
0　1km　　　5km

R	居住用地	A6	社会福利设施用地	M1	一类工业用地	G2	防护绿地
A1	行政办公用地	A7	文物古迹用地	M2	二类工业用地	H14	村庄建设用地
A2	文化设施用地	B1	商业用地	W	物流仓储用地	E1	水域
A3	教育科研用地	B2	商务用地	S3	交通枢纽用地	E2	农林用地
A4	体育用地	BH	商业混合用地	S4	交通站场用地		市域范围线
A5	医疗卫生用地	U	公用设施用地	G1	公园绿地		

佛山市国土资源和城乡规划局　　　佛山市城市规划设计研究院

佛山市城市更新专项规划（2016-2035年）

高明区重点统筹规划图　01

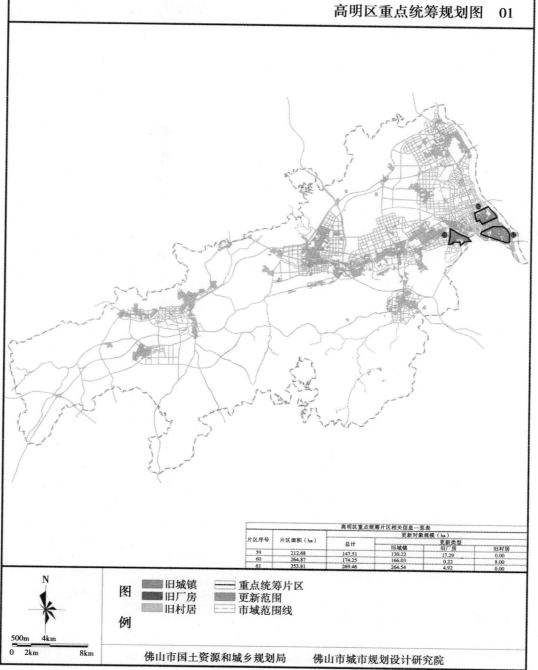

高明区重点统筹片区相关信息一览表					
片区序号	片区面积（ha）	更新对象规模（ha）			
		总计	更新类型		
			旧城镇	旧厂房	旧村居
59	212.68	147.51	130.22	17.29	0.00
60	264.87	174.25	166.03	0.22	8.00
61	353.81	269.46	264.54	4.92	0.00

N

图例

旧城镇　　重点统筹片区
旧厂房　　更新范围
旧村居　　市域范围线

500m　4km
0　2km　　8km

佛山市国土资源和城乡规划局　　佛山市城市规划设计研究院

佛山市城市更新专项规划(2016-2035年)

高明区重点统筹规划图　02

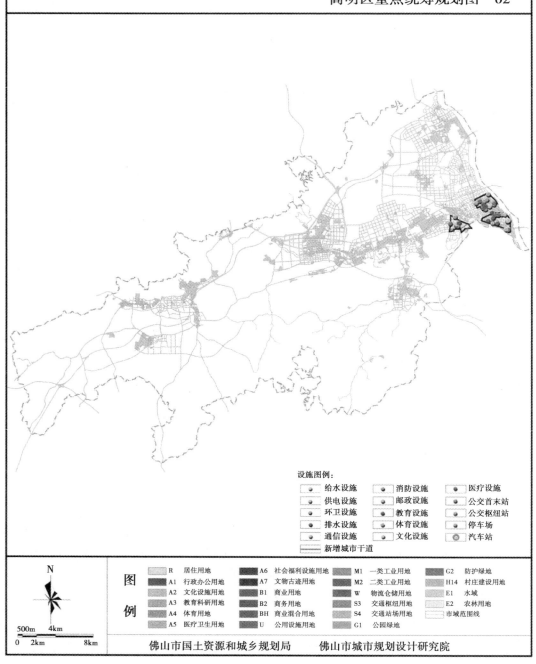

设施图例：

给水设施	消防设施	医疗设施
供电设施	邮政设施	公交首末站
环卫设施	教育设施	公交枢纽站
排水设施	体育设施	停车场
通信设施	文化设施	汽车站
	新增城市干道	

N

500m　4km
0　2km　　8km

图例

R	居住用地	A6	社会福利设施用地	M1	一类工业用地	G2	防护绿地
A1	行政办公用地	A7	文物古迹用地	M2	二类工业用地	H14	村庄建设用地
A2	文化设施用地	B1	商业用地	W	物流仓储用地	E1	水域
A3	教育科研用地	B2	商务用地	S3	交通枢纽用地	E2	农林用地
A4	体育用地	BH	商业混合用地	S4	交通站场用地		市域范围线
A5	医疗卫生用地	U	公用设施用地	G1	公园绿地		

佛山市国土资源和城乡规划局　　佛山市城市规划设计研究院

佛山市城市更新专项规划(2016-2035年)

三水区重点统筹规划图　01

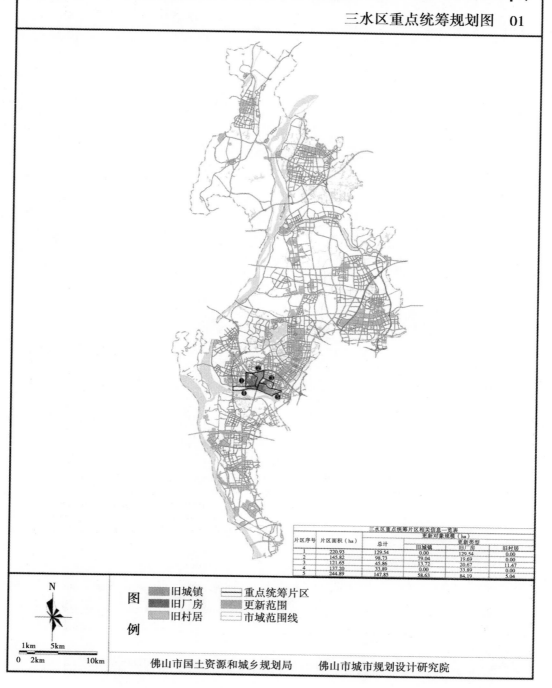

三水区重点统筹片区相关信息一览表				
片区序号	片区面积（ha）	更新对象规模（ha）		
		总计	更新类型	
			旧城镇	旧厂房	旧村居
1	220.93	129.54	0.00	129.54	0.00
2	145.82	98.73	79.04	19.69	0.00
3	121.65	45.86	13.72	20.67	11.47
4	137.20	33.89	0.00	33.89	0.00
5	244.89	147.85	58.63	84.19	5.04

图例

- 旧城镇
- 旧厂房
- 旧村居
- 重点统筹片区
- 更新范围
- 市域范围线

N

1km　5km
0　2km　10km

佛山市国土资源和城乡规划局　　佛山市城市规划设计研究院

佛山市城市更新专项规划(2016-2035年)

三水区重点统筹规划图　02

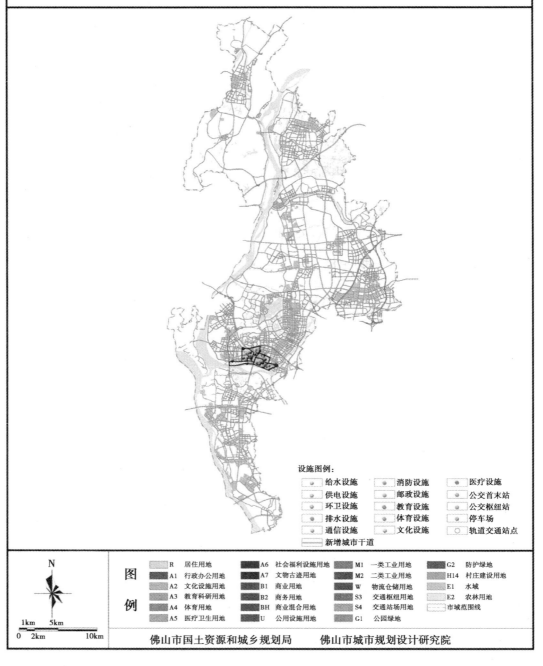

设施图例:
给水设施	消防设施	医疗设施
供电设施	邮政设施	公交首末站
环卫设施	教育设施	公交枢纽站
排水设施	体育设施	停车场
通信设施	文化设施	轨道交通站点

新增城市干道

N

1km　5km
0　2km　　　10km

图
例

R	居住用地	A6	社会福利设施用地	M1	一类工业用地	G2	防护绿地
A1	行政办公用地	A7	文物古迹用地	M2	二类工业用地	H14	村庄建设用地
A2	文化设施用地	B1	商业用地	W	物流仓储用地	E1	水域
A3	教育科研用地	B2	商务用地	S3	交通枢纽用地	E2	农林用地
A4	体育用地	BH	商业混合用地	S4	交通站场用地		市域范围界线
A5	医疗卫生用地	U	公用设施用地	G1	公园绿地		

佛山市国土资源和城乡规划局　　佛山市城市规划设计研究院

佛山市人民政府关于深化改革加快推动城市更新（"三旧"改造）促进高质量发展的实施意见

各区人民政府，市政府各部门、直属各机构：

为落实《广东省人民政府关于深化改革加快推动"三旧"改造促进高质量发展的指导意见》（粤府〔2019〕71号）精神，助力节约集约用地示范省建设，全面推进我市土地供给侧结构性改革，优化"三旧"改造市场化运作机制，加快推动"三旧"改造取得突破性进展，促进高质量发展，提高城市治理水平，提出如下实施意见：

一、总体要求

（一）指导思想。

以习近平新时代中国特色社会主义思想为指导，全面贯彻党的十九大和十九届二中、三中、四中全会精神，深入贯彻习近平总书记对广东重要讲话和重要指示批示精神，按照党中央、国务院关于深入推进城镇低效用地再开发的决策部署，遵循市场化运作规律，以优化"三旧"改造内生动力机制为方向，以提高存量土地资源配置效率为核心，以改善城乡人居环境、促进产业转型升级、加强历史文化和生态环境保护为重点，以打造多元化的配套政策体系为基础，全力推动"三旧"改造取得突破性进展。

（二）工作原则。

坚持以人民为中心。聚焦人民群众的需求，加大政府让利惠民力度，坚持"先安置、后拆迁"，总结规范改造模式，完善用地指标流转交易平台，维护原权利人合法权益，调动农村集体经济组织和农民的积极性、主动性，满足人民群众对美好生活的向往。

坚持以目标为引领。以促进城乡融合发展和经济高质量发展为根本目标，以中心城区形态提升和村级工业园整治提升为重点，加大政策创新供给力度，推动建立政府引导、市场运作、规划统筹、政策支撑、法治保障的"三旧"改造工作新格局。

坚持以问题为导向。瞄准入库门槛高、规划调整难、税费负担重、土地征拆难等问题，运用系统改革思维，构建开放型、综合性、多元化的政策体系，形成工作合力。

坚持优化国土空间格局。综合考虑经济发展、国土空间利用、生态文明建设等因素，坚持拆改留相结合，注重延续城市历史文脉，精准扶持重大产业类和公益性项目，全面优化生产空间、生活空间、生态空间以及社会治理空间，走内涵式、集约性、绿色化的高质量发展路子。

二、深化改革措施

（三）创新规划管理制度。

1. 城市更新单元规划可作为项目实施依据。"三旧"改造涉及控制性详细规划（以下简称控规）未覆盖的区域，可由市自然资源局、城市更新局组织编制城市更新单元规划，参照控规审批程序批准后，作为控规实施。"三旧"改造涉及控规调整的，可参照控规修改程序批准城市更新单元规划，覆盖原控规。在符合城市更新政策的前提下，能按法定控规实施的可不再另行编制城市更新单元规划，但须对更新项目的目标定位、改造模式、公共配套、利益平衡及分期实施等方面内容作出专题说明。已批城市更新单元规划的修改，应参照控规修改程序进行，报原城市更新单元规划审批机构审批。

2. 城市更新单元规划应以街坊为编制单位。城市更新单元规划应以国土空间规划、城市更新专项规划为依据，以1个或多个街坊为规划编制范围。

3. 拆除重建类城市更新项目的认定。拆除重建类城市更新项目，应将标图建库图斑内70%以上的上盖物纳入拆除范围（按建筑基底面积计算）。

4. 优化公益性用地的供给和落实。应将不低于城市更新项目总用地面积15%，且在拆除重建范围内将不低于该范围面积15%的用地用于建设公益性项目。"工改工"类城市更新项目应按照控规或城市更新单元规划落实公益性用地，不再对公益性用地贡献比例作强制要求。

通过现状工业改造为经营性开发项目（不含工业提升项目），且控规编制单元范围内人均公园绿地指标未达到《佛山市国土资源和城乡规划局关于在控制性详细规划编制中严格执行公园绿地控制标准的通知》要求的，公益性项目的用地比例不得低于25%，绿地率不得低于30%。其中，控规或城市更新单元规划要求公益性用地比例低于25%的项目，应按控规或城市更新单元规划落实公益性用地且比例不得低于20%，同时，在项目竣工验收前，各区应统筹在项目所在镇（街道）范围内的其他经营性城市更新项目中落实差额公益性用地。

5. 优化建设用地规模调节机制。确需实施"三旧"改造，但因不符合土地利用总体规划而无法纳入"三旧"改造标图建库范围的，可按程序和权限修改土地利用总体规划，落实建设用地规模后纳入标图建库范围。涉及城市总体规划限建区的，可按程序一并调整。市、区两级国土空间规划编制完成后，可按照国土空间规划管理要求进行衔接或调整。

不符合土地利用总体规划的，可根据《广东省人民政府关于加快推进全省国土空间规划工作的通知》（粤府函〔2019〕353号）关于过渡期内现有空间规划一致性处理的规定，通过有条件建设区使用的方式调整建设用地布局，落实规模后标图入库；土地利用总体规划已经调整并落实建设用地规模，但在城市总体规划中位于限建区的，在不突破生态红线、永久基本农田保护红线和相关规划确定的禁止建设区和强制性内容的前提下，可通过对建设项目所在地块编制或调整控规、编制城市更新单元规划，明确规划管理要求，在编制国土空间规划时按"一张图"要求做一致性处理。

（四）创新审查报批机制。

6. 优化标图建库审查要求。实地在2009年12月31日前已建设使用且符合上盖物占地比例要求，但第二次全国土地调查或最新的土地利用现状图确定为非建设用地，不涉及复垦且确需改造建设的，落实建设用地规模后可纳入标图建库范围。实地在2009年12月31日前已建设使用但未变更，已纳入标图建库范围的，可按建设用地办理"三旧"用地手续，不需安排新增建设用地指标。

同一改造主体将相邻多宗地整体入库的，可以整体核算上盖物占地比例，但不得包含已认定为闲置土地的地块。相邻多宗地是指除了上盖物条件不满足以外，其他条件均满足标图建库要求的相邻地块。宗地之间以道路、河流隔开的，且中间再未间隔其他地块的，属相邻多宗地。

上盖物占地比例未达到30％，但符合相关规划条件或行业用地标准规定的下限，或规划条件只设置了上限，原权利人依法获得规划和建设许可的，或地块整体改造后用于建设教育、医疗、养老、体育等公益性项目的，可纳入标图建库范围。

7. 简化"三旧"用地报批手续。实地在2009年12月31日前已建设使用且已按第6点规定纳入标图建库范围的，遵循实事求是的原则，落实建设用地规模后可按建设用地办理"三旧"用地手续。涉及完善集体建设用地手续并转为国有建设用地的"三旧"改造项目，可将项目改造方案以及完善集体建设用地手续材料、转为国有建设用地材料按各自的报批要求分别组织卷宗材料，一并报市人民政府审批。

8. 优化旧厂房完善用地手续报批。涉及拆除重建类旧厂房更新需要完善历史用地手续的，在申请主体作出拆除地上建筑物承诺后，可启动用地手续报批工作。用地报批材料经佛山市建设用地审批（审核）联席会议审议通过3个月内，如申请主体已拆除50%以上的承诺拆迁量，或因组织生产等原因确实难以完成的进行专题说明后，可申请用地批准文件。

9. 优化微改造项目行政审批手续。对于纳入标图建库范围，以保留原建筑物主体或采取加建扩建、局部拆建、完善公建配套设施、改变建筑使用功能等方式实施的微改造项目，优化规划、用地、建设、消防、商事登记等行政审批手续办理流程，提高审批效率。

10. 推行区域评估制度。对已完成区域评估的连片改造村级工业园、"工改工"等项目，在符合区域评估报告使用条件下，不再要求单个改造项目进行压覆重要矿产资源、节能、环境影响、地质灾害危险性、地震安全性等相关评估。在已完成单项评估的地块上开展"三旧"改造，且改造项目符合各项要求的，不再要求该改造项目开展区域评估；在暂不具备区域评估条件的地块上开展"三旧"改造，不强制将区域评估作为前置条件，但应按要求开展单项评估。

11. 优化场地环境调查评估。申报主体应按照《佛山市人民政府办公室关于深入推进城市更新（"三旧"改造）工作的实施意见（试行）》（佛府办〔2018〕27号）的规定做好环境调查评估工作。确属旧厂房因组织生产等原因难以采样，不能进行的，可推迟开展土壤污染状况调查、评审工作。

采用协议出让或集体土地流转出让方式供地的，须在签订土地出让合同前完成土壤污染状况调查、评审工作；采用其他方式供地的，须在土地收储前完成土壤污染状况调查、评审工作。属"工改工"（分割销售情形除外）的，若涉及土壤重点监管企业或疑似污染地块的，土地权利人应及时开展土壤污染状况调查工作；若不涉及土壤重点监管企业或疑似污染地块的，土地权利人书面承诺承担后续土壤污染状况调查、风险评估以及土壤治理修复责任后，可暂不开展土壤污染状况调查工作。

12. 优化城市更新单元规划审批。综合考虑项目规模、改造类型等因素，制定差异化的城市更新单元规划审批流程，进一步简化审批要求，提高审批效率。

（五）支持整体连片改造。

13. 支持旧城镇、旧村庄整体改造。对以拆除重建方式实施的旧城镇、旧村庄改造项目，应以成本和收益基本平衡为原则合理确定容积率；因用地和规划条件限制无法实现盈亏平衡的，可通过政府补助、异地安置、容积率异地补偿等方式进行统筹平衡。经农村集体经济组织同意，旧村庄改造项目可整合本村权属范围内符合土地利用总体规划和城乡规划的其他用地，纳入旧村庄改造项目一并实施改造。纳入的其他用地可参照边角地、夹心地、插花地有关规定单独组卷或与"三旧"改造的主体地块一并组卷进行用地报批，但只能用于复建安置或公益设施建设。整体连片改造时要合理安排一定比例用地，用于基础设施、市政设施、公益事业等公共设施建设，充分保障教育、医疗、养老、体育用地需求，切实加强对历史遗产、不可移动文物及历史建筑的保护。

14. 支持集体和国有建设用地混合改造。对于纳入"三旧"改造范围、位置相邻的集体建设用地与国有建设用地，可一并打包进入土地市场，通过公开交易或协议方式确定使用权人，实行统一规划、统一改造、统一运营。实施集体和国有建设用地混合改造时，可以根据当地的实际情况和混合改造项目的实际需求确定国有建设用地的规模上限和所占的比例。

15. 支持土地置换后连片改造。在符合规划、权属清晰、双方自愿、价值相当的前提下，允许"三旧"用地之间或"三旧"用地与其他存量建设用地进行空间位置互换。土地置换应当按照转移登记办理。"三旧"用地与其他存量建设用地进行空间位置互换后，被置换的地块可直接适用"三旧"改造优惠政策，不需再纳入"三旧"改造标图建库范围，原"三旧"用地不再享受"三旧"改造优惠政策。以拆除重建方式实施的"三旧"改造项目，可将标图建库范围内的"三旧"用地先进行复垦，复垦产生的建设用地规模和指标可用于本项目范围内的非建设用地，按规定办理转用手续后一并实施改造，也可有偿转让给本市其他"三旧"改造项目使用。

16. 加大土地出让金优惠力度。为鼓励连片改造，加大对一定规模以上改造项目的扶持。其中，改造项目面积在200亩（含）至300亩的，"挂账收储"公开出让类补偿原权属人标准提高2%，协议出让类出让金计收比例下调2%；面积在300亩（含）至400亩的，相应比例调整至3%；面积在400亩（含）至500亩的，相应比例调整至4%；面积在500亩及以上的，相应比例调整至5%。

（六）　支持降低用地成本。

17. 采取多种地价计收方式。"三旧"改造供地，可以单宗或区片土地市场评估价为基础，按照佛府办〔2018〕27号文规定的地价计收办法确定政府应收地价款。在保障政府收益不受损的前提下，允许以建筑物分成或收取公益性用地等方式替代收缴土地价款，具体地价计收标准及形式另行制定。

18. 创新创业载体享受差别化地价。鼓励利用"三旧"用地建设科技企业孵化器、众创空间、新型研发机构、实验室、专业镇协同创新中心等创新创业载体，按科研用地或工业用地用途供地，并综合考虑分割转让比例、转让限制条件、政府回购权等因素实行差别化地价。

（七）　支持优化利益分配。

19. 实行土地增值税补助政策。自2019年度起，市"三旧"改造项目所产生的土地增值税收入（全口径）较上一年度增长超过8%的部分，由省按30%的比例核定补助我市后，按我市财政、税收有关规定返还给各区。

20. 加大对"工改工"及公益性项目奖补力度。各区应落实资金保障，统筹运用"三旧"改造土地出让、税收等资金，对村级工业园改造、"工改工"项目和增加绿地、体育公园、历史文物保护等公益性改造项目实施奖补。

21. 降低改造项目税收负担。经项目所在地区级及以上人民政府确认，同一项目原多个权利主体通过权益转移形成单一主体承担拆迁改造工作的，属于政府征收（收回）房产、土地并出让的行为，按相关税收政策办理。

（八）　强化倒逼促改措施。

22. 提高低效用地项目运营成本。各区可根据项目用地规模、亩均产值、单位能耗、排污强度、劳动生产率等指标对用地效率进行分等定级，并在用能、用电、用水、排污权等方面实行差别化配置，倒逼低效用地主体主动实施改造或退出用地。

（九）　强化行政司法保障。

23. 实行政府裁决和司法裁判。"三旧"改造项目，多数原权利主体同意改造，少数原权利主体不同意改造的，按照《中华人民共和国土地管理法》及其实施条例、《国有土地上房屋征收与补偿条例》相关规定处理；法律法规没有规定的，可积极探索政府裁决。对由市场主体实施且"三旧"改造方案已经批准的拆除重建类改造项目，特别是原有建筑物存在不符合安全生产、城乡规划、生态环保、建筑结构安全、消防安全要求或妨害公共卫生、社会治安、公共安全、公共交通等情况，原权利主体对搬迁补偿安置协议不能达成一致意见，符合以下分类情形的，原权利主体或经批准的改造主体均可向项目所在地区级及以上人民政府申请裁决搬迁补偿安置协议的合理性，并要求限期搬迁。

（1）土地或地上建筑物为多个权利主体按份共有的，占份额不少于2/3的按份共有人已签订搬迁补偿安置协议；

（2）建筑物区分所有权的，专有部分占建筑物总面积不少于2/3且占总人数不少于2/3的权利主体已签订搬迁补偿安置协议；

（3）拆除范围内用地包含多个地块的，符合上述规定的地块总用地面积应当不少于拆除范围用地面积的80%；

（4）属于旧村庄改造用地，农村集体经济组织以及不少于2/3的村民或户代表已签订搬迁补偿安置协议。

对政府裁决不服的，可依法申请行政复议或提起行政诉讼。当事人在法定期限内不申请行政复议或提起行政诉讼且不履行裁决的，由作出裁决的人民政府申请人民法院强制执行。

区级及以上人民政府进行裁决前，应当先进行调解。

（十）强化项目实施监管。

24. 实行项目协议监管。各区要建立改造项目协议监管和多部门联合监管机制。对于产业类改造项目，可将产业准入条件、投产时间、投资强度、产出效率和节能环保、股权变更约束等要求纳入项目监管协议。对于改造主体不依规依约实施改造的，区人民政府应责令改造主体限期整改，拒不整改的可由原批准单位撤销对改造方案的批复，并将企业失信行为纳入信用记录向社会公布，依法限制改造主体参与其他"三旧"改造项目。

25. 发挥政府补位作用。对于市场主导的拆除重建类改造项目，市场主体已征得上述第23点规定比例的原权利主体同意，但项目仍难以推进，在政府规定的期限内无法与所有原权利主体达成搬迁补偿协议的，该市场主体可申请将项目转为由政府主导的方式推进。市、区人民政府可在现有工作基础上继续推进土地、房产征收（收回）工作，并对经核定的市场主体前期投入费用予以合理补偿。

26. 实行信息全流程公开。各区要以信息公开为抓手，建立有效的风险防控体系，打造"三旧"改造阳光工程，严防廉政风险。将"三旧"改造标图建库、项目确认、规划计划编制、实施方案及用地审批、签订监管协议、土地供应、地价款核算、税费缴交、竣工验收等各事项的标准和办事流程纳入政府信息主动公开范围。对具体"三旧"改造项目的审批结果应依法依规及时公开。

三、工作要求

（十一）强化区政府主体责任。

各区人民政府要充分认识城市更新（"三旧"改造）的重大意义，切实履行主体责任。建立完善由政府牵头的"三旧"改造工作协调机制和容错纠错机制，主要负责人要亲自抓，督促相关部门各司其职、各负其责，合力推进"三旧"改造工作。针对"三旧"改造重点区域，要组织公安、自然资源、生态环境、住房城乡建设、市场监管、税务等部门加大联合执法力度，坚决清理各种违法违规生产经营行为，强力推进违法用地、违法建设治理工作。

（十二）强化协同推进合力。

各有关部门要明确分工，落实城市更新（"三旧"改造）工作责任。市自然资源局、城市更新局负责统筹推进全市城市更新工作，重点做好城市更新政策研究、城市更新专项规划编制、标图建库、规划用地管理、不动产登记等工作，加强政策解读和宣传。市住房城乡建设局负责"三旧"改造涉及市政配套设施建设监督、历史建筑保护利用等工作。市城管执法局负责"三旧"改造涉及违法建设治理工作。市工业和信息化局负责对制造业企业"亩均效益"进行综合评价及倒逼促改、引导村级工业园升级改造等工作。市财政局负责建立资金统筹机制，配合相关职能部门制定完善土地出让收入分配使用、"工改工"及公益性项目财政奖补等政策。市农业农村局负责指导农村集体经济组织做好集体资产管理。市文广旅体局负责对"三旧"改造中的不可移动文物做好保护及活化利用工作。市金融工作局负责制定金融支持政策，采取多种手段拓展改造项目融资渠道。市税务局负责落实"三旧"改造税收指引，加强税收政策解读和宣传，研究解决"三旧"改造税收实务问题。市发展改革局、公安局、人力资源社会保障局、生态环境局、交通运输局、卫生健康局等在各自职责范围内做好"三旧"改造倒逼促改和实施监管工作。

本意见自 2020 年 1 月 1 日起施行，有效期 5 年。此前市、区城市更新（"三旧"改造）政策与本意见不一致的，以本意见为准。

佛山市人民政府

2019 年 11 月 21 日

重庆市全面推进城镇老旧小区改造和社区服务提升专项行动方案

为全面贯彻落实党中央、国务院关于推进城镇老旧小区改造工作的决策部署，按照市委、市政府关于重庆市城市提升行动计划和城市有机更新的相关工作要求，结合全市实际，特制定本方案。

一、总体要求

（一）指导思想。

以习近平新时代中国特色社会主义思想为指导，全面贯彻党的十九大和十九届二中、三中、四中全会精神，紧紧围绕习近平总书记对重庆提出的"两点"定位、"两地""两高"目标、发挥"三个作用"和营造良好政治生态重要指示精神，贯彻落实 2019 年中央经济工作会议、疫情期间召开的中共中央政治局常务委员会等会议精神。把城镇老旧小区改造作为城市有机更新和存量住房改造提升的重要载体，加大基础设施补短板力度，加快补齐老旧小区在卫生防疫、社区服务等方面的短板，促进人居环境改善和城市品质提升。贯彻"美好环境与幸福生活共同缔造"的理念与方法，坚持从实际出发，变政府要"改"为群众要"改"，鼓励运用市场化方式吸引社会力量参与，打造"共谋、共建、共管、共评、共享"的社会治理格局，推动惠民生扩内需，不断提高人民群众的获得感、幸福感、安全感。

（二）基本原则。

——尊重民意，排忧解难。顺应群众期盼和需求，把选择权交给群众，不搞"一刀切"，按照"缺什么、补什么"的菜单选择方式，以直接影响居住安全、居民生活的突出问题为切入点，合理确定改造提升内容，确保改造提升后的老旧小区"面子"好看，"里子"好用。

——共商共建，民主决策。贯彻"美好环境与幸福生活共同缔造"理念和方法，结合基层党组织和社区治理体系建设，充分发挥基层党组织的引领和协调作用，搭建沟通议事平台，积极引导党员、人大代表、政协委员等居民代表发挥带头作用，在各环节问需问计于民，实现共同商议、共同实施、共同监督。

——共同出资，成果共享。建立政府统筹引导的多元化融资机制，采取"居民分担、企业投资、财政奖补"等方式多渠道筹集资金。结合实际合理确定费用分摊规则，引导产权人和居民发挥主人翁意识，承担一定出资责任，促进珍惜改造成果。按照"谁投资、谁经营、谁受益"的原则建立成果共享机制，鼓励引入社会资金投入。

——统筹策划，合力实施。整合有效政策和资源，与城市有机更新、社会治理统筹推进，实现"物业品质提升、产业结构升级、房屋有效利用、社会治理创新"高度融合。合理拓展实施单元，完善养老托幼、文化体育、医疗卫生、残疾人服务等基本公共服务体系；统筹实施垃圾分类、适老化改造、公共厕所建设、公共停车场和步行系统建设、"增绿添园"工程、雪亮工程等民生实事；将老旧小区改造与"街道中心""社区家园"布局、建设相结合，同步推进与社区文化建设，挖掘文化脉络和集体智慧，弘扬公共精神，打造有特色的人文小区和社区。

——建管结合，注重长效。积极发挥共治共管管理职能，建立健全综合监管服务管理机制，形成分级负责、权责明确、责任落实、运转协调、监管到位的老旧小区服务管理体系。对已完成改造的老旧小区，实行引进物业服务公司、居民自治、社区物业服务中心管理等模式进行分类管理；建立共治共管长效机制，因地制宜建立多主体参与的小区管理联席会议机制，共同谋划管理模式、规约及议事规程，共同维护成果，确保"一次改造，长期保持"。

二、实施范围和目标任务

（一）实施范围。

城镇老旧小区改造和社区服务提升实施范围应为 2000 年以前建成的，房屋失养失修失管、市政配套设施不完善、社会服务设施不健全、居民改造意愿强烈的，位于城市及县城（中心城区）的住宅小区（含独栋住宅楼）和社区。

（二）目标任务。

在 2018 年试点、2019 年扩大试点的基础上，按照中央有关精神及市委、市政府工作要求，全面推进城镇老旧小区改造和社区服务提升。2020 年，在基本完成 2019 年度已启动 1100 万平方米改造提升任务的同时，力争再启动 3000 万平方米。到 2022 年，形成更加完善的长效工作机制和制度政策体系，按照"实施一批、谋划一批、储备一批"的原则，有计划持续滚动推进全市 1.02 亿平方米改造提升任务全面实施。

三、实施内容与指导标准

按照综合改造和管理提升两种途径，本着"连线成片"原则，持续滚动推进全市老旧小区改造和社区服务提升，着力打造"完整社区""绿色社区"。实施过程中，居民根据实际情况可对改造提升内容进行更新和选择，突出居民"菜单式选择"。

（一）综合改造内容与指导标准。

综合改造按类别分为基础配套设施更新改造、房屋公共区域修缮改造、公共服务设施建设改造；按项目性质分为基础项、增加项、统筹实施项。

1. 基础配套设施更新改造。一是小区内基础设施。主要包括小区内道路、供排水、供电、供气、绿化、照明、围墙、消防设施等基础设施的更新改造。因地制宜地推广应用透水铺装、下沉式绿地、绿色屋顶、雨水花园、传输型植被草沟等海绵城市建设措施，提高老旧小区的雨水积存和蓄滞能力。二是与小区直接相关相邻市政基础设施。主要包括与小区直接相关相邻的道路和公共交通、通信、供电、供排水、供气、停车库（场）、污水处理、垃圾分类、小型公共设施等市政基础设施的改造提升，且应与小区内基础设施更新改造一并实施。

2. 房屋公共区域修缮改造。主要包括小区内房屋公共屋面、墙面等公共区域修缮、管线规整，有条件的居住建筑可加装电梯。在不影响安全前提下，积极引导住户自主出资实施户内装修改造。

3. 公共服务设施建设改造。坚持以社区为基本空间单元，结合智慧社区建设，构建以幼有所育、学有所教、老有所养、住有所居等为统领，涵盖基层群众自治、公共教育、医疗卫生、公共文化体育、养老服务、残疾人服务等方面的社区基本公共服务设施建设和改造，将社区便民服务中心纳入建设改造范围。

（二）管理服务提升内容与指导标准。

明确物业管理和社区服务方式，按照居民意愿确定管理模式、服务内容和收费标准，基本实现"环境卫生、房屋管理及养护、安保及车辆管理、绿化管理、公共设施管理"规范有序，提升群众生活品质。

1. 对具备条件的老旧小区，由街道办事处、镇人民政府指导成立业主委员会或居民小组，通过业主大会引进物业服务企业实施专业管理。

2. 对不具备引入专业物业管理的，由街道办事处、镇人民政府组建社区"物业服务中心"，通过业主大会或者居民会议等方式听取居民意见，提供日常保洁、设施设备管护、公共秩序维护等物业服务。

3. 对不具备成立"物业服务中心"的，由街道办事处、镇人民政府指导成立业主委员会或居民小组，通过业主大会或者居民会议等方式，共同决定实施居民自治物业管理。

四、保障措施

（一）加强工作统筹。

建立老旧小区改造和社区服务提升工作统筹协调制度。市住房城乡建委为老旧小区改造和社区服务提升工作的牵头单位，市发展改革委、市经济信息委、市教委、市财政局、市民政局、市规划自然资源局、市城市管理局、市文化旅游委、市卫生健康委、市体育局等部门按照各自职责配合做好指导、管理和监督等有关工作，并制定相关管理细则、配套政策、技术标准，形成"1 + N"的配套制度体系。建立领导干部联系机制，通过领导干部抓重点、重点抓，进一步破解难题、探索总结，力争形成可复制、可推广的工作经验。

各区（县）政府为辖区老旧小区改造和社区服务提升工作的责任主体，组织相关部门研究制定辖区老旧小区改造和社区服务提升总体规划，分年度编制滚动实施计划和辖区财政承受能力论证评估报告，建立"项目池"与"资金池"对接机制，报市住房城乡建委、市发展改革委、市财政局等部门备案。各区（县）政府按照属地管理原则，明确各区（县）的具体牵头部门、工作机构和人员，制定工作方案；指导项目实施主体，建立项目管理机制、制定工作流程，并按要求及时报送项目进展情况。

建立设计评审机制，规范设计评审工作。鼓励各区（县）邀请规划、勘察、设计、项目管理等专业机构、高等院校及相关社会组织，作为顾问咨询或技术支撑单位参与老旧小区改造和社区服务提升工作。

（二）落实资金保障。

1. 发动居民自筹资金。建立居民合理分担机制，发动居民采取据实分摊、让渡公共收益、使用（补交）物业专项维修资金等方式自筹资金；允许居民提取住房公积金，用于所在老旧小区改造以及同步进行户内装修改造；鼓励居民通过个人捐资捐物、投工投劳等自愿形式，支持改造提升工作。

2. 落实管线单位出资。各区（县）牵头部门要与供水、供电、燃气、通信、广电等管线单位建立协调工作机制，并将改造提升总体规划和年度实施计划及时书面告知相关管线单位；相关管线单位应当根据改造提升总体规划和年度实施计划，合理安排或及时调整管线改造计划，同步实施改造，改造费用由相关管线单位自行负责。

3. 拓宽改造资金渠道。一是鼓励企业、社会组织、原产权单位等社会力量以捐资、捐物等方式支持老旧小区改造和社区服务提升。二是可利用公共建筑、权属用地等资源，整合停车、养老、抚幼、公共文化体育设施、快递驿站、商业设施、充电设施、广告设施等经营性资源，统筹考虑项目投资回报与企业投入产出，通过公开招商、择优选择企业以市场化方式参与改造提升，政府适当给予财政补贴等支持。三是创新融资模式，加大金融支持力度，积极谋划申报地方政府专项债券，以若干老旧小区或各区（县）老旧小区统筹考虑，深入挖掘项目自身收益和政府性基金预算收入，做好资金收益与融资平衡测算。四是结合项目实际情况，规范推进政府和社会资本合作（PPP）模式，依法择优选择具有建设和运营经验的社会资本参与改造提升工作。五是国有企业结合"三供一业"改革，对移交地方的职工住宅小区改造给予资金支持。

4. 加大财政资金保障。积极争取保障性安居工程中央预算内投资和中央财政专项资金支持。统筹整合市级有关部门与老旧小区改造和社区服务提升相关的城市有机更新、棚户区改造、存量住房改造提升和住房租赁市场发展等专项资金，发挥财政资金的乘数效应，引导社会资本加大投入，形成可复制、可推广的模式。各区（县）统筹本地区财政承受能力和政府投资能力，明确对老旧小区改造和服务提升的奖补条件和标准，安排资金用于辖区老旧小区改造和社区服务提升。

（三）完善配套政策。

1. 结合工程建设项目审批制度改革，建立老旧小区改造和社区服务提升项目审批绿色通道，采取告知承诺等方式，优化立项、规划、财政评审、招标采购、消防、人防、施工等审批及竣工验收手续。

2. 有效利用存量资源，在土地、规划、不动产登记等方面给予支持。明确老旧小区改造提升项目策划、设计、施工、验收等技术要求，探索合理整合"散、乱、脏"城市消极空间、转变住宅底层功能等方式实施空间引导，以此解决小区服务设施不足问题。对改造中拆除违法违规建筑、临时建筑腾空的土地，整理乱堆乱放区域等获得的用地，优先用于基础配套设施、公共服务设施建设，或用于改善小区及周边环境。在征得居民同意前提下，利用小区及周边空地、荒地、闲置地、待改造用地及绿地等，新建或改扩建停车场（库）、加装电梯等各类配套设施、服务设施、活动场所等。

3. 通过采取政府采购、新增设施有偿使用、落实资产权益等方式，吸引专业机构、社会资本参与电梯、停车、养老、抚幼、助餐、家政、保洁、便利店、便民市场、文化体育等服务设施的改造、建设和运营。

4. 以实施老旧小区改造为载体，有效集成城市有机更新、存量住房改造提升、棚户区改造、海绵城市建设等相关政策，分类细化项目内容清单，在不重复纳入、不重复实施的原则下，多措并举、合力推进。

5. 以缓解住房供需结构性失衡为抓手，从供需两侧掌握老旧小区住房租赁情况，通过给予一定的住房租赁奖补政策，利用金融机构提供金融产品和服务，有效盘活老旧小区中的闲置住房。

6. 登记公布的不可移动文物和列入保护名录的历史建筑，应按照《文物保护法》和《重庆市历史文化名城名镇名村保护条例》相关规定执行，加强保护，不得影响其安全，破坏外部造型和风貌特征。

7. 鼓励各区（县）采取以奖代补方式，扶持老旧小区物业管理和社区服务，建立健全老旧小区物业专项维修资金归集、使用、续筹机制，逐步实现收支平衡、自我管养，共同维护老旧小区改造成果。

（四）加强宣传引导。

抓好宣传动员，充分调动各方参与的积极性。各区（县）加强老旧小区改造和社区服务提升宣传工作，提升人民群众的参与度、知晓度和满意度。市住房城乡建委会同相关部门根据各区（县）推进情况，加大优秀项目、典型案例的宣传力度，提高社会公众对城镇老旧小区改造和社区服务提升的认识，对进度快、效果好的典型做法，适时组织宣传与推广。

重庆市城市提升领导小组办公室

2020 年 6 月 5 日

郑州市老旧小区综合改造工程实施方案

为贯彻国家关于老旧小区综合改造的决策部署，落实省委、省政府百城建设提质工作的有关要求，切实改善老旧小区居民的居住环境，全面提高城市品质，结合我市实际，制定本实施方案。

一、总体要求

（一）指导思想

以习近平新时代中国特色社会主义思想为指导，深入贯彻落实党的十九大和十九届二中、三中、四中全会精神，践行以人民为中心的发展思想，以改善民生为核心，以优化城市人居环境、提高居住品质为目标，以更新改造基础设施和必要的公共服务设施为重点，站在建设国家中心城市的高度，统筹推进老旧小区综合改造工程，着力解决老旧小区基础设施缺失、设施设备陈旧、功能配套不全、日常管理服务缺失、环境脏乱差等问题，探索建立老旧小区后期管理长效机制，努力打造功能完善、环境整洁、管理有序、群众满意的居住小区，切实增强人民群众的幸福感、获得感、安全感。

（二）工作原则

1. 规划引领，分类施治。按照"优化布局、完善功能、提升形象、便民利民"的整体思路，坚持微改造理念，突出区域特色、文化元素，一区一策、统筹规划，注重提高设计质量，实现老旧小区形态更新、业态更新、功能更新。

2. 政府推动，共同缔造。坚持"市级指导、区级主责、业主参与、市场运作"的改造模式，协调组织各方力量，激发业主参与热情，撬动社会资本投入，实现发展共谋、改造共建、效果共评、成果共享。

3. 部门协作，统筹推进。明确部门职责，强化属地管理，落实专业经营单位责任，科学安排工程改造顺序，有序推进既有建筑节能改造、增设养老抚幼设施、水电气暖改造、既有住宅加装电梯等老旧小区综合改造工程，避免重复施工和资源浪费。

4. 整管结合，注重长效。坚持整治与管理相结合，提升居民业主自主管理能力，建立完善老旧小区物业管理长效机制，改进物业服务管理，提高老旧小区专业化物业管理覆盖率，推动物业管理与社区治理深度融合。

（三）工作目标

2021年6月底前，全面完成市内五区老旧小区综合改造，其中：2019年完成全部改造任务的35%，2020年完成60%，2021年6月底全部完成。通过改造提升，老旧小区基本达到"园区道路平整、绿化种植提质、路灯廊灯明亮、楼宇标识清晰、车辆管理有序、线路管网规整、建筑外墙美观、安防设施齐备、管理组织健全、物业服务规范"的目标。

二、实施范围

郑州市市内五区2002年以前建成投入使用的住宅小区列入综合改造范围。对建成于2002年至2005年底的住宅小区，根据国家和省安排部署随时纳入综合改造范围。已列入棚户区改造、三年内征收拆迁、"三供一业"改造移交计划的老旧小区除外。各县（市）、上街区、开发区参照本方案执行。

三、综合改造内容和标准

老旧小区综合改造要处理好重点与一般的关系，突出"一拆五改三增加"，即重在拆除违章建筑，重在实施"上改下"、建筑外立面和节能改造、雨污分流改造、"白改黑"、绿地改造，重在增加党群服务用房、物业管理用房和安防设施。同时，兼顾一般，具体包括整治居住环境、改造基础设施、完善功能设施、提升物业管理四个方面。

（一）突出"一拆五改三增加"

1. 拆除违章建筑物；

2. 实施"上改下"，小区线缆、管线进行入地改造；

3. 实施建筑节能改造，规整建筑外墙及屋面各类构筑物；

4. 实施雨污分流，改造、疏通雨水、污水管道以及化粪池；

5. 实施"白改黑"，将小区路面更新为沥青路面；

6. 实施小区绿地改造，移除枯枝死苗，绿化黄土裸露部位；

7. 增设社区党群服务中心等服务用房；

8. 增设、维修物业管理用房，指导业主选聘专业化物业服务企业实施物业管理；

9. 增加或完善小区安防、监控系统；

（二）整治居住环境

10. 拆除违法违规户外广告；

11. 规整建筑外墙空调机位、空调管线；

12. 拆除突出外墙防盗窗（网）；

13. 清理地桩地锁，清理废弃机动车和非机动车；

14. 按照综合改造工程要求，整治居住环境方面应当改造的其它内容；

（三）改造基础设施

15. 维护、整修建筑物屋面防水（含隔热层）；

16. 维修、更换或增设落水管、空调冷凝水管；

17. 整修和粉刷楼体外墙、楼梯间内墙、公共设施用房外墙；

18. 完善小区照明系统，补齐路灯、楼道灯；

19. 完善小区楼牌、门牌、单元标识；

20. 修缮公共部位窗户，整修或增设公共楼梯踏步和扶手；

21. 维修或安装单元入户门，维修单元入口台阶、坡道；

22. 完善小区车行、人行道路标识系统，补齐路沿石；

23. 整治、维修小区围墙，设置、整修小区主要出入口、大门，安装车辆出入管理系统；

24. 按照综合改造工程要求，改造基础设施方面应当改造的其它内容；

（四） 完善功能设施

25. 增加或完善小区消防设施；

26. 完善小区内无障碍设施；

27. 规划、增建机动车停车位，施划停车标线，设置电动自行车停放区域，增设电动自行车充电设施；

28. 补齐制作小区公示牌（栏）、火灾疏散示意图、文化宣传栏；

29. 设置垃圾收储设施，实行垃圾分类；

30. 整修或增加小区居民公共活动场地，增设或完善健身设施、休闲设施；

31. 按照综合改造工程要求，完善功能设施方面应当改造的其它内容；

（五） 提升物业管理

32. 组织老旧小区业主召开业主大会，选举业主委员会；

33. 对暂不具备专业化物业管理条件的，由街道办事处（社区）采取分项委托、捆绑打包、业主自治等方式开展物业服务；

34. 按照综合改造工程要求，提升物业管理方面应当改造的其它内容。

四、实施步骤

（一） 准备阶段 （2019 年 11 月 30 日前）

1. 完善综合改造方案。各区要按照改造内容要求，结合城市书屋、日间照料中心等设施建设，对既有方案进行查缺补漏，修订完善改造方案，科学组织，搞好衔接，确保综合改造工程不因方案调整停滞。

2. 强化宣传发动。市、区要通过广播、电视、报纸、网络、宣传栏等多种形式，向群众大力宣传老旧小区综合改造工程的重要意义，强化群众主体地位，提高群众参与感、认同感，把群众满意作为整治工作的重要标准。

3. 加大推进力度。各区要按照综合改造时间节点，倒排改造工期，对老旧小区综合改造工程进行再动员再部署，加大工作推进力度，确保按时完成 2019 年改造任务。

（二）组织实施阶段（2021 年 3 月 31 日前）

对纳入 2020 年、2021 年综合改造的老旧小区，各区要提前谋划、统筹安排，按照年度计划安排，分步组织实施。

1. 征求意见。各区要采取"一征三议两公开"工作法，广泛征求小区居民意见，编制改造方案要问计于民、问需于民，从群众中来，到群众中去，确保综合改造方案满足群众需求。

2. 编制方案。各区要坚持"因地制宜、一区一策"，统筹"城区、街区、社区"规划衔接，结合产业布局，确定小区综合改造方案，并经本小区业主大会通过，报市资源规划局进行合规性审核后，向业主公开公示。

3. 投资评审。各区要确保纳入综合改造计划的老旧小区符合综合改造范围要求，确保综合改造项目符合综合改造内容和标准要求，确保综合改造资金来源清晰，确保投资预算编制合理。

4. 施工组织。各区要严格落实工程招投标制度，选择资质等级高、管理能力强、信誉信用好的施工及监理公司实施综合改造，落实专人负责，严格工程监管，综合改造工程信息要在小区显著位置向居民公示。

5. 决算审计。老旧小区综合改造工程项目完工后，各区组织专业队伍开展决算审计，严格防止出现工程偷工减料、挪用套取专项改造资金、擅自调整改造项目等问题。

6. 工程验收。各区按照工程管理规范和综合改造工作要求，组织相关单位对各项综合改造工程进行验收，发现问题及时整改，确保改造一个、合格一个、交付一个。市政府组织相关单位和第三方对各区综合改造项目进行总体性验收，验收结果作为拨付奖补资金的重要依据。

（三）巩固提升阶段（2021 年 6 月 30 日前）

各区要建立健全老旧小区综合改造长效管理机制，落实具体管理举措。

1. 落实物业管理。各区在编制老旧小区综合改造方案时，要征求居民意见，同步拟定物业管理方案，方案应包括物业管理方式、服务内容、收费标准等内容，项目验收前落实物业管理。

2. 明确管理责任。老旧小区综合改造涉及的改造项目，保修期内由建设单位负责质量维修，日常使用管理维护和保修期后的维修，纳入物业服务内容，由物业管理单位承担。

3. 加强服务监督。各区要建立完善老旧小区物业服务质量评价制度，定期对物业服务情况进行考核评定，评定结果作为拨付物业服务补贴的重要依据。

五、资金保障

（一）综合改造经费

老旧小区综合改造工程所需资金由各区承担，各区可根据实际，积极引进社会资本，盘活老旧小区闲置空间，探索政府、业主、产权单位和社会企业多方出资的资金筹措方式。

市财政筹措资金按各区财政整治投资金额的 40% 进行奖补。市财政局会同市住房保障局制定具体的奖补办法。

（二）专项改造经费

老旧小区综合改造过程中的规整管网、线缆入地和刷新各类仪表箱体由各专业经营单位负责，需更新、改造、新建相关设施的，由各专业经营单位按有关规定执行。

（三）物业服务补贴

老旧小区物业管理费用，按照相关规定区级财政给予一定的物业服务费用补贴，补贴标准原则上按建筑面积每月每平方米不低于 0.3 元，补贴期限不少于 3 年。

（四）便民服务设施经费

老旧小区综合改造涉及的党群服务中心、日间照料中心、社区医疗、城市书房、加装电梯、外墙节能改造等设施所需经费，按照相关文件确定的资金筹措渠道解决。

六、职责分工

市住房保障局：负责市老旧小区综合改造日常工作；指导既有住宅加装电梯工作；指导各区老旧小区引入专业化物业服务企业。

市内五区人民政府：负责根据本方案确定综合改造范围和内容；研究制定本辖区的工作方案和规划设计施工组织方案；组织协调辖区有关部门实施老旧小区综合改造和验收工作；落实老旧小区综合改造专项资金。

市委社治委：指导各区老旧小区党群服务中心建设工作。

市发展改革委：将老旧小区综合改造工程纳入城建计划。

市工信局：协调供电企业对小区废弃电力管线进行清理，对各类电力管线实施入地。

市公安局：指导各区老旧小区监控、智慧安防设施的安装与维护，协助有关执法部门开展改造工作。

市财政局：会同市住房保障局制定老旧小区综合改造工程奖补办法。

市民政局：指导各区老旧小区日间照料中心建设工作。

市资源规划局：指导全市老旧小区综合改造规划方案的编制，审核各区老旧小区综合改造方案。

市文广旅局：指导各区老旧小区城市书房建设工作。

市城建局：指导各区开展老旧小区居民楼外墙保温工作，对安全生产、施工质量进行指导监督。

市城管局：指导各区城市管理综合执法部门清除小区小广告、违规户外广告和各类违章建筑等非法设施，查处占用绿地等违法行为；指导各区城市管理部门完成有关管道与市政管道的对接、改造和小区道路维修等工作；协调公用事业单位按照整治内容对小区水、气、暖设施及管道进行维护和改造；指导各区做好老旧小区垃圾分类处理等工作。

市卫健委：指导各区老旧小区社区卫生服务中心建设，设立健康教育专栏。

市体育局：指导各区老旧小区健身设施的安装工作。

市园林局：指导各区老旧小区绿化提升和绿地养护管理工作。

市消防救援支队：负责对老旧小区整治中涉及消防设施、消防通道设置等工作进行指导和检查。

市通信发展管理办公室：协调指导通信企业、有线电视单位对小区相关管线实施入地。

郑州供电公司：对小区电力管线实施入地，对废弃电力管线进行清理。

其他有关部门按照各自职责做好老旧小区综合改造的指导协调工作。

七、有关要求

（一）加强组织领导

成立郑州市老旧小区综合改造工程指挥部，副市长吴福民任指挥长；指挥部下设办公室，办公室设在市住房保障局，市住房保障局局长赵红军担任办公室主任，具体负责老旧小区综合改造工程的统筹、协调、督导、相关政策制定等工作。各区要统筹安排本辖区老旧小区综合改造工程；市直有关部门要切实履行好本部门工作职责，指导各区或相关单位按工作要求，落实本单位工作任务，确保老旧小区综合改造工程按时完成。

（二）健全工作机制

一是建立台账制度。市和各区要建立老旧小区台账，以台账为基础，完善老旧小区的普查、改造、督导、考核和资金拨付措施；二是建立周例会制度。市老旧小区综合改造工程指挥部办公室每周召开工作例会，总结工作经验，协调解决遇到的问题；三是建立工作推进机制。实施月通报、季观摩、年考评制度，定期通报、讲评各区老旧小区综合改造工程的计划制定、任务落实、工作推进等情况；四是建立联审联批制度。各区政府和市直有关部门要完善联审联批制度，对综合改造过程中需审批的项目，简化优化审批资料和流程，实施限时办结制度。

（三）创新改造方式

在完善老旧小区功能设施方面，可采取置换、转让、腾退、收购或行政事业单位、国有企业主动提供存量房屋的方式，完善物业管理、养老托幼、城市书屋等设施用房或补充公共租赁住房；在拓宽改造主体方面，可通过引入社会资本、采取市场化运作方式，妥善安置原有居民，结合商业街区特色，丰富经营业态，打造连片商业街区，优化产业布局；在综合改造方案规划设计方面，可以结合老旧小区现状特点，采取统一规划设计、统一组织实施、统一物业服务的方式，进行片区集中改造。

（四）严格督导考核

市老旧小区综合改造工程指挥部要以各区政府为考核对象，制定老旧小区综合改造工程督导考核办法，综合运用第三方和社会评价的方式，对各区老旧小区综合改造工程推进情况进行定期督导考核。对工作中表现优异的单位和个人，给予表彰奖励，对于行动迟缓、不能按计划完成工作任务的单位在全市进行通报批评，确保老旧小区综合改造工程顺利推进。

（五）注重长效管理

各区要积极组织业主成立业主大会，选举业主委员会，健全业主管理组织。根据老旧小区实际，可采取连片打包、路院共管、共建共管等方式，引入专业化物业服务企业进驻。在社区党组织的领导下，健全社区居民委员会、业主委员会和物业服务企业议事协商机制，推行住宅小区"院长制"，形成公安民警、城管执法、社区服务、模范党员、物业经理多方共管的社区治理格局。

郑州市人民政府

2019 年 11 月 14 日

杭州市老旧小区综合改造提升工作实施方案

为深入贯彻国家和省、市有关决策部署，不断提升老旧小区居住品质，增强市民群众的获得感、幸福感和安全感，根据《住房和城乡建设部办公厅、国家发展改革委办公厅、财政部办公厅关于做好 2019 年老旧小区改造工作的通知》（建办城函〔2019〕243 号）等文件精神，结合我市实际，特制定本实施方案。

一、指导思想

深入贯彻习近平新时代中国特色社会主义思想，践行以人民为中心的发展理念，以提升居民生活品质为出发点和落脚点，把老旧小区综合改造提升作为城市有机更新的重要组成部分，结合未来社区建设和基层社会治理，积极推动老旧小区功能完善、空间挖潜和服务提升，努力打造"六有"（有完善设施、有整洁环境、有配套服务、有长效管理、有特色文化、有和谐关系）宜居小区，使市民群众的获得感、幸福感、安全感明显增强。

二、基本原则

（一）坚持以人为本、居民自愿。充分尊重居民意愿，凝聚居民共识，变"要我改"为"我要改"，由居民决定"改不改""改什么""怎么改""如何管"，从居民关心的事情做起，从居民期盼的事情改起。

（二）坚持因地制宜、突出重点。按照"保基础、促提升、拓空间、增设施"要求，优化小区内部及周边区域的空间资源利用，明确菜单式改造内容和基本要求，强化设计引领，做到"一小区一方案"，确保居住小区的基础功能，努力拓展公共空间和配套服务功能。

（三）坚持各方协调、统筹推进。构建共建共享共治联动机制，落实市级推动、区级负责、街道实施的责任分工，发挥社区的沟通协调作用，激发居民主人翁意识。

（四）坚持创新机制、长效管理。引导多方参与确定长效改造管理方案；相关管养单位提前介入，一揽子解决改造中的相关难题；提高制度化、专业化管理水平，构建"一次改造、长期保持"的管理机制。

三、主要内容

（一）改造范围。

重点改造 2000 年（含）以前建成、近 5 年未实施综合改造且未纳入今后 5 年规划征迁改造范围的住宅小区；2000 年（不含）以后建成，但小区基础设施和功能明显不足、物业管理不完善、居民改造意愿强烈的保障性安居工程小区也可纳入改造范围。

（二）改造任务。

2019 年年底前，开展项目试点，优化政策保障，建立工作机制。至 2022 年年底，全市实施改造老旧小区约 950 个、居民楼 1.2 万幢、住房 43 万套，涉及改造面积 3300 万平方米。

（三）改造内容。

以《杭州市老旧小区综合改造提升技术导则（试行）》为指引，实施"完善基础设施、优化居住环境、提升服务功能、打造小区特色、强化长效管理"等 5 方面的改造，重点突出综合改造和服务提升。

对影响老旧小区居住安全、居住功能等群众反映迫切的问题，必须列入改造内容，确保实现小区基础功能。

结合小区实际和居民意愿，实施加装电梯、提升绿化、增设停车设施、打造小区文化和特色风貌等改造，落实长效管理，提升小区服务功能。

加大对老旧小区周边碎片化土地的整合利用，可对既有设施实施改建、扩建，对有条件的老旧小区，可通过插花式征迁或收购等方式，努力挖潜空间，增加养老幼托等配套服务设施。

（四）改造程序。

1. 计划申报。各区、县（市）政府、管委会于每年 10 月底向市建委申报本辖区下一年度老旧小区改造计划。原则上，申报项目需符合物权法规定的"双 2/3"条件，且业主对改造方案（内容）的认可率达 2/3。

（1）征集改造需求。各区、县（市）政府、管委会对辖区内当年存在改造需求且符合政策要求的老旧小区组织调查摸底，掌握问题，了解改造需求和重点。在此基础上，结合本地区财政承受能力，形成项目清单。

（2）制订初步方案。根据项目清单，由所在街道通过向专业机构购买服务等方式，制订初步改造方案及预算；同步制定居民资金筹集方案以及物业维修资金补建、续筹，物业服务引进等长效管理方案。

（3）申报改造计划。由所在街道在项目范围内对初步改造方案组织广泛公示，公示时间不少于5个工作日。公示结束后，对符合条件的项目，由各区、县（市）政府、管委会集中向市建委申报列入下一年度全市改造计划。

2. 计划确定。按照"实施一批、谋划一批、储备一批"的原则，由市建委会同相关部门对各区、县（市）政府、管委会提出的改造需求组织审查，确定下一年度项目安排和资金预算，编制改造计划，报经市政府同意后，由市建委、市发改委、市财政局联合发文明确。

3. 项目实施。按照年度改造计划，由各区、县（市）政府、管委会牵头落实方案设计与审查、招投标、工程实施和监管等具体工作。

（1）方案设计与审查。项目建设单位委托设计单位开展方案设计，由所在区、县（市）政府、管委会落实具体的职能部门或机构牵头进行联合审查。

（2）招投标。由建设单位向所在区、县（市）招标管理机构提出施工、监理招投标申请。鼓励采用EPC方式，确定设计和施工单位联合体。所在区、县（市）招标管理机构要根据项目特点和实际情况出台相应的招标制度，将老旧小区综合改造提升项目统一纳入当地招标平台公开招标。

（3）工程实施和监管。建设单位要严格按照相关法律法规和规范标准组织实施，相关部门、街道、社区等要全力配合，为施工提供必要条件。所在区、县（市）建设行政主管部门应根据老旧小区综合改造提升工作的特点，对工程全过程进行监管，落实工程质量、安全生产、文明施工等管理要求。

（4）项目验收。项目完工后，由各区、县（市）政府、管委会组织区级相关部门、建设单位、参建单位、街道、社区、居民代表等进行项目联合竣工验收。验收通过后，应及时完成竣工财务决算，做好竣工项目的资料整理、归档和移交工作。

（5）后续管理。巩固老旧小区改造成果，由街道、社区及小区业主委员会按照长效管理方案，落实管理和服务，做到"改造一个、管好一个"。

（五）要素保障。

1. 落实财政资金。对2000年前建成的老旧小区实施改造提升的，由市级财政给予补助，其中，对上城区、下城区、江干区、拱墅区、西湖区补助50%，对滨江区、富阳区、临安区、钱塘新区补助20%，其他区、县（市）补助10%。补助资金基数按核定的竣工财务决算数为准（不包括加装电梯和二次供水等投入），高于400元/平方米的按400元/

平方米核定，低于 400 元/平方米的按实核定。对 2000 年后建成的保障性安居工程小区实施改造提升的，按照"谁家孩子、谁家抱"的原则，由原责任主体承担改造费用。围绕"六有"的目标，对项目改造成效、满意度、居民出资等情况实施绩效考核，对认定为"样板项目"的，给予一定奖励。具体资金管理办法和考核办法另行制定。

2. 拓宽资金渠道。原则上居民要出资参与本小区改造提升工作，具体通过个人出资或单位捐资、物业维修基金、小区公共收益等渠道落实；探索引入市场化、专业化的社会机构参与老旧小区的改造和后期管理。

3. 加大资源整合。支持对部分零星用地和既有用房实施改（扩）建，可通过置换、转让、腾退、收购等多种方式，增加老旧小区配套服务用房；鼓励行政事业单位、国有企业将老旧小区内或附近的存量房屋，提供给街道、社区用于老旧小区养老托幼、医疗卫生等配套服务。

四、保障措施

（一）加强组织领导。

成立全市老旧小区综合改造提升工作领导小组，由市政府分管领导担任组长，市级相关单位和各区、县（市）政府、管委会主要负责人为成员，负责统筹、协调、督查、考核等工作。领导小组下设办公室（设在市建委）。各区、县（市）政府、管委会成立相应工作机构。

（二）明确职责分工。

1. 市建委：负责领导小组办公室的日常事务，具体负责组织协调、政策拟定、计划编制、督促推进、通报考核等工作；牵头做好全市老旧小区改造项目争取上级补助资金事宜。

2. 各区、县（市）政府、管委会：全面负责辖区老旧小区综合改造提升工作，制定辖区老旧小区综合改造提升计划并组织实施，落实资金保障，及时向领导小组办公室报送工作情况。

3. 市发改委：指导各区、县（市）发改部门做好老旧小区综合改造提升项目的相关审批工作；参与年度改造计划编制；协助争取上级补助资金；指导各区、县（市）创新方式，拓宽筹资渠道。

4. 市财政局：参与年度改造计划编制，负责落实市级财政资金，协助争取中央补助资金。

5. 市住保房管局：负责做好老旧小区综合改造提升涉及危旧房治理改造、加装电梯、物业管理等专项行动的推进；指导各区、县（市）做好老旧小区改造后的长效管理。

6. 市园文局：指导各区、县（市）做好老旧小区综合改造提升所涉绿化提升和维护工作。

7. 市民政局：指导各区、县（市）做好基层社区治理和服务、养老服务、社区配套用房使用等工作。

8. 市公安局、市消防救援支队、市城管局、市卫生健康委员会、市教育局、市体育局、市残联等部门：根据各自职责，指导和支持老旧小区综合改造提升所涉相关专项工作的推进。

9. 市委宣传部、市考评办、市信访局、市规划与自然资源局、市审计局、市文化广电旅游局等部门：根据各自职责，做好相关支持、配合工作。

10. 市城投集团：负责相关管线迁改的协调推进，督促水务、燃气等单位做好水、气等改造工作。

11. 供电、水务、燃气、电信、移动、联通、华数、邮政等企业：支持和配合做好水、电、气、通信、邮政设施（信报箱）等改造工作。

（三）健全推进机制。

构建"市、区、街道、社区、居民"五级联动工作机制，建立工作例会、信息报送、定期通报、巡查督查等制度，及时研究、协调解决有关重大事项和问题；将老旧小区综合改造提升工作纳入年度目标考核；充分利用现代信息技术，建立数据台账。

（四）加大宣传力度。

发挥各类新闻媒体作用，加大对老旧小区综合改造提升工作的宣传引导，强化居民的主人翁意识，为工作推进营造良好的舆论氛围。

（五）加强监督检查。

邀请各级人大代表、政协委员、社会各界市民群众，参与对全市老旧小区综合改造提升工作的监督和检查；对改造项目民意协商、方案编制、改造成效和居民满意度，定期开展绩效评价。

本方案自 2019 年 9 月 15 日起施行，由市建负责牵头组织实施。

杭州市人民政府办公厅

2019 年 8 月 15 日

长沙市市级统筹棚户区改造项目
土地成本分担管理暂行办法

第一条 为加强我市市级统筹棚改项目土地开发建设，规范资金管理，增强偿债能力，防范债务风险，根据《长沙市人民政府关于全面加快棚户区改造工作的意见》（长政发〔2014〕38号）、《长沙市政府投资建设项目管理办法》（长政发〔2017〕9号）等文件精神，结合本市实际，制定本办法。

第二条 本办法适用于政府投资建设项目使用市级统筹棚改项目征拆后形成的土地的成本分担。

第三条 本办法所称的土地成本是指在棚户区改造项目立项批准的改造范围内实施征（收）地拆迁、安置补偿至实现供地前发生的费用（包括项目前期费用、征收地补偿及安置资金、安置补贴资金、财务成本、相关税费等）。

第四条 组成土地成本的各类费用根据《长沙市市级统筹棚改项目成本结算办法（试行）》（长安发〔2017〕3号）规定，分别由市财政、国土资源、住房保障、房屋征收部门进行核定。核定后的各类费用由市安居工程和棚户区改造工作领导小组办公室汇总并送市财政部门备案，作为土地成本的分担基数。

第五条 市级统筹棚改项目征拆后形成的土地实施"谁用地谁出钱"的有偿使用原则。

第六条 征拆后形成的土地属于划拨性质的非经营性用地，用于政府投资建设项目时，按照《长沙市政府投资建设项目管理办法》（长政发〔2017〕9号）有关规定，土地成本由市、区两级人民政府或相关用地单位根据土地具体用途和占地面积分别承担。

（一）使用市级统筹棚改项目征拆后形成的土地，划拨用于道路建设项目，土地成本由属地区县（市）人民政府承担。

（二）使用市级统筹棚改项目征拆后形成的土地，划拨用于除道路外的市政基础设施类项目、城市管理类项目、社会事业类项目、政法类基础设施项目，土地成本由项目建设单位承担并纳入项目总投资。

第七条 市级统筹棚改项目征拆后形成的土地用于市政道路等政府投资建设项目，如果该土地成本已分摊计入地块经营性开发用地成本的，区县（市）人民政府不再承担。

第八条 市级统筹棚改项目征拆后形成的土地用于多个建设项目，各建设项目土地成本按各自用地面积分摊，分摊后的土地成本按第六条、第七条规定的原则承担。

第九条 通过上述途径收回的土地成本统一纳入棚改项目的结算，实行市、区两级人民政府共同分担盈亏。

第十条 市级统筹棚改项目征拆后形成的土地属于出让土地，土地成本按照国土资源部门相关规定执行。

第十一条 市级统筹棚改项目征拆后形成的土地用于政府投资建设项目，各建设相关部门各负其责，确保土地成本纳入建设项目总投资，计入交付使用资产。

第十二条 用地单位或建设单位办理用地手续前，应向市安居工程和棚户区改造工作领导小组提出书面申请（说明土地的建设用途、用地规模等），批复后办理。

第十三条 市发改部门、市住房城乡建设部门根据市安居工程和棚户区改造工作领导小组办公室核定的金额，将用于政府投资建设项目的土地资产成本，纳入政府投资建设项目投资估算和概算。

第十四条 市安居工程和棚户区改造工作领导小组办公室负责审核政府投资建设项目使用市级统筹棚改项目征拆后形成的土地应分担的成本；市国土资源部门负责各建设项目土地划拨（用地单位按照市安居工程和棚户区改造工作领导小组办公室核定的土地成本向市财政部门指定的统贷平台专用账户缴清款项后，市国土资源部门凭市财政部门出具的土地成本支付凭证办理划拨供地手续）；市棚改公司负责土地成本回收资金的使用计划，并报市财政部门批准，优先用于贷款偿还。

第十五条 各政府投资建设项目的建设单位（代建单位），在办理项目建设用地手续时足额缴纳应承担的土地成本费用。未缴纳土地成本费用的建设用地不得办理土地供应手续，工程建设项目不得办理结算和决算手续。

第十六条 湘江新区范围内棚户区改造项目参照本办法实施。

第十七条 本办法自 2018 年 12 月 1 日起施行。

长沙市人民政府办公厅

2018 年 11 月 23 日

沈阳市居民小区改造提质三年行动计划
（2018—2020 年）

为贯彻落实省委十二届四次全会和市委十三届五次全会精神，做好民生改善工作，确保老旧小区改造、"暖房子"工程等民生项目如期完成，实现居民小区提质提档，增强人民群众的获得感、幸福感，结合我市实际，制定本计划。

一、总体要求

（一）指导思想。深入贯彻习近平总书记系列重要讲话精神和治国理政新理念新思想新战略，以解决居民小区功能不配套、环境不优美等问题为导向，以提升人民群众的居住品质为目的，尊重群众意愿，明确改造目标，制定改造标准，坚持"市级筹划、区域负责、因地制宜、提质提档、长效管理"的原则，通过重点实施老旧小区改造、"暖房子"工程及强化后续管理，实现居民小区全面提质提档。

（二）主要目标。目前，我市共有 796 个未完成改造的老旧小区（2000 年 6 月前交付使用），需市级统筹改造的 314 个老旧小区，改造后要达到沈阳市老旧小区改造"提质标准"；需产权单位自行组织改造的 482 个老旧小区，改造后要达到沈阳市老旧小区改造"基本标准"。对已改造的老旧小区，通过"回头看"进行整改完善，达到沈阳市老旧小区改造"基本标准"；对新居民小区，严格执行规划设计标准，实现良性运转。

——老旧小区改造工程提质提档。到 2020 年，全市老旧小区改造达到"路要平整、水要畅通、灯要明亮、绿要美观、线要规整、车要有序、房要保暖、设施要齐全、电梯要安全、违建要拆除、市容要整洁清爽"的标准。市级统筹改造的老旧小区，2018 年、2019 年分别完成 120 个，2020 年完成 74 个；产权单位自行组织改造的老旧小区，由所在区政府负责，督导产权单位进行改造，2018 年、2019 年分别完成 200 个，2020 年完成 82 个。

——小区环境提质提档。围绕小区环境"脏乱差"问题，实施环境整治工程，拆除私搭乱建，恢复违法占地，清理乱贴乱画，消除噪声污染，建设"绿静美安"的小区环境。

——"暖房子"工程提质提档。按照"精准规划、精致建设、精细管理"要求，将"暖房子"工程作为老旧小区改造提质的重要内容，对市级统筹且未进行"暖房子"工程改造的 204 个老旧小区实施改造，将"暖房子"工程做成"民生工程""暖心工程"。

——后续管理提质提档。本着"政府主导、居民参与、共建共管"的原则，对改造后的老旧小区，积极推行物业管理、社区管理、业主自治 3 种管理模式，建立居民小区长效管理机制，落实管理责任，从根本上解决居民小区弃管问题。

二、重点任务

（一）实施房屋本体改造。包括维修屋面防水，粉饰楼道，维修楼道照明、单元门窗（防盗门）和对讲配套系统等内容。对具备条件的老旧小区，可根据居民意愿，依据《沈阳市既有住宅增设电梯指导意见》，同步加装电梯。对既有电梯要及时消除隐患，确保安全运行。

（二）实施配套设施改造。包括老旧小区内道路翻新，铺设边石、方砖，维修路灯，更换给排水、供电、供气和供热等管线共用部位，增设盲道和无障碍通道等内容。对具备条件的老旧小区同步建设停车场；实施弱电线路"入地"改造，无法"入地"改造的，做好捆扎并加装线盒。

（三）实施小区环境改造。包括拆除老旧小区内的违建和实施小区绿化美化及沿街亮化、修建围墙大门、安装监控系统和智能设施等内容。

（四）实施服务设施改造。对具备条件的老旧小区，进一步提升社区综合服务站、卫生服务站、幼儿园建设水平，增加健身娱乐、垃圾收集、晾衣架、休闲座椅、慢行系统等公共服务设施，逐步完善社区文化、特色文化等基础设施。

（五）实施"暖房子"工程改造。对可安全使用 20 年、未列入城市拆迁计划、已完成分户改造、具有独立换热站的多层房屋小区，实施"暖房子"工程，包括外墙保温改造、外墙涂料粉饰等内容。

（六）落实后续管理。按照"改造一个、管理一个"的原则，各区政府要做好改造小区的后续管理工作，确定管理模式，落实管理责任，避免"前治后乱"现象。对物业居民小区，要督促物业服务企业严格履行物业服务合同，维护设施、改善环境，提升服务水平。

（七）开展老旧小区改造"回头看"。2020 年，对全市未达到沈阳市老旧小区改造"基本标准"的老旧小区进行整改完善，实现全面达标。具体资金另行测算安排。

三、组织领导和职责分工

成立市居民小区改造提质工作领导小组。市政府主要领导任组长，分管领导任副组长，成员单位包括市直有关部门和各区政府。领导小组办公室设在市房产局，负责综合协调和日常工作，办公室主任由市政府分管副秘书长和市房产局局长担任。领导小组下设工程立项组、资金保障组、规划设计组、环境清理组、工程实施组、组织发动组。

（一）区政府职责

各区政府是老旧小区改造和后续管理的责任主体和实施主体，负责提报本地区改造计划，落实改造方案，筹集拨付区级资金；负责工程实施、质量管理、安全生产、预算审定和结算审核等工作；协调解决各类矛盾纠纷，落实老旧小区后续管理工作等；加强居民小区物业服务活动的监督管理等。

原土地非独立操作区政府负责施工单位招标；原土地独立操作区政府负责设计、施工和监理单位招标。

（二）工作组职责

1. 工程立项组。包括市房产局、建委、发展改革委和各区政府。

市房产局负责制定改造工作方案和原土地非独立操作区的工程立项工作。

市建委负责将市房产局审核后的项目计划列入市城建计划。

市发展改革委负责项目前期立项审批工作。

2. 资金保障组。包括市财政局、房产局和各区政府，负责市本级、区级资金筹集拨付工作。

3. 规划设计组。包括市规划国土局、建委、城管局、公安局、沈阳供电公司。

市规划国土局负责制定老旧小区改造的设计导则，落实海绵城市的改造规划理念，指导各区做好规划和设计工作。

市建委负责协调供水、供气等单位制定地下管线改造导则，协调做好供水、供气等管线改造规划设计工作。

市城管局负责制定老旧小区改造绿化和景观亮化工作导则。

市公安局负责制定老旧小区监控改造导则。

沈阳供电公司负责制定老旧小区供电线路改造导则。

4. 环境清理组。包括市规划国土局、城管局、民政局、执法局和各区政府。

市规划国土局负责配合做好老旧小区内违建的认定。

市城管局负责指导区政府清除园区固体垃圾和建筑垃圾。

市民政局负责指导社区配合有关部门开展宣传发动工作。

市执法局负责组织违建拆除工作，制定工作方案，指导区政府具体实施。

各区政府负责开展清理老旧小区楼道内杂物、小招贴等工作。

5. 工程实施组。包括市房产局、建委、城管局、公安局、质监局、大数据管理局、沈阳供电公司和各区政府。

市房产局负责原土地非独立操作区的工程设计、监理单位和大宗材料的招标工作，搭建施工单位招标平台；监督全市改造工程的进度和质量。

市建委负责组织老旧小区海绵城市改造工作，协调供水、供气等管线改造。

市城管局负责监督指导绿化、亮化、排水工作。

市公安局负责监督指导监控改造，将监控系统纳入"天网工程"。

市质监局负责监督指导居民小区电梯安全及改造工作。

市大数据管理局负责协调电信运营商等单位参与老旧小区的电话、网络、有线等线路改造工作；组织电信运营商按照老旧小区铺设弱电线路的技术标准和架空线路的改造导则，科学施工。

沈阳供电公司负责监督指导老旧小区供电线路改造。

6. 组织发动组。包括各区政府，负责开展民意调查，提出改造内容建议，召开业主大会确定管理模式，落实后续管理责任。

四、保障措施

（一）有序推进。每年 9 月底前，各区政府组织开展征求居民改造意愿、改造内容和后续管理意见，确定下一年度改造点位和内容。每年 12 月底前，各区政府确定违建，制定拆除计划，完成拆违工作；编制下一年度老旧小区改造规划和设计手册，逐个点位形成施工设计图纸，并征求市直有关部门的建议意见，形成改造规划和设计定稿。每年 5 月底前，完成当年改造项目的工程立项、施工和监理单位招标等前期准备工作。每年 7 月底前，完成架空线路"入地"和管线改造工程；10 月底前，完成地上改造工程。每年 11 月底前，经社区和居民代表"民意验收"通过后，由各区政府组织有关部门进行工程验收。

（二）资金保障。落实老旧小区改造市区两级财政资金，需市级统筹改造的老旧小区改造工程预计总投资 22 亿元，其中原土地非独立操作区按照市区 1∶1 分担，市财政资金根据工程节点按比例拨付，在签订施工合同、工程竣工、工程结算时分别对应市财政拨付比例为 30%、50% 和 20%；原土地独立操作区自行承担。落实产权单位自行改造老旧小区的改造资金，各区政府要督促产权单位按照本计划落实自管老旧小区的改造资金。各区政府要吸引社会资本参与老旧小区改造，逐步增大社会资本的投入量。

（三）严格管理。老旧小区改造前，各区政府要先行确定小区管理模式，对居民要求实行专业化物业服务的，小区改造要达到"提质标准"，并给予一定扶持；对居民要求实行自治管理的，小区改造要达到"提质标准"，并做好后续的政策指导；对居民同意移交社区管理的，小区改造要达到"基本标准"，明确街道办事处做好后续管理工作。对已改造小区和新居民小区，各区政府要落实区域管理责任，加强业主委员会建设和监管，督促物业服务企业履职尽责，提升居民小区物业服务水平。

（四）加强宣传引导。各地区和有关单位要加强政策解读和舆论引导，跟踪报道行动计划推进情况，增强居民对建设美好家园的关注，为行动计划的顺利实施营造良好氛围。